Xpert.press

Die Reihe **Xpert.press** vermittelt Professionals
in den Bereichen Softwareentwicklung,
Internettechnologie und IT-Management aktuell
und kompetent relevantes Fachwissen über
Technologien und Produkte zur Entwicklung
und Anwendung moderner Informationstechnologien.

Weitere Bände in dieser Reihe
http://www.springer.com/series/4393

Wolfgang Balzer

Quality of Experience und Quality of Service im Mobilkommunikationsbereich

Von den grundlegenden Konzepten zur praktischen Umsetzung

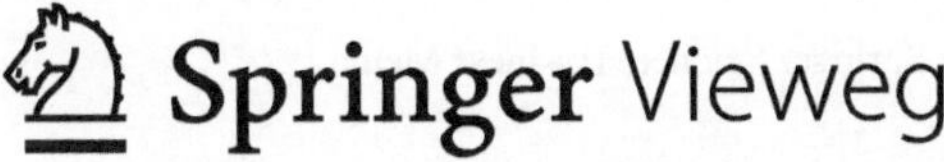
Springer Vieweg

Wolfgang Balzer
Wiesbaden
Deutschland

ISSN 1439-5428
Xpert.press
ISBN 978-3-642-55347-9   ISBN 978-3-642-55348-6 (eBook)
DOI 10.1007/978-3-642-55348-6

Die Deutsche Nationalbibliothek verzeichnet diese Publikation in der Deutschen Nationalbibliografie; detaillierte bibliografische Daten sind im Internet über http://dnb.d-nb.de abrufbar.

Springer Vieweg

Gedruckt auf säurefreiem und chlorfrei gebleichtem Papier

Springer Berlin Heidelberg ist Teil der Fachverlagsgruppe Springer Science+Business Media
(www.springer.com)

Vorwort

Der Kontext dieses Buches ist „Mobilkommunikation". Lange Zeit wäre auch die Zielgruppe eines solchen Buches praktisch ausschließlich in diesem Umfeld zu finden gewesen – primär also Mobilfunk-Netzbetreiber und für sie arbeitende Messdienstleister; dann Hersteller von Mobilfunk-Systemkomponenten, Regulierungsbehörden und verwandte Institutionen und vielleicht noch Endgerätehersteller.

Spätestens mit der rasanten Verbreitung von Smartphones ist dieser Kreis deutlich größer geworden. Heute basieren viele Geschäftsmodelle auf mobilem Internet. Damit hängen sie von gut funktionierenden Mobilkommunikationsnetzen ab – mit anderen Worten, der Erfolg solcher Geschäftsmodelle setzt ausreichende Qualität dieser Netze voraus.

Die Detailtiefe eines Standardisierungsdokuments will dieses Buch nicht erreichen; dafür gibt es ja schon eben diese Standardliteratur. Auf ein Landkarten-Bild gebracht: Der Leser bekommt einen Übersichtsblick aus großer Höhe. Er kann sich entscheiden, wo er landet, um die Landschaft lokal genauer zu betrachten. Dort kann er sich leicht zurechtfinden, weil er das System, nach dem die Straßen und Gebäude angeordnet sind, und die Sprache, in der sie beschriftet sind, bereits kennt. In Bezug auf die QoS-Standards ist dieses Buch also eine Art Reiseführer, der das essentielle Wissen über das Reiseziel vermittelt.

Ich habe tatsächlich noch die Zeiten erlebt, in denen die funktionale Abnahme eines Funknetzes „manuell" durchgeführt wurde – das war die Zeit der Bündelfunknetze, die schon zellular aufgebaut waren, in denen die eigentliche Kommunikation aber noch analog ablief. Dabei saß eine Gruppe von Personen – das konnten zehn oder 20 sein – in einem Raum; jeder hatte ein Funkgerät vor sich und durfte „drauflosfunken". Mit Glück zeigten sich dabei schon Fehler in der Verbindungssteuerung. Da die Abläufe aber so gut wie nicht reproduzierbar waren, hatten die Softwareentwickler, die solche Fehler dann beseitigen mussten, wenig Anhaltspunkte. Entsprechend lange dauerte es, bis die Fehler beseitigt waren.

Angefangen hat alles während meines Physikstudiums. Damals arbeitete ich als Consultant für Teststrategien. Meine Aufgabe war, auf Basis der funktionalen Vorgaben für das Funknetz Checklisten und „Drehbücher" für solche Tests zu entwickeln. Das Ziel war, alle funktionalen Aspekte abzudecken, und das so effizient wie möglich.

Im Physikstudium hatte ich es mit laser-interferometrischen Messungen zu tun. Bei der Interferometrie geht es um Längenvariationen im Bereich von Nanometern. Experimente dieser Art werden auf tonnenschweren optischen Tischen durchgeführt, die mit ausgeklügelten Lagermechanismen von Bodenschwingungen isoliert sind. Bei meiner Arbeit bestand ein typischer Ablauf darin, eine Stellgröße zu verändern und dann einen Messpunkt aufzunehmen – und das einige zehn oder hundert Mal hintereinander. Bei solchen Messungen gibt es offensichtlich eine Störquelle, die man nicht so einfach eliminieren kann: den Experimentator selbst. Zum einen durch die Schwingungen, die während des Änderns der Stellgröße in den Aufbau eingeleitet werden – und für deren Abklingen man jedes Mal einige Sekunden warten muss. Aber schon die reine Anwesenheit einer Person im Raum kann problematisch sein, denn jede Bewegung verursacht auch Luftschwingungen, die in empfindlichen Aufbauten ebenfalls messtechnisch sichtbar sind.

Die Durchführung dieser Experimente war also nicht nur per se langwierig; die Datenqualität hing auch davon ab, wie ruhig man sich im Raum verhielt beziehungsweise wie viel Zeit man dem Aufbau nach jedem Stellschritt gab, bis man den Messpunkt aufnahm. Kurz, das Ganze war eine recht anstrengende Sache – und die Antwort war offensichtlich, den ganzen Messablauf zu automatisieren, was ich dann auch tat – mit den Mitteln der 1980er Jahre nicht ganz so einfach, wie es heute wäre.

Das war also mein damaliger technischer Kontext. Bei den ersten der erwähnten Consulting-Aufgaben setzte ich die Wünsche meines Auftraggebers nach manuell umsetzbaren Testdesigns noch einfach um; irgendwann fragte ich dann aber, warum solche Tests nicht automatisiert würden. Auf die Frage „Geht das denn?" antwortete ich „Natürlich!" – und hatte mein erstes Projekt für ein skriptgesteuertes automatisches Testsystem, mit einem PC und zwei Mobilfunkgeräten. Dieses System funktionierte so gut, dass ich kurz darauf den Auftrag für ein 16-Kanal-System bekam – damit ließen sich alle Funktionen eines mehrkanaligen Bündelfunknetzes abdecken. Es war sogar möglich, ein solches Netz punktuell bis an seine Kapazitätsgrenze zu treiben.

So fing das alles an – seitdem sind die Testsysteme, wie auch die Netze, die sie testen, um einige Größenordnungen komplexer und leistungsfähiger geworden. Was wir damals aus unserem pragmatischen Ansatz heraus noch nicht einmal „QoS" nannten, ist aus heutiger Sicht elementare Fingerübung. Nicht verändert hat sich der Spaß daran, solche Systeme zu realisieren und sie funktionieren zu sehen.

Es ist nicht nur bei der Realisierung von Test- und Messsystemen geblieben. Vor etwa zwölf Jahren begann ich, in der Standardisierung mitzuarbeiten, zunächst in einer IREG genannten Gruppe im Kontext der GSM Association (GSMA), die dann, im Organigramm der Gruppe STQ als STQ MOBILE zugeordnet, in den ETSI-Raum migriert ist. In dieser Expertengruppe sollten ursprünglich nur Messsystemhersteller und Netzbetreiber vertreten sein, mittlerweile finden sich auch Abgesandte von Netzausrüstern, was auch ein Zeichen dafür ist, dass das Thema QoS an Breite und Relevanz gewonnen hat. Insofern – wenn man die Ebene dieses Buches mitrechnet – bin ich mit QoS auf mehreren Ebenen oder, weil es auch mit zeitlicher Abfolge zu tun hat in mehreren „Streams" beschäftigt. In der Standardisierung geht es darum, eine solide, konsistente Grundlage, einen methodisch robusten Rahmen für die weltweite Umsetzung von QoS zu schaffen. In der Rolle des Messsystemherstellers geht es um praktische Umsetzung und auch darum, den Mitbewerbern möglichst mindestens eine Nasenspitze voraus zu sein.

Dieses Buch spart notwendigerweise einige Bereiche aus, so etwa Dinge, die etwas mit wettbewerbsrelevantem Know-how zu tun haben. Auch werden Sie Informationen über die derzeit in der Standardisierung laufenden Dinge vergeblich suchen – ich verwende nur Inhalte, die zum Schreibzeitpunkt öffentlich zugänglich sind.

Dafür erhalten Sie einen Überblick über das Gebiet „QoS", der Ihnen nicht nur die internationalen Standards erschließt, sondern Ihnen auch alternative Denkansätze bietet und vor allem zeigt, wie Sie dieses Know-how für Ihre eigenen Zwecke einsetzen.

Der Standardisierungskontext hat aus verschiedenen Gründen einen anderen Takt und andere Inhalte als die industrielle Umsetzung. Aus der Struktur der Gruppen, die an solchen Themen arbeiten, ergibt sich schon, dass das Interesse relativ stark von diagnostischen Anwendungen geprägt ist. Diese sind für viele andere Stakeholder von weniger großer Wichtigkeit. Der gesunde Menschenverstand sagt uns außerdem, dass in solchen Gruppen vertretene Hersteller oder Netzbetreiber die Interessen ihre jeweiligen Firmen im Blick haben müssen und nicht vor den Augen ihrer Mitbewerber alle ihre aktuellen Ideen und Konzepte auf den Tisch legen.

Die Gruppenstruktur sorgt aber auch dafür, dass der Input für die Standardisierung aus der Praxis kommt und nicht von akademischen Theoretikern in realitätsferner Abgeschiedenheit erdacht wird. Das in die Gruppe Eingebrachte hat eine gewisse Reifezeit in der Prozess- und Umsetzungspraxis der beteiligten Unternehmen hinter sich. In diesem Sinn würde ich das Bild eines Kondensats anbieten; die Standardisierung, im als Ergebnis einer breitbandig zusammengesetzten Gruppe mit entsprechenden Kräftegleichgewichten, liefert konsolidierte, solide Substanz und damit eine robuste Basis.

Schaut man sich ein typisches Standard-Dokument an, kann der Eindruck entstehen, dass QoS eine komplizierte Angelegenheit ist. Eine gewisse Stringenz ist notwendig, um mit den QoS-Werkzeugen arbeiten zu können. QoS ist aber von den Grundkonzepten her nicht kompliziert. Dies versuche ich in den Vordergrund zu stellen.

Gegenüber der Standardliteratur bietet das Format dieses Buches einen weiteren Vorteil. Standards wachsen additiv. Für vieles, das einmal als „hot topic" galt, haben der Markt oder die technische Evolution inzwischen andere Entscheidungen getroffen. Ein klassisches Beispiel hierfür ist „Push to Talk over Cellular" (PoC). Das ist ausdrücklich nicht spöttisch oder abwertend gemeint. Es soll vielmehr zu einer gewissen Demut auffordern, denn das, was heute als „eindeutig heißes Thema" erscheint, kann aus der Warte von weiteren drei oder fünf Jahren genauso seltsam aussehen wie PoC aus heutiger Sicht. Das soll aber nicht heißen, dass wir uns in der Standardisierung, um solches zu vermeiden, in eine „analysis paralysis" begeben sollten, um auch ja ganz sicher zu sein, dass wir unsere Zeit nicht verschwenden. Ohne Mut zum Risiko geht es nicht.

Wie auch immer – ein Buch wie dieses kann beherzter und zielgerichteter vorgehen, weil weniger Kompromisse zu machen sind – inklusive des Risikos, mit einer Ansicht auch einmal nicht mehrheitskonform zu sein oder in der Rückschau falsch gelegen zu haben.

Das Format eines Buches wie des vorliegenden erlaubt es auch, breitbandiger an das Thema heranzugehen. Es ist möglich, mehr als eine Sichtweise anzubieten, wo sich Standards notwendigerweise auf eine Perspektive festlegen und zudem manchmal noch aus paradigmatischen oder formalen Gründen ganze Bereiche ausblenden müssen, etwa weil ein Service zwar äußerst populär ist, aber proprietäre Protokolle verwendet – dazu später noch mehr.

Mobilkommunikation ist mittlerweile die Basis vieler Geschäftsmodelle. Das bedeutet, die Gruppe der Stakeholder ist heute schon größer und vor allem vielschichtiger geworden als in den Anfangsjahren. Diese Entwicklung wird sich, davon bin ich überzeugt, weiter fortsetzen. Bei weitem nicht alle diese Stakeholder haben ein Interesse an Detailtiefe. Das Leitmotiv dieses Buches ist von daher, auf pragmatische Weise – so formal wie notwendig, aber so lesefreundlich und unterhaltsam wie möglich – Expertenwissen an diejenigen weiterzugeben, die sich im Rahmen solcher Aktivitäten mit der Umsetzung von QoS und QoE befassen und die vielfach noch gar nicht wissen, wie sie mit diesem Thema umgehen sollen. Hier geht es zum einen darum, die notwendige Bewusstheit zu erzeugen, aber auch darum, zu zeigen, wie QoS und QoE funktionierten, wie man sie einsetzt und wie man mit ihren Ergebnissen umgeht.

Der Lesefreundlichkeit halber enthält dieses Buch auch – in hoffentlich nicht zu großer Dosis – einige Wiederholungen von Elementen, die in mehreren Kontexten wichtig sind. Das heißt, ich habe dem Lesefluss Vorrang vor einer strengen, ausfaktorisierten Struktur gegeben.

Noch kurz zu zwei anderen Elementen mit Einfluss auf die Lesefreundlichkeit. Nach reiflicher Überlegung habe ich beschlossen, kein „Gendering" zu verwenden. Es mag sein, dass – um im Thema dieses Buches zu bleiben – die Quality of Experience für einzelne Leser oder Leserinnen dadurch sinkt. Ich bin jedoch davon überzeugt, dass die Alternative – komplexere Satzbauten und mehr Buchstaben bei gleichbleibendem Informationsgehalt – die Lesbarkeit und Verständlichkeit für eine deutlich größere Zahl anderer Leser absenken würde. Ich habe mich demzufolge, aus Respekt für die wertvolle Zeit der Leser, für die Variante mit der per Saldo höheren Gesamt-QoE entschieden. Selbstverständlich sind in entsprechenden Kontexten immer sowohl weibliche als auch männliche Subjekte oder Objekte gemeint.

Aus dem gleichen Grund werden Sie in diesem Buch eine gewisse Dosis „Denglisch" finden. Das liegt einfach daran, dass die „Sprache der QoS" nun mal Englisch ist. Eingedeutschte Begriffe würden im Endeffekt nur verwirren, denn wer sich mit dem Thema eingehender befasst, wird den englischen Begriffen überall begegnen. Zudem sind entsprechende Kandidatenworte im Deutschen in aller Regel begrifflich schon anderweitig besetzt. Insofern hat die Verwendung des richtigen „street jargon" sogar zwei Vorteile: eine Vorbereitung auf diesen Moment der Begegnung und eine Reduktion der Gefahr von Missverständnissen durch Mehrfachbedeutung von Begriffen.

Was den Schreibstil dieses Buchs angeht – mein Ziel war, Fachwissen auf eine Art zu präsentieren, bei der das Lesen auch Spaß macht, Dabei hatte ich Vorbilder. Als „obersten Inspirator" möchte ich Richard Feynman nennen, mit dessen Werken ich bereits während meines Physikstudiums in Berührung gekommen bin. Auch Nassim Nicholas Taleb nenne ich hier.

Unter den Menschen in meiner Nähe möchte ich speziell Rita Weinert nennen, die beruflich Journalisten und Medienleute aller Bereiche ausbildet. Sie hat mit freundlichem, aber nachdrücklichem Feedback dafür gesorgt, dass ich einen Satz im Zweifel lieber noch ein weiteres Mal darauf überprüfe, ob man ihn nicht doch noch verständlicher formulieren oder zumindest in zwei oder drei handlichere Sätze zerlegen kann. Wobei der vorangegangene Satz zeigt, dass mein Lernprozess noch nicht abgeschlossen ist.

Danken möchte ich Christian Schmidmer, einem der führenden Experten auf dem Gebiet der Sprach- und Videoqualität, für die kritische Durchsicht der entsprechenden Abschnitte dieses Buches. Ebenso danke ich Joachim Pomy, einem Standardisierungsexperten mit vielfältigen Rollen in ITU, ETSI und TIA, für die Durchsicht der Abschnitte, die sich mit den internationalen Standardisierungsorganisationen befassen.

Der größte Dank von allen geht an meine Lebensgefährtin Sabine, die fast ein Jahr lang toleriert hat, dass die Arbeit an diesem Buch die aus ihrer Sicht ohnehin manchmal knappe gemeinsame Zeit noch etwas mehr reduziert hat.

Inhaltsverzeichnis

Abbildungsverzeichnis

Tabellenverzeichnis

Einführung

1

QoS und QoE sind zentrale Faktoren für den geschäftlichen Erfolg in vielen Wirtschaftszweigen geworden. Dieses Buch vermittelt einen leichten Einstieg in dieses Thema und ist daher nicht nur für Spezialisten, sondern auch und gerade für Planer und Entscheider in Branchen, deren Geschäftsmodell auf gut funktionierenden mobilen Datendiensten basiert.

Ein Mobilnetz ist kein „drahtloses LAN-Kabel". Diese Netze sind komplexe, nichtlineare Gebilde. Wie gut ein bestimmtes Produkt, sagen wir etwas wie Facebook, „Ende zu Ende" funktioniert, hängt vom Zusammenspiel des Netzes mit dem Produkt ab – das selbst etwas sehr Dynamisches und Komplexes sein kann. Das beginnt schon damit, dass Ressourcenoptimierung im Netz dazu führen kann, dass Datentransfers über verschiedene Protokolle nicht mehr gleich behandelt werden, dass also beispielsweise ein FTP-Filetransfer, obwohl die selben Basisdienste auf IP-Ebene verwendet werden, ein anderes Netz „sieht" als ein Download des gleichen Files über HTTP.

Ein zentrales Element der Qualitätswahrnehmung durch Endkunden ist, dass die meisten Anwender entweder gar nicht wissen, wie die Leistung, die sie erleben, denn nun genau zustande kommt – oder dass es ihnen gleichgültig ist. Wie ein Produkt oder eine Dienstleistung vom Kunden wahrgenommen wird, entscheidet über den wirtschaftlichen Erfolg dieses Angebots. Der Anbieter muss also ein zentrales Interesse daran haben, seine Investitionsmittel und Ressourcen optimal in Hinsicht auf diese Qualitätswahrnehmung durch den Kunden einzusetzen. Dazu ist es notwendig, diese Wahrnehmung in einer Form zu messen, die zielgeleitetes Handeln ermöglicht. Das umfasst sowohl die Metriken selbst als auch die Vorgehensweisen zu ihrer Erfassung. Quality of Service (QoS) und Quality of Experience (QoE) sind die Begriffe, die diesen Rahmen beschreiben.

Umgekehrt genügt es für die Mobilfunk-Netzbetreiber nicht, solide Basisdienste bereitzustellen. Vielmehr ist es notwendig, das Konzept „Qualitätswahrnehmung" auf die Wechselwirkung ihrer Netze mit realen Produkten zu erweitern. Das wird sich in Zukunft

© Springer-Verlag Berlin Heidelberg 2015

W. Balzer, *Quality of Experience und Quality of Service im Mobilkommunikationsbereich*, Xpert.press, DOI 10.1007/978-3-642-55348-6_1 aller Wahrscheinlichkeit noch verschärfen – Stichwort „Netzneutralität" beziehungsweise Tendenzen, diese zugunsten einer Differenzierung von Basis- und höherwertigen Spezialdiensten zumindest teilweise aufzuheben.

Hierzu ein Beispiel. Vor einiger Zeit wurde die Partnerschaft zwischen Spotify, einem Anbieter von Musik-Streaming, und der Telekom bekanntgegeben. Das bei der Nutzung von Spotify transferierte Datenvolumen wird nicht auf das monatliche „Inklusivvolumen" angerechnet, nach dessen Transfer die Datenrate massiv reduziert wird. Hier ist die Kopplung zwischen Produkt- und Netzeigenschaften also noch stärker. Ich bin davon überzeugt, dass ähnliche Modelle in Zukunft eine wichtige Rolle in mobilfunkbasierten Produkten spielen werden, weil sie die Abhängigkeit der Produktleistung von Faktoren, die gar nicht mit dem Produkt selbst zu tun haben, lösen – das Inklusivvolumen kann durch Nutzung ganz anderer Dienste verbraucht werden. Wenn ein Produkt-Anbieter Mobilfunkleistung „en gros" einkauft und mit seinen Produkten bündelt, ist die Definition entsprechender Service Level Agreements und die technische Umsetzung dabei ebenfalls von zentraler Wichtigkeit.

Von einem adäquaten Verständnis der QoS- und QoE-Zusammenhänge und Konzepte profitieren alle Seiten, und ein solches Verständnis ist auch eine wichtige Grundlage der Zusammenarbeit, quasi eine gemeinsame Sprache. Für Produktanbieter kann die Definition entsprechender QoS- oder QoE-Größen sogar ein erfolgsentscheidendes Element sein.

In der Technik kommt es häufiger vor, dass Begriffe verwendet werden, die auch im „normalen Leben" bereits mit Bedeutungen besetzt sind. Nach diversen Gesprächen im Vor- und Umfeld dieses Buchprojekts habe ich allerdings festgestellt, dass in diesem Fall der Überlapp offenbar größer als gewöhnlich ist. Das fängt schon mit den Begriffen „Qualität" und „Service" an.

2.1 Qualität und Services

Qualität und *Service* sind weitverbreitete Begriffe, für die jeder Mensch eine Reihe von Assoziationen parat hat. Zwar haben die Begriffe innerhalb des Mobilfunksektors bereits die gewünschte Bedeutung – aber genau die Personen aus diesem Sektor sind ja bereits Wissende. Die Hauptzielgruppe dieses Buches sind Personen, die entweder schon im Mobilfunksektor arbeiten, aber nicht speziell im QoS-Sektor; oder die in Branchen arbeiten, für die Mobilkommunikation zentrales Element ihrer eigenen Geschäftsmodelle oder Angebote ist.

Nun ist es keine Option, zur Vermeidung von Begriffskollisionen neue Begriffe zu erfinden. Der Leser wäre damit von der Basisliteratur aus der internationalen Standardisierung abgekoppelt, die diese Begriffe geprägt hat und sie verwendet. Dieses Buch soll aber auch und gerade dem, der nicht in die volle Tiefe dieser Standards hinabtauchen will oder muss, einen vereinfachten Zugang bieten. Daher ist eine Brückenkonstruktion notwendig, die diese verschiedenen Bereiche verbindet und den notwendigen Begriffs- und Definitionsraum schafft.

Eigene Begriffe werde ich dort einführen, wo die Alternative Multi-Wort-Konstruktionen, Wiederholungen und Konditionalsätze wären. Diese würden zwar beim „punk-

© Springer-Verlag Berlin Heidelberg 2015
W. Balzer, *Quality of Experience und Quality of Service im Mobilkommunikationsbereich*,
Xpert.press, DOI 10.1007/978-3-642-55348-6_2

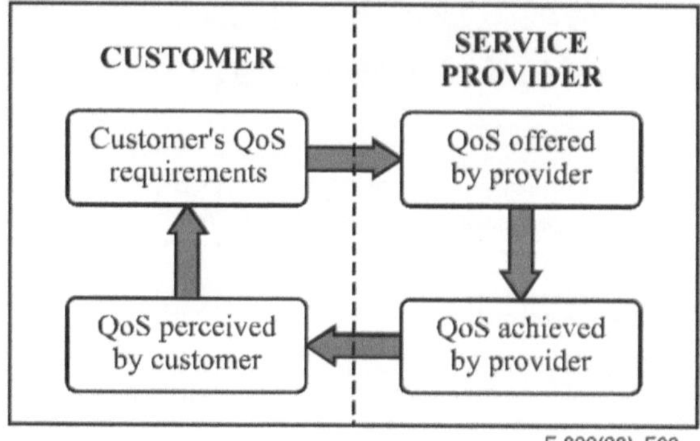

Abb. 2.1 Verschiedene Typen von QoS im Kontext der Relation zwischen Endkunde und Serviceanbieter; aus ITU-T E.800 ([1]; mit freundlicher Genehmigung der ITU-T)

tuellen" Lesen die wissenschaftliche Korrektheit erhöhen, dafür aber vom Wesentlichen ablenken, damit das Lesen enorm erschweren und letztendlich keinen Mehrwert schaffen.

Auch geschriebene Sprache ist noch weitgehend sequentiell. Aus der Erfahrung diverser Gespräche mit Nicht-Spezialisten weiß ich, dass beim Lesen dann, wenn ein Begriff oder ein Konzept anders als in einer gewohnten Weise verwendet wird, der erste Impuls beim Lesen ein „ja, aber" sein kann. An solchen Stellen möchte ich „Innehalten" und Weiterlesen bis zum dem Punkt bitten, an dem das Bild vollständig ist.

Zum Einstieg in das Thema habe ich die in Abb. 2.1 gezeigte Original-Darstellung aus der ITU-T Recommendation E.800 gewählt. Die E.800-Dokumentserie gehört zu den zentralen Dokumenten der Standardisierungsliteratur, denen wir im weiteren Verlauf noch häufiger begegnen werden. Die Abbildung zeigt sehr schön die Relation zwischen Endkunde und Serviceanbieter und führt dabei auch schon einige Basisbegriffe ein.

Ein „Service" im Sinn der QoS-Standardisierung ist eine bestimmte auf einen Kundennutzen zielende Funktionalität eines Mobilfunknetzes. Beispiele hierfür sind Sprachtelefonie, SMS, Videotelefonie oder „mobiles Internet", wobei letzteres wieder ein Sammelbegriff ist. Historisch ist „Service" bei letzterem in gewisser Weise eine Mischung aus Bezügen sowohl auf Kommunikationsprotokolle als auch auf Funktionalitäten. Beispiele sind auf HTTP basierendes „Web browsing", wobei dieses heutzutage genauso auf https basieren kann; Datentransfer wird in Relation zu ftp gebracht und so weiter.

Ohne auf die Weiterungen einzugehen, die in der heutigen „App-zentrischen" Welt der Nutzung von Mobilkommunikation anstehen (dazu später mehr), ist der Service in diesem Kontext also eine mit einem bestimmten Protokoll zusammenhängende Form der Datenkommunikation, die durch ein bestimmtes Nutzungsszenario („Usecase") beschrieben wird.

Wie diese Szenarien aufgebaut sind, wird in Abschnitt „Usecase-Modellierung" detailliert beschrieben. An dieser Stelle soll aber das Konzept schon mit einem Beispiel illustriert werden. Betrachten wir einen der elementarsten „Services" eines Mobilfunknetzes, die Sprachtelefonie. Das Szenario aus Anwendersicht besteht aus dem Wählen der Nummer des Teilnehmers, mit dem man sprechen möchte; dem Warten darauf, dass dieser abhebt, dem Gespräch selbst und dem Beenden der Verbindung nach dem Telefonat.

Dieser Service erfordert seitens des Mobilnetzes eine Reihe von Aktionen, um die Verbindung erst herzustellen und sie dann über Ortswechsel der Teilnehmer hinweg aufrechtzuerhalten. Damit also der Service aus diesem „Ende zu Ende"-Top-Level-Blickwinkel überhaupt realisiert werden kann, müssen eine Reihe von „atomaren" Basisfunktionen vorhanden sein und funktionieren. Diese Basisfunktionen werden in unterschiedlicher Kombination von vielen Services genutzt. Man könnte daher denken, es genügt, diese Basisfunktionen zu testen, um damit eine Qualitätsaussage für alle darauf basierenden Services zu gewinnen. Das ist nicht der Fall; Tests auf der Ebene dieser Basisfunktionen ermöglichen keine sichere Aussage darüber, mit welcher Qualität Services auf höherer Ebene bereitgestellt werden können. Der Grund ist, dass zu der Gesamtfunktionalität eben auch die Koordination all dieser Basisfunktionen gehört, die eben doch wieder servicespezifisch ist.

Ähnliches gilt im Übrigen in der heutigen Ära hochoptimierter Netze auch schon für Funktionen, die im klassischen QoS-Sinn noch als Services auf hoher Ebene gelten. Dieser Trend wird sich, Stichworte „Managed Services" und „Netzneutralitäts-Diskussion", in Zukunft noch verstärken.

2.2 QoS vs QoE

In der Literatur gibt es keine einheitliche Definition der Begriffe QoS und QoE. Im Gegenteil bieten selbst verschiedene internationale Standards teilweise widersprüchliche oder einander überlappende Definitionen an. Das ist meines Wissens den entsprechenden Autoren inzwischen bewusst und es wird daran gearbeitet, diese Definitionen zu harmonisieren. Doch selbst wenn das gelingen sollte, werden frühere Definitionen damit nicht schlagartig verschwinden; sie werden in Dokumenten und auf Webseiten, und vor allem auch in den Gewohnheiten der Personen, die auf diesem Gebiet arbeiten, noch eine ganze Weile weiterexistieren.

Historisch gesehen ist der Begriff „QoS" der ältere. Der Begriff „QoE" ist nach meiner Erinnerung vor zirka fünf oder zehn Jahren aufgetaucht und hat sich dann, wie eine Pflanze aus einer anderen Biosphäre, im Lebensraum des Begriffs „QoS" in der „Fachwelt-Umgangssprache" etabliert. Damit will ich sagen, man kann diesen Begriff (in einer präzisierenden Funktion) als Bereicherung betrachten; wegen der fehlenden Trennschärfe bei der Definition bereitet er jedoch auch zusätzliche Mühe, und ich bin nicht sicher, ob die Gesamtbilanz nun positiv oder negativ ist.

Natürlich stellt sich die Frage, ob eine exakte Definition für das Arbeiten im QoS-Bereich wirklich notwendig ist. Ich würde diese Frage so beantworten: Technische Begriffe ähneln dem Vokabular einer Sprache. Eine gewisse Unschärfe ist tolerierbar, weil Bedeutungen auch durch den Kontext gegeben sind; sinnvolle Kommunikation erfordert aber einen Grundkonsens über die Bedeutung der Begriffe. Dabei ist ein erkannter Dissens nicht das größte Problem; problematischer ist, wenn die Teilnehmer glauben, sie sprächen über das Gleiche, es aber nicht tun. Stellt sich dann später heraus, dass die Parteien von unterschiedlichen Voraussetzungen ausgegangen sind, kann es aufwendig sein, die operativen Folgen solcher Missverständnisse wieder zu beseitigen. Wichtig ist also eine vernünftige Balance zwischen notwendiger Genauigkeit und einer auf „intellectual fencing" hinauslaufenden Lust an der Diskussion.

Mein Ehrgeiz ist nicht, nun die ultimative Definition vorzuschlagen, mit der die ganze Fachwelt auf Anhieb einverstanden ist. Wir brauchen jedoch im Sinn des oben gesagten eine funktionierende Arbeitsdefinition; allein schon deshalb, um im Folgenden abgrenzende und relativierende Fußnoten, Nebensätze und andere Textelemente einzusparen, die den Lesefluss stören und keinen wirklichen Mehrwert bringen.

Ich arbeite an und mit QoS-Standards; trotzdem bin ich einigen Quellen erst im Verlauf der Arbeit an diesem Buch begegnet, weil sie für meine berufliche Tätigkeit keine Relevanz hatten oder weil ich es dort eher mit davon schon abgeleitetem oder weiterentwickeltem Inhalt zu tun habe. Insofern habe ich beim erst kürzlichen Lesen des „Call for Input"-Dokuments mit dem Titel „Measuring mobile voice and data quality of experience" [2] der Ofcom (der britischen Mobilfunk-Regulierungsbehörde) festgestellt, dass die in der Einleitung verwendete Definition das mit wenigen Sätzen ausdrückt, was auch meine Sichtweise ist, wofür ich aber wesentlich mehr Platz gebraucht hätte. Vielleicht liegt es daran, dass ich die Entscheidung für eine bestimmte Begrifflichkeit ausführlicher begründet hätte; der Text stellt hier einfach lapidar fest

> In this document we use the phrase 'quality of experience (QoE) to describe the technical performance of the services delivered to consumers'. ([2], Introduction, 1.1)

Es wird dann per Fußnote „technical performance" genauer definiert. Dass diese Definition im Widerspruch zu diversen anderen in der ITU-T- oder ETSI-Standardliteratur steht, ist – natürlich nur aus dem Blickwinkel des pragmatischen Ziels einer Arbeitsdefinition – hier gar nicht zentral; vielmehr gefällt mir der Mut (um den Begriff „liebenswerte Frechheit" zu vermeiden), mit dem hier Grenzlinien zwischen den Begriffen einfach ignoriert werden; dadurch wird tatsächlich einiges einfacher.

Insgesamt empfehle ich dieses Ofcom-Dokument [2] zum vertiefenden Lesen, weil es eine einfache, pragmatische und mit diversen Untersuchungsergebnissen zur Qualitätswahrnehmung von Endkunden angereicherte Darstellung liefert, auch wenn der Anlass dieses Dokuments – das „Einwerben" von Ansichten der Stakeholder im Mobilfunkbereich – inzwischen bereits Geschichte ist. Der Kontext – Steigerung der Transparenz von Mobilfunk-Leistungskenngrößen für Kunden – ist dagegen hochaktuell, und ich werde in Abschn. 15 noch ausführlich darauf eingehen.

In der Standard-Literatur finden sich auch Visualisierungen des Themas. Die Originaldarstellung aus der ITU-T E.800 ist in Abb. 2.2 gezeigt. Abbildung 2.3 zeigt eine darauf basierende eigene Darstellung für einen „Telefonie-artigen" Dienst – zwei User kommunizieren über diverse technische Komponenten eines Netzes miteinander, die Strecke ist symmetrisch. Abbildung 2.4 wäre dann die „Web"-Version davon.

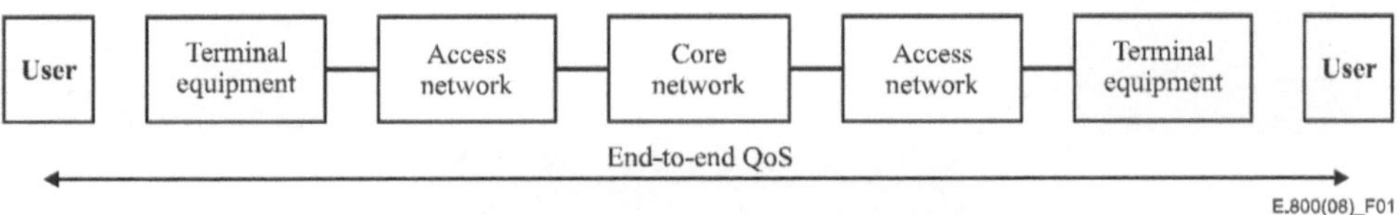

Abb. 2.2 Visualisierung der Endanwender-QoS aus ITU-T E.800 (Screenshot aus [1], mit freundlicher Genehmigung der ITU-T)

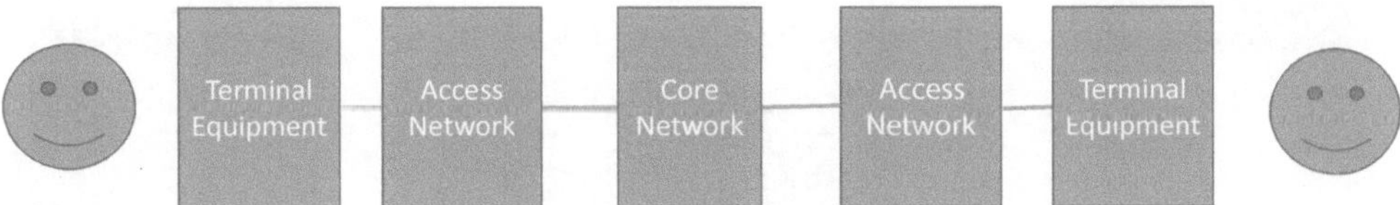

Abb. 2.3 Technische Visualisierung eines Telefonie-Service

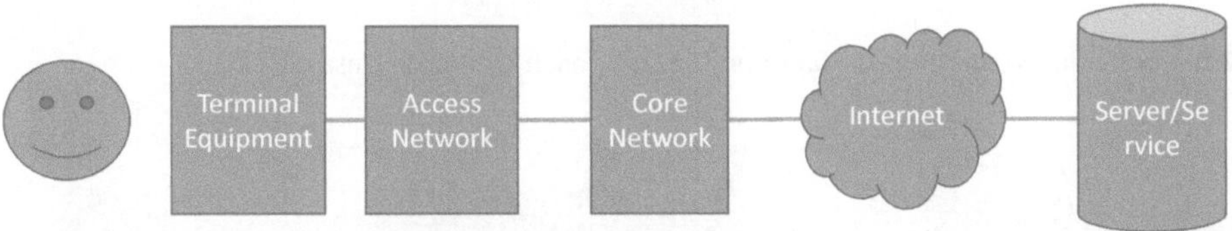

Abb. 2.4 Technische Visualisierung eines Web-basierten Service

Kürzlich habe ich auf einer QoS-Konferenz in einer Präsentation von Pedro Casas vom FTW (Forschungszentrum Telekommunikation Wien) auch eine andere Darstellung gesehen, die ich mit seiner freundlichen Zustimmung in Abb. 2.5 nachgezeichnet habe.

In dieser Darstellung ist der Service selbst noch nicht enthalten. Ich denke, dass die Ende-zu-Ende-Kundensicht auf einen Service am besten durch Abb. 2.6 dargestellt ist. Symbolisiert werden soll damit, dass der Endkunde am Service selbst interessiert ist – alles, was dazwischenliegt, ist für ihn nur Mittel zum Zweck. Sein Endgerät ist das unmittelbare Medium; wieweit dessen Eigenschaften sein Qualitätserleben beeinflussen, nimmt er noch recht „scharf" wahr, unter anderem deshalb, weil die Zeitschriftenregale und Webportale voll mit Handy-Vergleichstests sind.

Der durchschnittliche Anwender ist sich bewusst, dass sein Nutzererlebnis von verschiedenen Faktoren gestört wird, die er jedoch nicht genau kennt. Einige davon kann er mit eigenem Erleben in Verbindung bringen – etwa Dinge, die etwas mit der Mobilfunkversorgung zu tun haben. Der Nutzer hat aber nur dann ein Motiv, zusätzliches Wissen um die innere Struktur dieses „Dazwischen" zu erwerben, wenn es ihm zielgerichtete Aktivitäten ermöglicht, um sein Nutzungserlebnis zu verbessern. Es gibt beispielsweise eine Reihe von Erfahrungsregeln – „in Fahrstühlen kann man nicht telefonieren", „in Zügen sollte man besser keine langen Telefonate führen wollen" oder „wenn ich über diese bestimmte Bergkuppe fahre, reißt mein Gespräch fast immer ab".

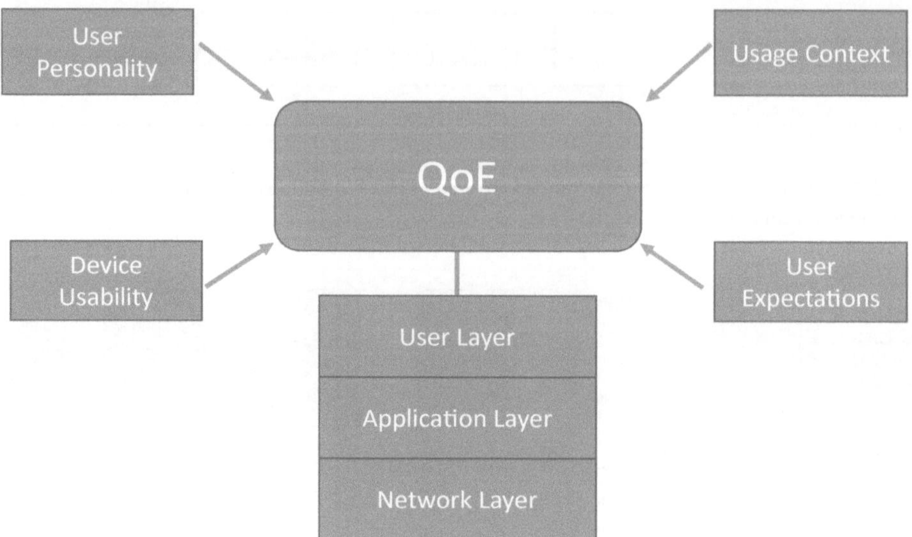

Abb. 2.5 Entstehungs- und Einflussfaktoren für QoE, nach Dr. Pedro Casas, FTW

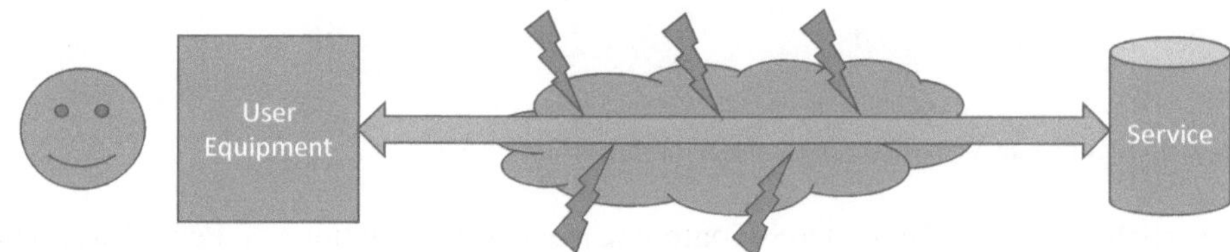

Abb. 2.6 Visualisierung einer „naiven Kundensicht"

Bezieht man die tatsächliche Netzstruktur (schematisch) mit ein, wäre QoS das, was im technischen Kern „jenseits" der Benutzerwelt geschieht, und QoE die Wahrnehmung dessen durch den Benutzer; diese Sicht habe ich in Abb. 2.7 dargestellt.

Unabhängig vom genauen Standpunkt – es muss nicht zwangsläufig eine „werteweise" 1:1-Beziehung, also eine direkte Abbildung eines technischen Kennwerts auf eine Bewertungsskala über irgendeine Mappingfunktion existieren. Ein Endgerät kann durchaus technische Defizite eines Mobilfunknetzes kompensieren oder dämpfen. Ein Beispiel wäre, dass – bei internetbasierten Diensten – im Fall eines primären Verbindungsabbruchs das Endgerät versucht, diese Verbindung wieder herzustellen, so dass zwar technisch gesehen ein „Drop" registriert wird, der Anwender diesen aber nicht wahrnimmt – oder vielleicht in einer anderen Form, etwa als „träges Reagieren". In dieser Hinsicht ist das „typische Endgeräteverhalten" – das in Wirklichkeit meist das typische Verhalten eines bestimmten Betriebssystems ist –durchaus relevant. Nimmt man einfach an, dass ein technischer „Drop" etwas negativ zu Wertendes ist, kann es sein, dass man in Bezug auf die tatsächliche Qualitätsskala falsch liegt.

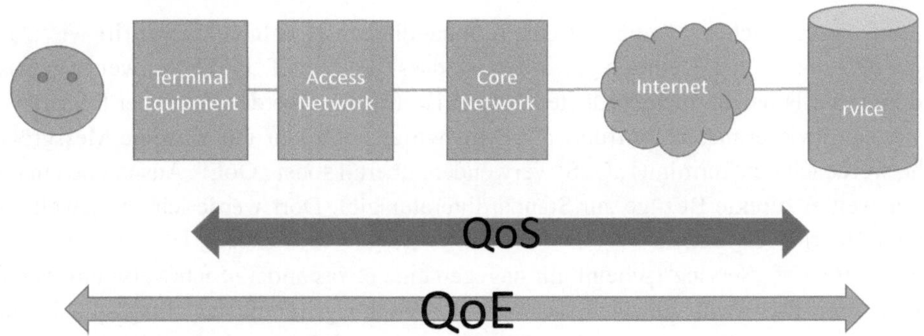

Abb. 2.7 Technische Sicht mit QoS- und QoE-Grenzen

An dieser Stelle möchte ich, in Abb. 2.8, noch eine weitere Sichtweise anbieten. Das ist wieder ein Originalbild aus der ITU-T E.800. In dieser Darstellung erkennt man, dass die vom Endkunden wahrgenommenen und „seinem" Vertragspartner (den ich „primären Netzbetreiber" nennen möchte) zugeschriebenen Netzeigenschaften teilweise durch Leistungseigenschaften anderer Netzbetreiber („inter-operator" – QoS Parameter) gegeben sind. In dieser Darstellung ist das Element „Service quality agreement" enthalten, das ausdrückt, dass solche Leistungseigenschaften auch Vertragsgegenstand sein können, was eine technisch umsetzbare Definition und entsprechende Messmöglichkeiten erfordert.

Aus dem Vorangegangenen wird klar, dass es in der Fachwelt derzeit keine präzise begriffliche Abgrenzung zwischen QoS und QoE gibt. Ich möchte vermeiden, im weiteren

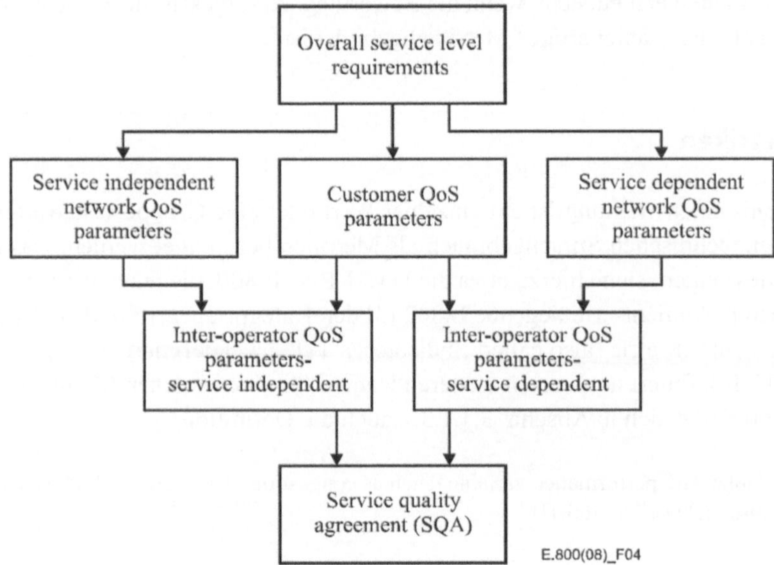

Abb. 2.8 Endanwender-QoS im Gesamtkontext von Quality Agreements, aus [1], mit freundlicher Genehmigung der ITU-T

Verlauf dieses Buches ständig mit einem unhandlichen Kombinationsbegriff wie „QoS und QoE" zu arbeiten. Deutlich geworden ist, dass der Begriff „QoE" das weiter gefasste und in dieser Hinsicht übergeordnete Element ist. Insofern werde ich bei der Begriffsverwendung gewissermaßen „aufrunden": Dort, wo es noch klar um einzelne Messgrößen geht, werde ich den Terminus „QoS" verwenden, überall sonst „QoE". Ausnahmen mache ich, soweit es direkte Bezüge zur Standardliteratur gibt. Dort werde ich den jeweils genutzten Begriff verwenden.

Beim Begriff „Service" scheint mir dagegen eine etwas andere Sichtweise unvermeidlich zu sein. Das nicht nur, weil das Wort, als Fachbegriff mit der alltagssprachlichen Verwendung dieses Worts (sowohl im Deutschen als auch im Englischen) konkurriert und teilweise auch interferiert. Aus technischer Sicht hat „Service" im QoS-Kontext, von seiner Definitionshistorie her, teilweise noch direkte Bezüge zu bestimmten gleichnamigen Kommunikationsprotokollen (HTTP, FTP etc.). Das ist mittlerweile obsolet oder auf dem Weg dorthin. Andere als „Services" benannte Elemente sind aus heutiger Sicht Low-Level-Funktionalitäten, die alleine noch keinen Kundennutzen generieren.

QoE kann also „QoS" plus eine subjektive Bewertung sein. Im Begriffsrahmen der ITU-T Recommendation E.800 [1] kann aber auch ein nicht-technischer Aspekt eines Produkts oder einer Dienstleistung mit einer QoE bewertet werden. Hier werde ich im Übrigen ebenfalls eine Vereinfachung nutzen. Eine Dienstleistung ist ebenfalls das Ergebnis eines Produktionsprozesses. Ich werde daher ab hier „Produkt" als Synonym für „Produkt oder Dienstleistung" verwenden.

Hierzu sei an dieser Stelle – ich werde später noch detaillierter auf diese Recommendation eingehen – noch angemerkt, dass der praktische Nutzen auch bei solchen nicht-technischen Elementen erst entsteht, wenn die Bewertung, so subjektiv sie zunächst formuliert sein mag, auf eine „zahlenartige" Metrik abgebildet ist.

2.3 Metriken

Das Ergebnis einer Messung ist ein einzelner Wert oder eine Gruppe von Werten, die im allgemeinen technischen Sprachgebrauch als Metriken bezeichnet werden. Das gilt auch für QoS-Messungen; siehe hierzu etwa die ITU-T Rec. E.800, die unter Verweis auf die in der gleichen Dokumentserie liegende E.802 [3] den Kategoriebegriff und auch ein einzelnes Element, als „Metric (also called ‚Indicator')" [1], 2.12) definiert.

Die ITU-T definiert noch einen weiteren Namen für einen solchen Meßwert: ebenfalls in der E.800 findet sich in Abschn. 3.1.1.3.2 auch die Definition

QoS variable: Any performance variable (such as congestion, delay, etc.), which is perceivable by a user. ([ITU-T E.360.1])

Der Verweis auf einen weiteren Standard, die Rec. E.360.1, ist dabei Teil des Originaltextes.

Aus solchen QoS-Werten werden dann gegebenenfalls durch Abbildungsregeln QoE-Werte erzeugt. Diese Abbildungsregeln können auch unterschiedliche Sichtweisen abbilden. Demnach kann es auch mehrere Metriken geben, die mit den gleichen Inputgrößen unterschiedliche Outputwerte erzeugen.

In der Fachwelt wurde für solche QoS- oder QoE-Werte lange Zeit der Begriff „KPI" (Key Performance Indicator) verwendet, manchmal auch in differenzierter Form „KPI" für zentrale Kennwerte und „PI" für nachgeordnete Größen.

In der ITU-T- und in der ETSI-Standardisierung findet sich dagegen seit einiger Zeit der Begriff „QoS Parameter" (z. B. in [4]). Gelegentlich findet sich auch der Begriff „KQI („Key Quality Indicator").

Die ITU-T Rec. E.802 trägt schon im Titel den Begriff „QoS Parameter" und definiert diesen wie folgt:

> **QoS parameter**: A definition of the scope of a QoS criterion with clear boundaries and explicit measurement method to enable a quantifiable or qualifiable value to be assigned. [3]

Ich werde im Folgenden aus mehreren Gründen den Begriff KPI verwenden. Zum einen ist es schlicht eine Frage der Kürze; ein dreibuchstabiges Kürzel erscheint mir schon im Schriftlichen effizienter als ein Begriff, der aus 13 Zeichen in zwei „Worten" besteht. In der verbalen Kommunikation begegnet zumindest mir persönlich „QoS Parameter" ohnehin selten.

Dazu kommt, dass der Begriff „Parameter" leider nicht nur ein Allerweltsbegriff ist, sondern im technischen Sprachgebrauch auch eine Eingangsgröße beschreibt. Das Problem wird vielleicht durch folgenden Satz verdeutlicht: „Der Wert eines QoS-Parameters hängt auch von den Parametern der Messung ab, mit dem er bestimmt wird".

Sicher wurde der Terminus „QoS Parameter" in der Standardisierung nicht aus Unüberlegtheit eingeführt. Von einem formalen Standpunkt aus gesehen ist „Parameter" sicher ein nützlicher Begriff, wenn es nur um die beobachtende Beschreibung eines Systems geht. Das Problem entsteht hier, weil das Thema „QoS" eben nicht nur die Messergebnisse, sondern auch die Messmethoden umfasst.

Alles in allem sehe ich, auch von einem pragmatischen, an barrierefreiem Lesen orientierten Standpunkt aus, „KPI" als den sinnvolleren Begriff an, der prägnant, eindeutig und gut zu handhaben ist. Die sprachliche Relation zum formellen „QoS Parameter" würde ich etwa so verstehen wie die zwischen „Ticket" oder „Fahrkarte" und „Fahrausweis". In jedem Fall besteht hier eine 1:1-Relation.

Ich möchte an dieser Stelle noch einen weiteren Begriff einführen, den es in der Standardisierung so nicht gibt, und zwar den der *Funktion* als von Nutzer wahrnehmbaren Teil eines übergeordneten Service.

Als Beispiel nehme ich Videotelefonie. Technisch beziehungsweise von der Standardisierung her gesehen ist Videotelefonie eine monolithische Angelegenheit. Aus Anwendersicht lassen sich aber offensichtlich zwei Teilaspekte identifizieren, die beide (im praktischen Sinn) unabhängig voneinander sind: die Audio- und die Videofunktion. Fällt die

Videofunktion aus, können die Gesprächspartner immer noch miteinander sprechen. Zur Not kann man auch bei Wegfall von Audio noch – durch Hochhalten von Texttafeln oder durch Gesten – Informationen austauschen. Fügt man mit „Chat" eine dritte Funktion hinzu, die während eines Videotelefonats verwendet werden kann, wird diese Eigenschaft noch offensichtlicher. Mit diesem Begriff der Funktion als Teil eines Service mit eigenem Nutzwert erhält man also eine Verfeinerung der Begriffsdefinition, die sich im weiteren Verlauf als sehr nützlich erweisen wird.

In diesem Sinn wird ein Service als etwas Ganzheitliches vom Netz oder vom Endgerät bereitgestellt. Ein Service hat eine oder mehrere Funktionen. Jede dieser Funktionen wird wiederum durch einen oder mehrere KPI charakterisiert. Dazu gibt es KPI, die gleichzeitig des gesamten Service, eine Teilmenge von Funktionen oder das Zusammenwirken dieser Funktionen betreffen. Für letzteres wäre bei Videotelefonie ein solcher KPI die Audio-Video-Synchronizität.

Damit wird der Begriff „Service" näher an die Endkundensicht herangeführt. Der klassische „Standard-Service", der mit Sprachtelefonie, Datentransfer oder Webbrowsing genau eine Funktion bietet, ist als Spezialfall in dieses Bild integriert.

Ein einzelner Testcase ist etwas, das von einem Testsystem oder einem menschlichen Tester zur Gewinnung von QoS-Information durchgeführt wird. Ein solcher Testcase entspricht einem Usecase mit bestimmten Parametern, also der Ausführung einer oder mehrerer Funktionen mit spezifischen, von realen Anwendungsfällen abgeleiteten Einstellungen.

Ein Beispiel aus meiner aktuellen Praxis wäre der folgende Usecase auf Basis der Facebook®-App: Auswahl eines Bilds aus der Galerie des Endgeräts, Hochladen der Bild-Datei in die Facebook-Galerie und – zur Überprüfung des Transfers – der Download auf das Gerät, was dem Anschauen dieses Bilds entspricht. Der ganze Ablauf kann „Ende zu Ende" mit einem einzelnen Satz KPI beschrieben werden. Man kann aber auch jeweils separate KPI-Sätze für die beiden Funktionen „Bild hochladen" und „Bild ansehen/herunterladen" definieren. In jedem Fall ist der beschriebene Ablauf ja nur eine von recht vielen Arten, die Facebook-App zu verwenden – man kann das als „Service", oder eben als Funktion von Facebook beschreiben. Ich ziehe „Funktion" vor, weil das vom Konzept her eben schon etwas anderes ist als die „Services" der Standardisierung.

2.4 Weitere Begriffsbedeutungen im Mobilfunk-Kontext

Der Begriff QoS wird im Mobilfunk-Kontext an einer weiteren Stelle verwendet, und zwar bei der Definition der Dienstgüte als Teil des Aufbaus von GPRS-Konnektivität (PDP Context Acquisition). Der Standard sieht hier ein umfangreiches System von Abstufungen vor, die das Endgerät beim Netz anfordern kann und die dann im Protokollablauf ausgehandelt werden.

Soweit mir bekannt ist, wurde allerdings etwas Derartiges wirksam nirgends umgesetzt. In der Praxis liefert das Netz dem Endgerät hier immer „best effort". Ohnehin ist es fraglich, ob ein System, bei dem das Endgerät beziehungsweise die darauf laufende Applikation die gewünschte Dienstgüte auf „low level" definiert – losgelöst von dem, was mit der angeforderten Ressource dann tatsächlich auf höherer Protokollebene geschieht – besonders sinnvoll ist. Bei LTE ist die Möglichkeit unterschiedlicher Dienstgütestufen wieder vorgesehen, jedoch auf einer grundlegen anderen Ebene. Hier fordert das Endgerät beziehungsweise die App einen bestimmten Dienst auf Anwendungsebene an (z. B. eine Multimedia-Funktionalität); das Netz entscheidet dann darüber, welche Art von Ressource beziehungsweise welche „Leistungsstufe" hierfür zugewiesen wird.

Unabhängig davon, ob und auf welche Weise diese Differenzierung jemals in Netzen umgesetzt wird, ist die Art der Definition aber ein Paradigmenwechsel. Bei der ursprünglich in GPRS definierten Methode trifft die Endgeräteseite die Entscheidung, welche Ressourcenqualität notwendig ist, wobei diese Ressource dann ebenfalls nach Gusto der Endgeräteseite für alle über diese Ressource (also die IP-Verbindung) abgewickelten Aktivitäten genutzt wird. Bei LTE kann vom Netz für jeden Servicetyp selbst entschieden werden, welche Ressource dafür bereitgestellt wird [5].

Das Ganze hat diverse Querverbindungen zu anderen Themen, vor allem zur momentan kontrovers diskutierten Thematik der Netzneutralität. Im Sinn einer möglichst effizienten (und damit auch kostenoptimalen) Nutzung der Ressourcen eines Mobilfunknetzes ist es sinnvoll, keine unnötig hohe Leistung abzurufen, die ja dann anderen Nutzern nicht mehr zur Verfügung steht. In diesem Kontext wird man daher, allerdings heute meist in Verbindung mit Datenvolumnina, dem Begriff „fair use" begegnen. Beispielweise ist der Datentransfer zur Aktualisierung von Apps auf einem Smartphone sicher nichts, was mit höchster Priorität stattfinden muss. Ob eine App ein paar Sekunden früher oder später aktualisiert ist, dürfte dem Nutzer dieser App kaum auffallen und trägt somit nichts Relevantes zu seinem Qualitätserleben bei. Dagegen kann ein Latenzunterschied im Bereich von 100 ms deutlichen Einfluss auf die wahrgenommene QoS einer Telefoniefunktionalität haben. Wenn also die Datenpakete, die zu dieser Telefoniefunktion gehören, im Netz „Vorfahrt" haben, erhöht das die Effizienz des gesamten Netzes im Sinn einer Pareto-Optimierung, die definiert ist als Verbesserung eines Parameters, ohne dass sich ein anderer Parameter verschlechtert.

2.5   Basisbegriffe für KPI-Definitionen

Für die praktische Arbeit sind noch einige weitere Begriffe notwendig.

Ein KPI wird aus einer Reihe von Einzelmessungen, genannt Transaktionen, berechnet. Eine *Transaktion* ist eine einzelne, in sich abgeschlossene Instanz einer Testvorschrift, die – in der Regel – die Nutzung eines bestimmten Service mit einem bestimmten Satz von Parametern darstellt. KPI können auch aus Abläufen bezogen werden, die dafür gedacht sind, bestimmte Informationen möglichst effizient zu liefern, also gezielt bestimmte Eigenschaften oder Systemfunktionen eines Netzes zu testen.

Ein Beispiel wäre ein Test, der nur das Herstellen eines Endgeräte/Netz-Zustands zum Ziel hat, mit dem eine Internetverbindung möglich wird (Attach oder PDP Context Activation), oder ein FTP-Test, der nur bis zum erfolgreichen Log-in geht. Auch solche Abläufe würden wir Transaktionen nennen, weil es keinen Nutzen brächte, dafür extra einen eigenen Begriff zu erfinden. Da wir uns aber im QoS-Kontext bewegen und dieser seine Legitimation letztendlich immer aus der Abbildung eines Kundennutzens bezieht, sollte bei der Definition eines Usecase, der dann messtechnisch zu einer Transaktion führt, immer zunächst die Anwenderperspektive eingenommen werden[1].

Während einer Transaktion entstehen Messdaten, die Informationen über den Ablauf dieser Transaktion enthalten und über die Berechnungsvorschiften, die zu einer KPI-Definition gehören, in die entsprechenden transaktionsbezogenen Werte umgesetzt werden. Die Aggregation dieser Werte für mehrere Transaktionen ergibt dann den KPI. Aus den Daten, die eine Transaktion liefert, werden in der Regel mehrere KPI bestimmt, die verschiedene Aspekte des getesteten Systems beschreiben.

Im vorliegenden Zusammenhang nenne ich jedes Ergebnis-Element, das in einem KPI verarbeitet wird, ein *Sample*, also eine einzelne „Probe", die vom zu testenden System entnommen wird. Das im Bewusstsein, in der Statistik dieser Begriff anders verwendet wird, wir aber hier Priorität auf die Nähe zur allgemeinen Messtechnik legen. Im einfachsten Fall – bei dem jede Transaktion nur den Inputwert eines einzigen KPI liefert – bekommt man also pro Transaktion ein Sample des entsprechenden Messwerts, drei hintereinander ausgeführte Transaktionen liefern also drei Samples für diesen KPI.

Unter den richtigen statistischen Bedingungen ist ein KPI nicht nur eine Information über den Ablauf einer Serie von Messungen, sondern liefert auch eine Vorhersage, welches Verhalten oder welche Eigenschaften vom getesteten System erwartet werden können, also eine Prognose für das Verhalten unter den Bedingungen, die beim Test verwendet wurden.

Es gibt verschiedene KPI-Basistypen. Die meisten benötigen für die Berechnung zwei Inputwerte, die historisch bedingt oft „*Triggerpunkte*" genannt werden, inzwischen wird in der Standardisierung aber der Begriff „*Event*" verwendet. Ein Event ist entweder ein direktes Ereignis, etwa eine „Message" eines bestimmten Protokolls (sagen wir, ein HTTP-GET), oder etwas, das aus anderen Daten abgeleitet wird, etwa das Eintreten eines bestimmten Systemzustands.

Ein Event hat, unabhängig, was er konkret darstellt, in jedem Fall eine Eigenschaft: er ist an einen Zeitpunkt gekoppelt, *Timestamp* genannt. Auch wenn sich ein Event aus der Kombination mehrerer Primärereignisse oder beispielsweise dem Erreichen eines bestimmten Wertebereichs einer Messgröße ergibt, findet das zu einem bestimmten Zeitpunkt statt.

---

[1] Hier sei schon auf Kap. 15 verwiesen; es gibt gute Gründe für die Annahme, dass die Zuverlässigkeit von aus Ablauf-Bausteinen zusammengesetzten („synthetischen") KPI zukünftig abnehmen wird.

Der letzte hier vorgestellte Begriff ist *Phase*, definiert als Teilabschnitt einer Transaktion. Eine Phase ist auch das Objekt, auf das sich ein KPI bezieht. Eine Phase ist keine „natürliche" Eigenschaft einer Transaktion; in wie viele Phasen wir eine Transaktion bei der Modellierung unserer QoS-Metrik zerlegen wollen, ist unsere Entscheidung. Im einfachsten Fall (die Top-Level- oder Ende zu Ende-Betrachtung) hat eine Transaktion eine einzige Phase.

In jedem Fall gehören zu einer Phase mindestens zwei Events, die Beginn und Ende dieser Phase beschreiben. Der entsprechenden KPI ist eine Funktion dieser Events und eventuell weiterer Datenelemente.

Bei der Zerlegung von Transaktionen in Phasen wird „Nahtlosigkeit" (Seamlessness) angestrebt. Bei einer nahtlosen Abfolge ist das Ende-Event einer Phase gleichzeitig das Start-Event der darauffolgenden Phase. Nahtlosigkeit ist vorteilhaft, weil zu einer KPI-Definition meist auch Bedingungen gehören, die festlegen, unter welchen Voraussetzungen eine Transaktion beziehungsweise Phase überhaupt für die KPI-Berechnung gewertet werden darf. Diese Bedingungen werden soweit möglich zu Beginn der Transaktion geprüft. Eine event-mäßige Lücke zwischen Phasen ist auch eine zeitliche Lücke, in der sich solche Bedingungen ändern können, was eine – potentiell aufwendige bis impraktikable – erneute Prüfung von Voraussetzungen erfordern würde.

Nachdem wir nun die Begriffe definiert haben, mit denen wir arbeiten werden, können wir die Konzepte hinter QoS-Metriken betrachten.

3.1 Technische und nicht-technische Qualitätskenngrößen

Aus Sicht der ITU-T, die so etwas wie die höchste Standardisierungsebene darstellt, beschreibt QoS nicht nur technisch direkt messbare Größen, sondern auch nicht-technische Elemente eines Produkts oder einer Dienstleistung (E.800, [1]). Dazu kommt in jedem Fall noch die Wertung durch den Nutzer. Hierfür verwendet die E.800 den Begriff „QoSE" (QoS Experienced) beziehungsweise „QoSP" (QoS Perceived).

Wie in Abb. 3.1 dargestellt gibt es verschiedene Sichtweisen der QoS. Die Grafik verdeutlicht auch, dass diese Sichtweisen miteinander verknüpft sind; es gibt also keine „Quelle", die dann in andere Elemente hineinwirkt. Vielmehr verändern Erfahrungen, die Anwender machen, ihre Erwartungen. Auch auf Anbieterseite ist QoS ein dynamischer Prozess.

Anzumerken wäre hier noch einmal, dass die E.800 in ihrer derzeitigen Fassung (Ende 2014) den Begriff QoE noch nicht verwendet, jedoch Bestrebungen in Gang sind, die Definition der Begriffe QoS und QoE in der Standardliteratur zu überarbeiten und neu zu justieren.

Als Einstieg in das Thema und um die grundsätzliche Vorgehensweise bei der Definition von KPI zu beschreiben, habe ich bewusst ein Beispiel gewählt, das noch keine „technologischen" Voraussetzungen benötigt und von dem ich annehme, dass jeder Leser eigene Erfahrungen mit dieser Art von Service gemacht hat. Dieses Beispiel ist die Hotline eines Produktanbieters.

Die Leistung einer solchen Hotline ließe sich in einer Reihe von quantifizierbaren Kenngrößen abbilden, beispielsweise

- Erreichbarkeit (z. B. ausgedrückt als Wahrscheinlichkeit, bei einem Anruf nicht das Besetztzeichen zu bekommen)

© Springer-Verlag Berlin Heidelberg 2015

W. Balzer, *Quality of Experience und Quality of Service im Mobilkommunikationsbereich*, Xpert.press, DOI 10.1007/978-3-642-55348-6_3

Abb. 3.1 Das „Viewpoint"-Modell der ITU-T E.800 (aus [1], mit freundlicher Genehmigung der ITU-T)

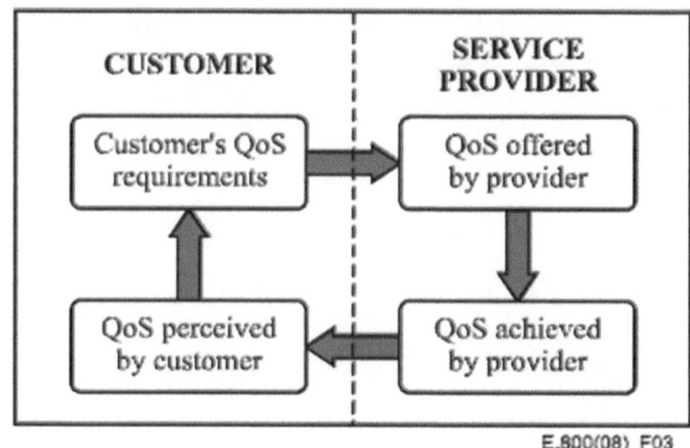

- Wartezeit, bis der Kunde mit einem Hotline-Mitarbeiter sprechen kann
- Eine Art „Wohlfühlfaktor" für den Zugang, der ausdrückt, wie angenehm dieser war. Am Beginn einer Hotline-Nutzung steht beispielsweise ein Auswahlvorgang, in dem der Kunde sein Anliegen in irgendeiner Form kategorisiert. Viele Kunden empfinden es als angenehmer, mit einem Menschen zu sprechen, als sich per Zifferntastatur durch einen Entscheidungsbaum zu arbeiten.
- Freundlichkeit des Hotline-Mitarbeiters
- Lösungskompetenz

Auch wenn viele dieser Elemente zunächst keine technisch messbaren Größen sind, werden sie in der Regel – wenn sie in einem Bewertungsprozess durch Marktforscher oder in einer Anschlussbefragung durch den Hotline-Anbieters selbst erhoben werden – in einen numerischen Raum abgebildet, etwa auf eine Schulnotenskala. Meist werden dann mehrere solchen Indikatoren über ein Gewichtungssystem zu einer Gesamtkenngröße zusammengefasst.

Das Essentielle an diesem Beispiel ist, dass eine sinnvolle Qualitätsbewertung nicht nur harte technische Leistung, sondern auch das Erleben aus Anwendersicht umfasst.

3.2 Die Rolle von Erwartungen

Beim Design und Verständnis von QoE-Metriken ist eines besonders wichtig: Jede bewertende Wahrnehmung basiert auf Erwartungen.

Die folgende Beschreibung bleibt auf der Ebene des „common sense" und dessen, was der Leser mit ein wenig Introspektion bei sich selbst feststellen kann; mit Sicherheit gibt es umfangreiche Literatur zum Thema, das ja zentrale Elemente etwa der Marktforschung berührt. Hier geht es aber mehr um die qualitativen Zusammenhänge.

Erwartungen entstehen nicht im leeren Raum. Sie ergeben sich zum einen aus eigenen Erfahrungen oder den Erfahrungen anderer mit dem gleichen oder einem ähnlichen Produkt. Zum anderen werden Erwartungen auch von Produktversprechen des Herstellers gesetzt. Dies geschieht sowohl direkt, etwa in Form von technischen Daten, als auch auf der emotionalen Ebene über entsprechende Inhalte der Werbung.

Ein Beispiel sind Kundenbewertungen von Automobilmarken; naiv könnte man annehmen, dass die Bewertungen grob dem durchschnittlichen Preis der jeweiligen Modellpalette entsprechen, weil dieser ein Indikator für den Komfort oder die Leistung des Produkts ist. Ich spreche hier nicht vom Listenpreis, in den auch gute oder weniger gute Entscheidungen des Herstellers hinsichtlich des Verhältnisses von Produktionskosten zu Qualität einfließen. Eine plausible Annahme wäre aber, dass der Markt für eine Anpassung des „Straßenpreises", also der tatsächlich gezahlten Preise, in Richtung eines realistischen Preis-Leistungsverhältnisses sorgt.

Tatsächlich liegen die Premiummarken aber durchaus nicht an der Spitze der Bewertung. Die Erklärung – die man auch meist bei der Kommentierung solcher Ranglisten lesen kann – ist, dass ein Käufer hochpreisiger Produkte seine Bewertung vor dem Hintergrund entsprechend höherer Ansprüche abgibt.

Im Mobilkommunikationsbereich wäre ein Beispiel die Zeit vom Wählen einer Rufnummer bis zu dem Zeitpunkt, zu dem das erste Mal das Freizeichen zu hören ist. Die Erwartung, wie lange das dauern „darf", ergibt sich hier zum einen aus den Erfahrungen, die man mit Festnetztelefonie gemacht hat, und aus der fortlaufenden Erfahrungen beim mobilen Telefonieren selbst.

Eine interessante Frage in diesem Zusammenhang wäre übrigens, ob Filme ebenfalls die Erwartungshaltung beeinflussen. Man sollte einmal darauf achten: Viele Film-Telefonate scheinen in extrem guten Netzen stattzufinden – kaum dass gewählt wurde, kommt auch schon die Verbindung zustande.

Hierin liegt übrigens ein Punkt, den man in der QoE-Welt nicht vergessen sollte: Die Bewertung einer Erfahrung ist keine Konstante. Die Maßstäbe werden fortlaufend auf Basis der bisher gemachten Erfahrungen angepasst. Diese Erkenntnis ist auch hilfreich, wenn es um die Abbildungen von technischen Messgrößen auf Bewertungen geht.

Besonders stark wirkt sich dieser Mechanismus im Bereich der Datennetze aus. Bis vor kurzem galt eine Datenrate von 1 Mbit/s in Pressebenchmarks noch als „Breitbandschwelle". Heute denkt man bei „Breitband" eher an das Zehn- oder mancherorts an das Hundertfache. Umgekehrt ist es kaum länger als zehn Jahre her, dass 0,384 Mbit/s – die Maximaldatenrate der ersten UMTS-Generation – noch mit euphorischen Begriffen wie „Hochleistungsnetz" gehandelt wurde. Geht man weitere zehn Jahre zurück, galten die heute als Bestrafung empfundenen „Drosseldatenraten" von 64 kbit/s als technische Spitzenleistung – im Vergleich zu den 2,4 kbit/s der Modem-und Akustikkoppler-Ära[1].

Die reine, absolute Netzleistung ist allerdings nur Mittel zum Zweck und somit gar nicht der eigentliche Gegenstand der Messung. Das Qualitätserleben basiert auf dem Anwendungsfall als Ganzem. Beispielsweise sind typische Webseiten heute weitaus komplexer und multimedialer als vor zehn Jahren. Damit geht auch einher, dass die Datenmen-

---

[1] Kürzlich habe ich einen Satz gelesen, der dies wunderbar zusammenfasst – ein Kind fragt seine Mutter „Womit sind eigentlich die Leute ins Internet gegangen, als es noch keine Computer gab?"

gen, die transferiert werden müssen, erheblich gewachsen sind. Insofern ist der Usecase selbst Teil des Systems.

3.3 Wahrnehmung aus Nutzersicht

Jeder KPI bezieht sich auf einen bestimmten „Service", der ja auch Namensteil des Begriffs QoS ist.

Es ist an dieser Stelle wichtig, sich noch einmal klarzumachen, dass die Qualitätswahrnehmung aus Nutzersicht sich signifikant von der Sicht eines „Eingeweihten", also einer Person mit technischem Hintergrundwissen über die Funktionsweise eines Service, unterscheiden kann.

Ich möchte hierzu zwei Aspekte aufgreifen.

Der erste Aspekt betrifft die Tatsache, dass das Qualitätserlebnis eines Nutzers ganzheitlich ist und nicht unbedingt danach fragt, für welche Details eines Service der jeweilige Anbieter tatsächlich verantwortlich ist und für welche nicht.

Kunden haben normalerweise kein Motiv, sich dieses Wissen zu beschaffen oder, gerade bei negativen Erlebnissen, innezuhalten und sich zu fragen, was die genaue Ursache dieses Erlebnisses ist. Das ist legitim und wird durch gängige Werbebotschaften ja auch unterstützt – „Leben Sie, wir kümmern uns um den Rest" ist das Motto vieler Produkt-Botschaften.

Wenn überhaupt finden sich technische Abhandlungen mit Relativierungs- oder Einschränkungscharakter nur im Kleingedruckten, das ja gerade im Mobilfunkbereich recht umfangreich ist. Das „Fingerpointing", also das Zuweisen von Verantwortung an Dritte, ist eine Übung, die bestenfalls etwas von „schlechtem Verlierer" hat und von Konsumenten meist als defensiv und negativ erlebt wird – das beschränkt die Möglichkeiten auch dort, wo es eigentlich technisch legitim wäre.

Ein Beispiel aus der Telefonie: Bei einem netzübergreifenden Gespräch, also einem Telefonat mit einem Gesprächspartner im Festnetz oder in einem anderen Mobilfunknetz, ist klar, dass sowohl die Infrastruktur des anderen Netzbetreibers als auch die Schnittstelle zwischen den beiden Netzen qualitätsrelevant sind. Zwar beobachtet man ein erfreuliches Maß an Praxiswissen – bei Telefonaten zwischen technisch einigermaßen versierten Teilnehmern tauscht man sich auch über die jeweilige Pegel- und Umgebungssituation aus. Ich postuliere aber, daß der typische Mobilfunkkunde dennoch dazu tendieren wird, seinen Netzbetreiber für das gesamte Qualitätserlebnis verantwortlich zu machen. In jedem Fall wird der Kunde wird keine differenzierten Überlegungen anstellen, wofür der Netzbetreiber nun wirklich verantwortlich ist und wofür nicht.

Dieser Aspekt ist insofern relevant für den Umgang mit KPI, als er ein gewisses Verführungspotential beim Design solcher KPI enthält. Das gilt jedenfalls dann, wenn dieses Design von den „Herstellern" des entsprechenden Service kommt. Die Gefahr entsteht, wenn sich der KPI-Designer nicht bewusst ist, dass seinen Anwendern die Gesamtsystemarchitektur in Bezug auf ihr Qualitätserlebnis weitgehend gleichgültig ist. Er wählt dann unter Umständen Definitionen und Messmethoden, die sich nicht am Benutzer-Erleben orientieren, sondern an den Grenzen des eigenen Systems.

Ein drastisches Beispiel – glücklicherweise werden entsprechende Sichtweisen inzwischen nicht mehr als lege artis angesehen – ist ein QoS-KPI-Framework für Basisdienste eines Netzes, bei dem bei nicht bestehender Mobilfunkversorgung gar keine (Telefonie-) Tests durchgeführt werden. Das begründende Argument dazu war „wenn der Kunde sieht, dass sein Telefon gar nicht eingebucht ist, versucht er gar nicht erst anzurufen". Natürlich würde ein anderer KPI, der die Versorgungsdichte misst, das Netz entsprechend schlechter bewerten. Diese beiden Aspekte zu Diagnosezwecken voneinander zu trennen, ist alleine betrachtet noch nichts Verkehrtes. Das Problem bestand aber darin, dass es einen solchen „Top Level"-KPI, der die Erwartung abbildet, überall Mobilfunkversorgung zu haben, nicht gab. An den einzelnen KPI war also, technisch gesehen, nichts auszusetzen, und in der Frühphase mobiler Netze mag der Kunde sogar noch Nachsicht mit schlechter Flächenversorgung gehabt haben. Als Ganzes hatte dieses KPI-Framework durch die fehlende Ende-zu-Ende-Kundensicht aber eine für den Serviceanbieter gefährliche Lücke. Als gefährlich bezeichne ich es deshalb, weil eine der Funktionen, die QoS für den Anbieter von Produkten hat, die der Frühwarnung ist. Eine zu „verständnisvolle" Sichtweise stört diese Funktion oder setzt sie außer Kraft.

Um das zu illustrieren: Der Netzbetreiber E-Plus hatte sich zu Beginn für eine Netz-Ausbaustrategie mit Vorrang für Ballungsräume und urbane Gebiete entschieden; in der Fläche war die Versorgung teilweise eher schlecht. Das gilt lange nicht mehr; das Image bei den Nutzern ist aber teilweise noch immer „schlechte Abdeckung außerhalb der Ballungsräume".

Man kann natürlich nicht behaupten, die Struktur der ETSI-QoS-Metrik sei irgendwie Ursache der Ausbauentscheidungen. Ich bin aber davon überzeugt, dass schon in der Frühzeit des Mobilfunks zur Erwartungshaltung der Nutzer eben auch eine flächendeckende Verfügbarkeit der Netze gehörte. Selbst wenn das damals nicht der Fall war – heute ist es ganz sicher so. Für mich ist dieses Beispiel jedenfalls ein deutlicher Hinweis, beim Design von QoS-Metriken auch solche impliziten Bedeutungen einer Metrik zu berücksichtigen.

Auch wenn die genannten Beispiele aus der Mobilfunkwelt stammen, sind entsprechende Situationen keineswegs nur dort zu finden. Sie können genauso den Hersteller einer App betreffen, der bei konnektivitätsbedingten Fehlfunktionen oder Problemen schulterzuckend auf den Netzbetreiber verweist oder sein Produkt von vorneherein nur unter Schönwetterbedingungen testet, statt es mit entsprechender Robustheit auszustatten.

Es gibt einen zweiten Aspekt. Dieser ist weniger dramatisch; gerade deshalb kann er leicht übersehen werden. Bei der Definition von QoS-KPI hat man auch die technische Umsetzung im Blick. Ein KPI basiert letztendlich immer auf beobachtbaren Ereignissen (Events) und verfügbaren Messdaten. Hier besteht die Möglichkeit eines Zielkonflikts. Auf der einen Seite möchte man diese Events auf eine möglichst neutrale, das heißt im Wesentlichen geräteunabhängige, Weise erfassen. Zudem besteht auch hier das nachvollziehbare Interesse, diese Quellen möglichst nahe an den Grenzen des eigenen Systems zu platzieren. Auf der anderen Seite sind die Events, die damit Kandidaten für die Nutzung in KPI („Triggerpunkte") werden, dadurch nicht mehr zwangsläufig deckungsgleich mit Ereignissen, die der Kunde wahrnimmt[2].

Auch hier ein einfaches Beispiel: Der Aufbau eines Telefonats wird in heutigen Mobilfunknetzen über sogenannte „Layer 3-Messages" zwischen dem Endgerät (Mobiltelefon) und der Netzinfrastruktur (Basisstation) abgewickelt. Diese Layer 3-Messages sind ausgezeichnete Triggerpunkt-Kandidaten; sie lassen sich hervorragend erfassen und enthalten alle notwendigen Informationen. Allerdings benötigt man dazu speziell modifizierte Endgeräte. Das allein ist in diesem Zusammenhang noch kein Problem (in anderer Hinsicht dagegen schon; auf diesen Punkt werde ich später eingehen), denn solche Modifikationen werden auch für diverse andere diagnostische Funktionen benötigt.

Der Haken an der Sache ist nur, dass der Endkunde andere Ereignisse als Eckpunkte seiner Aktivität beim Telefonieren wahrnimmt. Für ihn beginnt das Telefonat damit, dass er, einfach ausgedrückt, nach Eingeben der Nummer auf die „Anrufen"-Taste tippt. Im weiteren Ablauf ist das „Freizeichen" der Indikator, dass das Netz die Wahl angenommen hat und dass es beim angerufenen Teilnehmer jetzt klingelt. Wir nehmen hier an, dass der Nutzer das Telefon am Ohr hat, also optische Signale nicht sieht. Nun ist es so, dass die Layer 3- Abfolge, die zum Rufaufbau gehören, später beginnt als der Druck auf die Anruftaste, und dass auch die übrigen Messages zeitlich versetzt zu den Ereignissen sein können, die der Kunde wahrnimmt.

Da die Ereignisse auf den verschiedenen Wahrnehmungsebenen kausal eng verknüpft sind, wird die Erfolgsrate in diesem Fall nicht berührt, wohl aber die Zeitmessung. Das kann zur Folge haben, dass die vom Kunden wahrgenommene Rufaufbauzeit nicht dem entspricht, was technische Messungen ergeben.

Das Beispiel kommt aus einem Bereich, in dem jahrzehntelange Evolution der KPI solche offensichtlichen Fehler ausgemerzt hat. Es soll – und das ist ein dauerhaft aktueller Punkt – eine Warnung ausdrücken: Beim Design von QoS-KPI, die ja im Interesse des Nutzers solcher QoS-Frameworks letztendlich immer die Kundenwahrnehmung wiederspiegeln sollen, ist große Sorgfalt im Hinblick auf die Wahl der Kenngrößen und ihrer technischen Abbildung geboten.

3.4   Die „QoS-Bedürfnispyramide"

Ein QoS-System ist mehr als die Anhäufung von KPI, die ad hoc und aus den täglichen Bedürfnissen heraus definiert werden. Erst ein übergeordnetes Bezugssystem, also ein Rahmenkonzept, setzt das volle Potential einer QoS-orientierten Betrachtungsweise frei. Es ermöglicht beispielsweise die Langzeitnutzung von KPI zur Trendbeobachtung und in der Funktion als Frühwarnsystem. Zudem erleichtert es die Definition neuer KPI. Es sorgt ferner dafür, dass KPI sich in ihrer Bedeutung so wenig wie möglich überlappen. Das ist

---

[2] Sie werden feststellen, dass ich dieses Thema an mehreren Stellen des Buches anspreche. Dies ist Absicht.

wichtig, um im operativen Geschäft Ergebnisse aus QoS-Messungen in konkrete Aktionen zur Problembehebung und Optimierung des Ressourceneinsatzes umzusetzen. Und nicht zuletzt hilft es, anderen die Bedeutung von QoS-KPI präzise zu erläutern – etwa dem sprichwörtlichen höheren Manager, der wenig Zeit und Bereitschaft hat, sich erst einmal in komplexe Themen einzuarbeiten.

Es gibt mehr als eine Möglichkeit, einen solchen Bezugsrahmen zu schaffen, und auch keinen Grund, sich auf nur einen zu beschränken – im weiteren Verlauf dieses Buchs werde ich Ihnen mehrere solcher Rahmen vorstellen.

Ich beginne mit einem in der Standardisierung verwendeten Modell, das in Abb. 3.2 gezeigt ist.

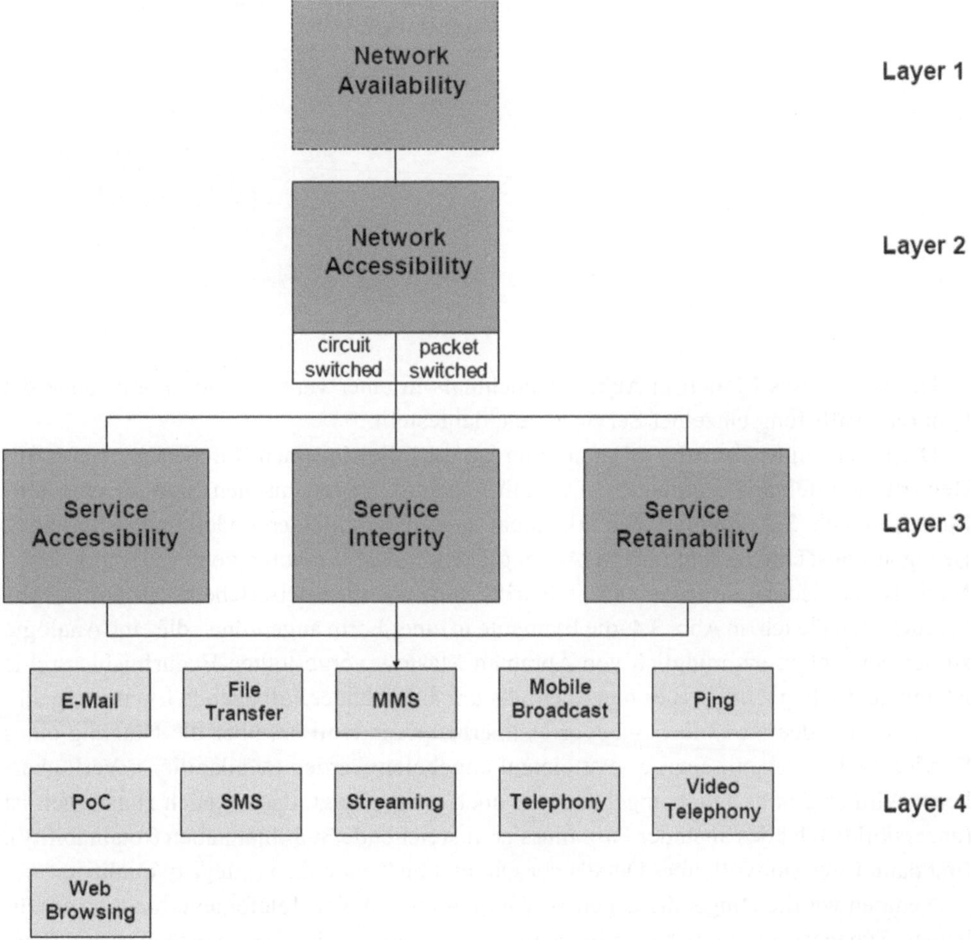

Abb. 3.2 Klassifikation von QoS-Kategorien, aus ETSI TS 102 250-2 (V 1.7.1). Mit freundlicher Genehmigung der ETSI. Copyright-Vermerk: (c) European Telecommunication Standards Institute 2009. Further use, modification, copy and/or distribution are strictly prohibited

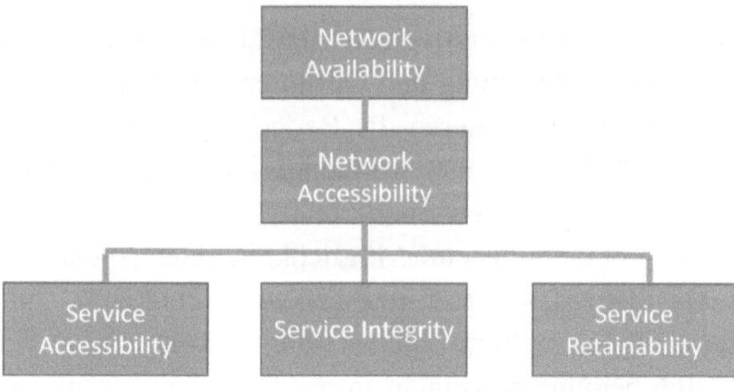

Abb. 3.3 QoS-Hierarchie nach TS 102 250, vereinfachte Form

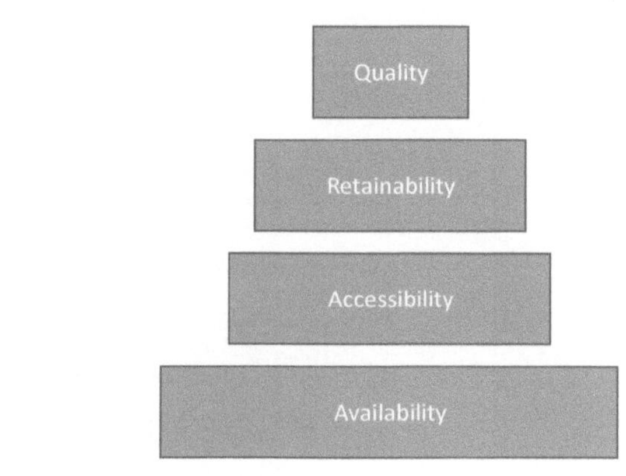

Abb. 3.4 Bedürfnispyramide zur Mobilfunk-Services

Ich habe dieses Modell in Abb. 3.3 nochmals in einer vereinfachten Form, ohne die konkrete Auflistung einzelner Servicetypen, dargestellt.

Die Essenz einer derartigen Darstellung ist, dass die einzelnen Kategorien einer QoE-Bewertung aufeinander aufbauen. Das gilt zunächst im technischen Sinn – das ETSI-Modell in Abb. 3.2 orientiert sich erkennbar an einem Schichtenmodell und nimmt auch Bezug auf tatsächliche funktionelle Abhängigkeiten. Die Bedeutung eines hierarchischen Modells geht jedoch noch weiter; sie betrifft auch das Qualitätserleben. Um das zu verdeutlichen, habe ich, in Abb. 3.4, die Elemente in einer Form angeordnet, die eine Analogie zu der bekannten, ursprünglich von Abraham Maslow vorgestellten Bedürfnishierarchie ist und deutlich macht, dass es hier ebenfalls um aufeinander aufbauende Elemente geht.

Die Grundidee ist einfach – bevor es überhaupt sinnvoll ist, über die Nutzung eines Service nachzudenken, muss er erst einmal angeboten werden (availability = Verfügbarkeit). Wird er grundsätzlich angeboten, ist noch nicht gesagt, dass er auch zugänglich ist (accessibility). Ist das auch der Fall, muss er ausreichende Stabilität haben (retainability). Erst dann ist es sinnvoll, über Details der Qualität nachzudenken (integrity/quality).

Nehmen wir die Dinge, die gegeben sein müssen, um eine Telefonieverbindung aufzubauen: Zunächst muss das Netz physikalisch am Standort des Tests verfügbar sein (ausreichender Signalpegel und auch physikalische Signalqualität). Ist das gegeben, muss es möglich sein, sich auch in das Netz einzubuchen – denkbar wäre etwa, dass das Netz an diesem Standort nur für Mitglieder bestimmter Gruppen offen ist. Nur wenn das Gerät eingebucht ist, kann ein Verbindungsversuch gestartet werden. Dieser muss dann vom Netz verstanden und ausgeführt werden.

Das alles klingt im Fall der Sprachtelefonie trivial; auch wenn man annimmt, das Sprachtelefonie das absolute Minimum der angebotenen Services ist, wäre es aber immer noch möglich, dass das Netz voll ist und keine oder nur höher priorisierte Anrufe zulässt. Bei anderen Services, etwa Videotelefonie, ist es erst recht ohne weiteres möglich, dass diese temporär oder permanent nicht im Angebot sind.

Die nächste Stufe wäre dann die Fähigkeit des Netzes, eine Ende-zu-Ende-Verbindung mit dem angerufenen Teilnehmer herzustellen. Gelingt das, wäre der nächste „Qualitätsschritt", diese auch eine gewisse Zeit lang aufrechtzuerhalten, was im Fall eines mobilen Teilnehmers die Fähigkeit voraussetzt, die Verbindung von Zelle zu Zelle weiterzureichen (Handover).

Man sieht, dass dieses an sich einfache Bild der Bedürfnispyramide schon einiges an Komplexität tragen kann. Es ist klar, dass die Stufen dieser Pyramide keine scharfe Trennlinie haben. Zum einen wollen wir ja Kenngrößen aller Bereiche unter dem Oberbegriff „Quality" zusammenfassen (was daran liegt, dass dieser Begriff umgangssprachlich bereits eine Bedeutung hat). Zum anderen – hier sei noch einmal auf die Bedeutung der Erwartungen auf die Qualitätswahrnehmung verwiesen – ist, um wieder das Beispiel einer Telefonverbindung zu verwenden, das reine Zustandekommen und auch die Stabilität einer Verbindung wertlos, wenn die Sprachqualität so schlecht ist, dass de facto keine Kommunikation möglich ist.

Die beschriebenen Stufenkategorien liefern einen Orientierungsrahmen für eine QoE-Metrik, in den sich die einzelnen Services und ihre KPI einfügen.

Auch ein solcher Rahmen unterliegt einem Evolutionsprozess. Ähnlich wie bei anderen Rahmensystemen oder Paradigmen kommt die Zeit, zu der Neuzugänge sich nicht mehr mühelos integrieren lassen, weil sie neue Kategorien mitbringen. Man wird dann noch eine Weile mit Hilfskonstruktionen arbeiten können; irgendwann ist dann der Punkt erreicht, an dem die Vorteile eines Redesigns den dafür notwendigen Aufwand rechtfertigen. Dieser Prozess ist jedoch – gegenüber einem ungeordneten KPI-System, bei dem ständig auf innere Widersprüche geprüft werden muss – oder, schlimmer, das nicht geschieht – um Größenordnungen langsamer und robuster.

Aus organisatorischer und erst recht technischer Sicht hat ein solches Rahmensystem – und erst recht die im weiteren Verlauf vorgestellten weiteren begrifflichen Rahmen – vor allem den Vorteil, dass Gemeinsamkeiten zwischen KPI und KPI-Familien genutzt werden können, um den Aufwand bei der Definition und der Darstellung zu reduzieren. Beispielsweise lassen sich KPI in Typfamilien einordnen, für die jeweils Standardmethoden definiert werden können. Das kommt auch der Lesbarkeit und Übersichtlichkeit der Definitionsliteratur zugute. Auch die in Kap. 7.4 vorgestellte hierarchische Struktur einer Usecase-Modellierung basiert letztlich auf einem solchen Rahmensystem.

3.5 KPI-Auswahl

KPI dienen einem bestimmten Zweck und dürfen hierfür „zweckmäßig" sein. Werden also KPI benötigt, sollte die erste Frage lauten, was sie abbilden sollen – gemäß dem alten Bonmot, dass man dort suchen sollte, wo man erwartet, das Gesuchte zu finden, und nicht nur dort, wo zufällig ausreichendes Licht für die Suche ist.

Der Kontext impliziert, dass es in der Regel um Wahrnehmung aus Kundensicht geht. Solange das der Fall ist, stellt diese Ebene die Grundlage und Legitimation alles Weiteren dar, unabhängig davon, wie weit der letztlich verwendete KPI-Satz ins Detail gehen muss. Sinngemäß gilt aber alles nachfolgend Gesagte auch für KPI, die ohne Anbindung an eine Kundensicht zu diagnostischen oder anderen rein technischen Zwecken benötigt werden.

Um noch einmal auf die beiden Bilder – Bedürfnispramide versus „Lieferhierarchie" – im vorigen Abschnitt zurückzukommen: Abgesehen davon, dass die Aufbaurichtung unterschiedlich ist – das Pyramidenbild impliziert, dass jede höhere Stufe auf der Grundlage ruht, die von elementareren Dingen gebildet wird – unterscheiden sich die Bilder in einem auf den ersten Blick vielleicht gar nicht wahrgenommenen Detail: es gibt keine Trennung zwischen „Network" und „Service". Oder um es etwas drastischer zu sagen: Viele der Feinheiten und Unterschiede, so wichtig sie aus diagnostischer Sicht auch sein mögen, sind dem Nutzer gleichgültig.

Das bedeutet: Allein die Tatsache, dass der Usecase eines bestimmten Service sich in 20 mikroskopische Schritte unterteilen lässt, heißt noch nicht, dass der KPI-Raum ebenso detailliert sein muss. Die wichtigste Regel lautet: Ein KPI-Satz sollte die Wahrnehmung der Benutzer-Zielgruppe zweckoptimal abbilden.

Es gibt ein großes Portfolio standardisierter KPI für eine Vielzahl von Services. Wenn also Bedarf für eine QoS-Metrik besteht, ist es effizient, zunächst einmal in entsprechenden Standards nachzusehen, ob es bereits KPI dafür gibt.

Ich unterscheide drei Fälle. Die ersten beiden sind klar: Gibt es für den Service bereits einen passenden KPI-Satz, kann dieser verwendet werden. Gibt es für einen bestimmten Service gar keine KPI, müssen sie definiert werden. Der dritte Fall ist der interessanteste und wird eigentlich schon durch das Wort „passende" angedeutet: Es geht darum, zu beurteilen, ob in einem Satz von KPI, der von der Standardisierung oder aus anderen Quellen „angeboten" wird, eine für den vorgesehenen Zweck geeignete Teilmenge von KPI existiert. Das sind wieder zwei Teilschritte: Identifizieren der geeigneten KPI, und, gegebenenfalls, Definition noch fehlender Elemente.

Worauf ich hier hinaus will, ist, dass es in einem KPI-Satz nicht nur zu wenige, sondern auch zu viele KPI geben kann. Oft sind das KPI, deren zugeordnete Ablaufphasen sich überlappen. Wichtig ist, die Auswirkungen dieser Überlapps zu verstehen, um sie zweckgerichtet einsetzen zu können.

Hierfür ein Beispiel, für das Abb. 3.5 die Phasen eines fiktiven Usecase direkt mit den zugeordneten KPI zeigt. Hier deckt KPI 1 die Ende-zu-Ende-Sichtweise ab. KPI 2 und 3 beschreiben die Gesamtleistung detaillierter in Form von zwei getrennten Phasen (man denke dabei an Internetnutzung, beispielsweise Login und anschließendem Upload oder

Ende zu Ende	KPI 1	
Perspektive 1	KPI 2	KPI 3
Perspektive 2		KPI 4
Perspektive 3	KPI 5	

Abb. 3.5 Überlappende und nicht-überlappende KPI

Download). Offensichtlich führen schlechte Leistungen in den KPI 2 oder KPI 3 zugeordneten Aspekten unweigerlich auch zu schlechten Werten des übergeordneten KPI 1.

KPI 4 steht für eine andere Perspektive auf einen Teil des Ablaufs, der als Ganzes bereits von KPI 3 abgedeckt wird; sagen wir, die Download-Datenrate nach dem anfänglichen Ramp-Up, also so etwas wie die eine Datenrate, die bei einem Download mit größerem Volumen erwartet werden darf.

Um es noch ein wenig komplizierter zu machen: Das gilt strenggenommen nur dann, wenn man Effekte einer „content awareness" außer Acht lässt. Das Netz könnte genauso gut im weiteren Verlauf zu dem Ergebnis kommen, dass der Anwender jetzt genug Leistung hatte und im Sinn einer „fair use" seine Datenrate wieder etwas reduziert wird.

KPI 5 beschreibt wiederum einen anderen Teilausschnitt des Ablaufs aus einer nochmals anderen Perspektive. Qualitativ ist das eine weitere Stufe, weil auch andere Events verwendet werden.

Man kann überlappende KPI in einer Gesamtbewertung einsetzen, um bestimmte Aspekte einer Bewertung nochmals zu verstärken (oder auch abzuschwächen). Ein Beispiel wäre, einen bestimmten Anteil einer Punktzahl für gute Downloadleistung zu vergeben, und nochmals Extrapunkte zu vergeben, wenn bestimmte Anforderungen überschritten werden, die so etwas wie einen „Premiumbereich" markieren.

Auf Transaktionsebene ließe sich eine solche Bonus-Schwelle etwa dadurch definieren, dass die Download-Datenrate eine bestimmte Grenze überschreitet. Ein zugeordneter KPI, der in der Bewertung Extrapunkte bringt, wäre dann der Prozentsatz von Transaktionen, für die diese Schwelle erreicht wurde. Direkt auf der Aggregationsebene ließe sich ein solcher Bonus auf Basis bestimmter Schwellwerte für die mittlere Datenrate umsetzen, was im Ergebnis einer nichtlinearen Zuordnung von Bewertungspunkten zum entsprechenden QoS-KPI entspricht.

Es spricht also nichts dagegen, überlappende KPI zu verwenden, solange man das in einer kontrollierten und nachvollziehbaren Weise tut. Vermeiden sollte man dagegen, einen bestimmten KPI-Satz unreflektiert komplett zu übernehmen.

Ein weiterer und fast noch wichtigerer Aspekt: Die für die KPI-Definition verwendeten Triggerpunkte sollten, auch wenn sie aus tieferen Protokollschichten gewonnen werden, einen klaren Bezug zu vom Benutzer wahrnehmbaren Ereignissen oder Zustandswechseln haben.

Das bedeutet in Summe, dass beim Design eines QoE-Bewertungssystems gute Planung wichtig ist. Notwendig ist eine Modellierung der Usecases für den Service – am besten ist, zunächst nach dem „Hauptablauf" zu suchen und der Versuchung zu widerstehen, sofort in die Konstruktion aller möglichen Spezialfälle zu gehen. Daraus ist dann, ausgehend vom Ende-zu-Ende-Fall, eine stufenweise verfeinerte Modellierung in einzelne Phasen und eine zumindest grobe Übersicht der möglichen Ablaufpfade zu erstellen. Aus einer solchen Übersicht lassen sich dann auch bequem konsistente Namen für die KPI erzeugen.

Wenn zum Kontext automatisierte Tests gehören – das ist meist der Fall, ob nun Mobilfunknetze, Endgeräte, Softwareversionen von Apps oder dergleichen beurteilt oder verglichen werden – ist ein schrittweises Vorgehen mit zunehmender Verfeinerung sinnvoll. Dabei ist gute Dokumentation wichtig, wozu auch eine Bibliothek von Beispielfällen gehört.

In diesem Kapitel geht es darum, wie KPI aufgebaut sind. Mit diesem Wissen wird nicht nur verständlich, wie standardisierte oder anderweitig bereits bestehende KPI „funktionieren"; es ermöglicht auch, eigene, für einen bestimmten Zweck optimierte KPI zu konstruieren.

4.1 KPI-Basistypen

Der Begriff KPI als Basisbaustein wurde als solcher bereits im vorigen Kapitel eingeführt.

Ein KPI ist eine Kenngröße, die (im QoS-Kontext) eine von einem Nutzer erlebbare Eigenschaft eines Netzes beschreibt. Sie basiert auf einer größeren Zahl von Messungen und stellt – wenn die entsprechende Methodik eingehalten wird – auch eine Erwartung oder Prognose dieser Eigenschaft dar. Das bedeutet auch: Mit einem KPI ist eine bestimmte Genauigkeit und – implizit – mindestens auch eine Aussage über einen bestimmten Usecase sowie meist eine geografische Aussage verbunden.

Es gibt eine relativ geringe Zahl von Basistypen. Falls Sie dieses Werk nicht sequentiell lesen: Die für das Verständnis notwendigen Begriffe wurden in Kap. 2.5 definiert.

4.1.1 Erfolgreichraten

Jede Phase einer Transaktion braucht mindestens zwei Events – Anfang und Ende. Diese stehen sowohl für das „Was" als auch – da sie mit einem Zeitstempel verknüpft sind – für das „Wann" (inklusive des „ob überhaupt").

© Springer-Verlag Berlin Heidelberg 2015
W. Balzer, *Quality of Experience und Quality of Service im Mobilkommunikationsbereich,*
Xpert.press, DOI 10.1007/978-3-642-55348-6_4

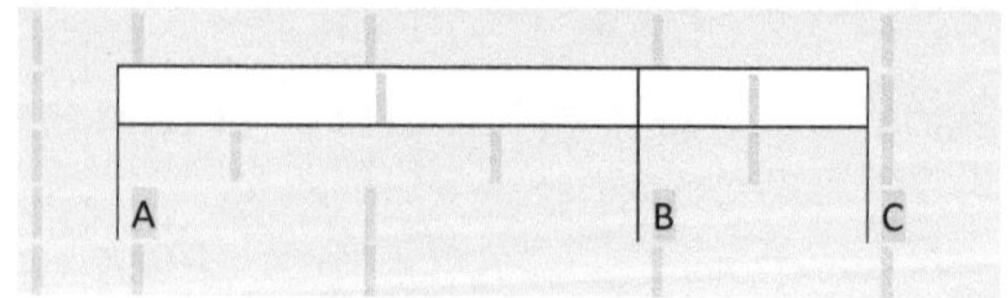

Abb. 4.1 Phase mit Start
(**a**)- Erfolgreich (**b**)-und Ende-
Event (**c**)

In der technischen Praxis werden drei Events verwendet. Der erste repräsentiert den Start der Phase, der zweite das erfolgreiche Ende und der dritte das absolute Ende der Phase. Das ist in Abb. 4.1 dargestellt.

Formal gesehen bedeutet ein Erfolgreich-Event in der Regel auch das Ende der Phase. Auch Events, die den expliziten Misserfolg des entsprechenden Ablaufs anzeigen, beenden diese Phase. Wie der Plural schon andeutet, gibt es in der Regel dafür aus Datensicht mehr als eine Möglichkeit; logisch gesehen werden diese aber auf ein Ereignis mit der Bedeutung „nicht erfolgreich" abgebildet.

Darüber hinaus sollte zusätzlich noch ein übergeordneter („catch all") Abbruch-Mechanismus existieren, der dafür sorgt, dass die Phase kontrolliert beendet wird. Das ist üblicherweise ein Timeout. Ohne einen solchen Mechanismus wäre das System beziehungsweise der Ablauf außer Kontrolle, sobald ein Negativevent auftritt, der beim Design nicht bedacht und daher vom System nicht wahrgenommen wird.

Es ist sinnvoll, die Ergebnisbetrachtung und den Ablaufaspekt zu trennen. Für die Erfolgreichrate reicht es aus, nur die Events A und B zu betrachten, also den Start und das erfolgreiche Ende der Phase. Weil die Präsenz dieser Events jeweils binär ist, gibt es insgesamt vier Kombinationsfälle, die in Abb. 4.2 in Matrixform gezeigt sind.

Ist A nicht präsent, haben liegt bei strenger Betrachtung entweder ein Logikfehler vor (Ende ohne Anfang, wenn B präsent ist), oder, wenn B auch nicht präsent ist, schlicht die Abwesenheit dieser Phase im Ablauf.

Eine Anmerkung zur technischen Umsetzung: Die verwendeten Events sind oft bestimmte Messages eines Kommunikationsprotokolls, die nicht zwingend eindeutig sein müssen, also auch außerhalb des Kontextes oder mehrfach auftreten können. Für eine robuste QoS-Auswertung ist es also notwendig, mit Hilfe einer State Machine oder anderer Mechanismen dafür zu sorgen, dass die notwendige Eindeutigkeit hergestellt wird.

Ein Beispiel wäre ein (z. B. durch Aktion irgendeines externen Agenten, „Verwählen") ankommender Anruf bei einem Telefonie-Szenario, obwohl das System selbst gar keinen Anruf initiiert hat. Die State Machine würde in diesem Fall dafür sorgen, dass der entsprechende Event nur dann in der Auswertung „freigeschaltet" wird, wenn ein eigene Aktion vorangegangen ist und wenn der Anruf von einer bestimmten Quelle kommt.

Abb. 4.2 Präsenzmöglichkei-
ten von Events zu einer Phase

	B präsent	B nicht präsent
A präsent	Erfolg	Misserfolg
A nicht präsent	Ungültig/Fehler	Ungültig

Abb. 4.3 Vereinfachte
Event-Präsenzmatrix

	B präsent	B nicht präsent
A präsent	Erfolg	Misserfolg
A nicht präsent	kein gültiges Sample	

Eine vereinfachte Form der Event-Kombinationsmatrix von Abb. 4.2 auf Basis dieser Überlegungen ist in Abb. 4.3 dargestellt.

Mit diesen Bausteinen können wir für die betreffende Phase eine Erfolgreich-Rate berechnen (beziehungsweise eine Misserfolgsrate; dazu mehr im Kap. 14 im Kontext von Bildsprache). Die Erfolgreichrate (Success Rate) ist einfach der Quotient der Anzahl von B-Ereignissen zur Anzahl der A-Ereignisse:

$$SR = n(B)/n(A)*100\%$$

4.1.2 Zeiten

Events haben nicht nur das binäre Attribut „präsent", sondern auch einen Timestamp. Das bedeutet, dass man mit zwei gültigen Events auch eine Zeitdifferenz bilden kann, also die Zeit bis zum Eintreten des Erfolgreich-Kriteriums. Eine solche stellt den zweiten KPI-Grundtyp dar. Als Formel dargestellt:

$$dT = t(B) - t(A).$$

Dabei spielt es keine Rolle, in welchem System (Unixzeit, Windows-File-Time, Android-Zeit...) die Zeiten angegeben sind; wichtig ist nur, dass alle Timestamps, die in solchen Formeln verwendet werden, im gleichen System angegeben sind.

In der Technik wird in der Regel eine Zeit verwendet, die sich als eine einzelne Zahl (im Gegensatz zu zusammengesetzten Datum/Uhrzeit-Kombinationen) darstellen lässt. Hierzu zähle ich auch die Systeme, bei denen diese Zahl aus historischen Gründen als Kombination mehrerer Basistypen, z. B. 16- oder 32-bit-Typen, dargestellt wird, weil auch diese Systeme sich auf einen Referenzzeitpunkt beziehen. Technisch weit verbreitet ist die sogenannte Unixzeit [6]. Diese hat allerdings nur eine Auflösung von einer Sekunde, weshalb man noch einen Bruchteilwert (meist Hundertstel- oder Tausendstelsekunden) hinzunimmt. In den letzten Jahren wird auch zunehmend die iOS- oder Android-Systemzeit verwendet, die von Haus aus 1 ms Auflösung hat. Ganz trivial ist das Ganze damit noch nicht, weil je nach Quelle und nachfolgender Darstellungsweise auch Zeitzonen und Sommer/Winterzeiten berücksichtigt werden müssen. Geht man von solchen Lokalzeiten aus, muss in Testsystemen zum Beispiel darauf geachtet werden, dass automatische Zeitumstellungen der Betriebssystemplattform nicht zu Artefakten führen. Man bekommt das in den Griff, wenn man Timestamps generell auf UTC bezieht, was auch den Vorteil hat, dass dies das native System der GPS-Zeit ist und man somit (sofern GPS-Daten verfügbar sind), auch gleich eine hochgenaue Zeit an Bord hat.

Die zu einer Transaktionsphase gehörende Zeit ist noch kein KPI; sie beschreibt ja nur das Ergebnis einer einzelnen Messung. Zur KPI-Definition gehört also noch die Angabe, wie die Daten der einzelnen Transaktionen verarbeitet werden sollen. Meist bildet man hier das arithmetische Mittel [7, 8], also

$$\bar{x} = \frac{1}{n} \sum_{i=1}^{n} x_i$$

Wichtig ist, dass nur die Elemente mit Status „erfolgreich" verwendet werden dürfen. Auch das ist eigentlich „common sense", denn gemäß der Basismatrix von Abb. 4.3 Vereinfachte Event-Präsenzmatrix gibt es nur dann zwei gültige Timestamps. Bei der praktischen Umsetzung einer QoS-Metrik durch Programmcode, SQL-Statements oder dergleichen ist es dennoch wichtig, explizit darauf zu achten, dass diese Bedingung eingehalten wird; gerade an solchen Stellen können schnell „Bugs" entstehen.

Man kann – das ist ein „Rechentrick" der Statistik – auch aus dem Kriterium „beide Events gültig" einen binären Faktor bilden, also eine Zahl, die 1 für erfolgreiche und 0 für nicht erfolgreiche beziehungsweise solche Samples ist, bei denen gar kein A-Event registriert wurde. Die zu mittelnden Werte werden dann mit diesem Faktor gewichtet, die Summe der Faktoren dient als Quotient. Dann kann man eine geschlossene Formel angeben, die für alle Samples gilt; die nicht zu berücksichtigenden werden über den Index quasi ausgeblendet.

Zu erwähnen ist noch, dass der Begriff „Mittelwert" zwar oft synonym mit „arithmetisches Mittel" gesetzt wird. Mathematisch gibt es aber eine ganze Reihe von Mittelwert-Typen (siehe [8]), von denen auch der Median für unsere Zwecke interessant ist; dazu in einem späteren Kapitel mehr. In jedem Fall bilden KPI vom Typ „Zeit" eine zweite wichtige Gruppe von QoS-Größen. Praktische Beispiele wären die Verbindungaufbauzeit einer Telefonverbindung, die Zeit für das Herunter- oder Hochladen einer Datei definierter Größe oder die Zeit, nach der eine Webseite im Browser komplett heruntergeladen ist.

Der gemeinsame Ursprung von Erfolgreichraten und Zeiten bedeutet in der Praxis, dass sie als Paare auftreten. Hat man die Events für eine Erfolgreichrate definiert, und verwendet man die den Events ohnehin zugehörigen Timestamps, ergibt sich die zugehörige Zeit automatisch (und umgekehrt).

4.1.3 Datendurchsatz

Durchsatz ist einer der zentralen KPI für Datendienste. Daher habe ich das Thema zweigeteilt. In diesem Abschnitt geht es um die elementaren, auf den KPI-Typ selbst bezogenen Aspekte. Eine ausführliche Beschreibung findet sich dann in Kap. 5.

Ein Datendurchsatz (Data Rate) ist definiert als Datenmenge pro Zeit, üblicherweise in kbit/s oder Mbit/s angegeben.

Im QoS-Kontext wird eine solche Größe oft als „Mean Data Rate (MDR)" bezeichnet.

Obwohl die Definition der Größe „Durchsatz" einfach ist, ist die Messung alles andere als trivial. Das liegt vor allem daran, dass es „den" Durchsatz eines Mobildatennetzes nicht gibt. Der Wert, den man beim Messen erhält, hängt von der Messmethode ab. Umgekehrt kann ein noch so präzise gemessener Wert nicht einfach verwendet werden, um das Verhalten des Netzes unter anderen Anwendungsbedingungen als denen vorherzusagen, unter denen dieser Wert gemessen wurde.

Grundsätzlich lässt sich Durchsatz als direkte Abbildung eines Filetransfers messen. Wegen der riesigen Variationsbreite der Datenraten in Abhängigkeit der jeweiligen RAT ergeben sich daraus jedoch auch extreme Variationsbreiten der Transferzeiten. In der Praxis wird daher meist mit einer festen Transferzeit gemessen; dieses Verfahren wird in Standardisierungsdokumenten „windowed" [9] oder, im gleichen Dokument mit Verweis auf ETSI TR 102 678, „Fixed Data Transfer Time QoS (FDTT-QoS)" genannt. In der Alltagspraxis wird oft der Begriff „time based" oder TBKPI verwendet.

Da man wegen diverser Effekte (dazu mehr in Kap. 5) die Messzeit nicht beliebig kurz machen kann, werden bei „schnellen" RAT – etwa bei LTE – unter Umständen sehr große Datenmengen transferiert, was eine Reihe von Nachteilen zur Folge hat. Daher werden in der Praxis auch Hybridverfahren angewendet, in denen mit einem festen Zeitfenster, aber zusätzlich auch limitierter Transferdatenmenge gemessen wird.

4.1.4 Sprachqualität

Eine der wichtigsten Qualitätskenngrößen in der Mobilkommunikation ist die Sprachqualität. Diese Kategorie wird häufig als MOS (Mean Opinion Score) bezeichnet. Das deutet auch schon auf den Ursprung her: die Basis ist eine subjektive Bewertung durch menschliche Probanden, die mit Hilfe ausgefeilter Modelle auf maschinelle Bewertungsmethoden abgebildet wird.

Entsprechend umfangreich – und spannend – ist das Gebiet „Sprachqualität" auch in der Standardisierung und der technischen Umsetzung. Im Rahmen dieses Buchs, das ja einen breitbandigen Überblick über das gesamte Gebiet zum Gegenstand hat, werde ich mich allerdings nur in einer anwendungsorientierten Weise damit befassen.

Wichtig ist zuvor aber noch, die Relation von „Sprachqualität" und „Sprachverständlichkeit" zu betrachten. Sowohl Sprachqualität und Sprachverständlichkeit sind wichtige Merkmale von Sprachübertragung. Beide Größen sind, auf unterschiedliche Weise, abhängig von Merkmalen des Audiosignals. Lange galt eine zumindest grobe Korrelation: Eine gute „technische Sprachqualität" durfte mit der Erwartung guter Sprachverständlichkeit verbunden werden. Bei abnehmender Sprachqualität war die Sprachverständlichkeit zunächst noch nicht stark betroffen, bis dann ein Sprachqualitätsbereich erreicht war, in dem die Sprachverständlichkeit stark zurückging. Mit Einführung digitaler Sprachübertragung

(Voice Over IP, VoIP) und neuer Methoden zur Ressourcenoptimierung beziehungsweise Fehlerverschleierung (error concealment) in Codecs ist diese Relation nach Auffassung eines führenden Experten auf dem Gebiet der Sprachqualität allerdings nicht mehr selbstverständlich. Bei guter Sprachqualität sieht er Sprachverständlichkeit als etwas Unabhängiges an; lediglich bei sehr schlechter Sprachqualität gib es einen Zusammenhang in der Form, dass dort auf jeden Fall eine Reduktion der Sprachverständlichkeit erwartet werden kann. Es ist aber auch möglich, schlechte Sprachverständlichkeit trotz hoher Sprachqualität zu erleben [10]. Schlussfolgerung daraus wäre, dass Sprachverständlichkeit in zukünftigen Bewertungsmethoden eine andere, eigenständigere Rolle erhalten muss.

In der technischen Umsetzung wird die Sprachqualitätsbewertung während der Nutzungsphase einer Telefonieverbindung (wozu ich auch den Audioteil einer Videotelefonie-Verbindung zähle) angewendet. Sie findet also in einem Zeitfenster statt, das ähnlich wie bei Durchsatzmessungen durch Beginn- und Ende-Events gegeben ist.

In diesem Kontext kann ein MOS-Wert übrigens auch als qualitatives Kriterium für die tatsächliche Nutzbarkeit einer Telefonieverbindung verwendet werden, denn die vom Netz signalisierte technische Verbindungsherstellung bedeutet noch nicht zwingend, dass diese Verbindung auch für eine funktionierende Zweiwege-Audiokommunikation genutzt werden kann.

Das momentan aktuelle automatische Bewertungsverfahren heißt POLQA (ITU-T P.863); siehe [11][1]. Das Vorgängerverfahren namens PESQ [12] ist technisch gesehen veraltet, wird aber auch heute noch in Bestandssystemen verwendet.

Die Ausgabegröße dieser Algorithmen wird als MOS-LQO bezeichnet, manchmal auch nur als MOS. LQO steht für „Listening Quality Objective“. Die Skala geht von 1 („bad“) bis 5 („excellent“). Als Faustregel kann gelten, dass – im Rahmen des oben Gesagten – Werte kleiner als 2.7 auf schon recht schlechte Sprachverständlichkeit hinweisen. Werte ab etwa 3.8 können als gute Praxiswerte angesehen werden.

Der in „LQO“ enthaltene Begriff LQ charakterisiert auch eine Testfall-Kategorie – hier geht es um „Listening Quality“, also um das unidirektionale „Zuhören“. Des Weiteren werden im Sprachqualitätsbereich noch die Begriffe CQ für „Conversational Quality“ sowie TQ für „Talking Quality“ verwendet [13].

Speziell CQ verdient besondere Beachtung, weil Eigenschaften des Übertragungskanals, die bei reinem Zuhören keine Rolle spielen – vor allem Latenz beziehungsweise deren Schwankung – bei einer Konversation die wahrgenommene Qualität deutlich beeinflussen können. Hat beispielsweise ein Sprecher aufgrund einer latenzbedingten Pause den Eindruck, dass sein Gesprächspartner eine Sequenz beendet hat und beginnt selbst zu sprechen, kann dies erhebliche Irritationen erzeugen und das Qualitätserleben der Konversation massiv beeinträchtigen.

---

[1] Ich gebe hier Verweise auf Wikipedia-Artikel und nicht die ITU-T-Originalquellen an. Dort findet der interessierte Leser noch vertiefende Informationen. Diese Artikel enthalten dann auch die entsprechenden Originalquellen-Verweise.

Der Begriff TQ bezeichnet Effekte, die der Sprecher hörend erlebt, während er spricht, etwa Echo oder das Umschalten seines Telefons zwischen dem „Sidetone" (das ist das auf Sprecherseite vom Mikrofon aufgenommene und mit niedrigem Pegel in den Hörer eingespeiste Signal, das dem Komfort beim Sprechen dient [14]) und dem Audiosignal der Gegenseite.

Die Implementierungen dieser Verfahren liefern noch weitere, diagnostisch interessante Informationen, etwa über bestimmte Untertypen von Audio-Störungen. Auch Latenzmessungen (Verzögerung zwischen Gesprochenem auf der der einen und Gehörtem auf der anderen Seite) sind, falls eine ausreichend gute Zeitsynchronisierung vorhanden ist, möglich.

POLQA ist dabei unter anderem wesentlich robuster gegen bestimmte Signalmanipulationen, wie sie beim schon erwähnten „error concealment" in der Netzinfrastruktur eingesetzt werden. Dabei wird der Ausfall einzelner Datenpakete mit Audio-Information, die als fehlerhaft erkannt und verworfen werden, dadurch kompensiert, dass man andere Audiosegmente zeitlich etwas dehnt. Kommen solche Methoden zum Einsatz, liefert PESQ MOS-Werte, die – nach unten – teils deutlich von denen menschlicher Hörer abweichen, weil derartige Veränderungen beim menschlichen Hören die Sprachverständlichkeit nicht beeinträchtigen.

Messsysteme, die auf PESQ oder POLQA basieren liefern, MOS-Werte für Sprachabschnitte, die üblicherweise ca. 4 bis 8 s lang sind und welche mit Hilfe diverser Verfahren (dazu später mehr) zu einem transaktionsweisen MOS und je nach QoS-System auch zu anderen Kenngrößen aggregiert werden. Für transaktionsweise MOS-Werte gibt es im Wesentlichen zwei Methoden. Im einfachsten Fall wird das arithmetische Mittel gebildet. Daneben gibt es noch Methoden, die auf das Gesprächsende bezogen „jüngere" Werte stärker als ältere gewichten [15]. Dies trägt dem sogenannten „recency effect" Rechnung [16].

Sowohl PESQ als auch POLQA sind sogenannte „Full Reference"-Verfahren (manchmal auch „intrusive Verfahren" genannt). Dabei wird ein genau definiertes Audio-Sample verwendet, das auf der einen Seite der Verbindung eingespeist und auf der anderen Seite als Referenz in der Bewertung verwendet wird. Es wurden zwar immer wieder „nicht-intrusive" Methoden propagiert; in der Praxis haben sich diese zumindest bisher nicht durchgesetzt, weil die Korrelation mit menschlicher Bewertung deutlich schlechter als bei nicht referenz-basierten Verfahren ist. Hier hat letztlich der Markt entschieden; der Forschungsaufwand für gute nicht-intrusive Verfahren ist offenbar so hoch, dass ein Preisvorteil, der die schlechtere Leistung abbildet, nicht entstehen kann.

Abgesehen von diesen beiden etablierten Verfahren, die in Form von OEM-Softwarepaketen von den Herstellerfirmen bezogen und in Messprodukte eingebunden werden, gibt es noch sogenannte parametrische Verfahren. Hier werden technische Messgrößen verwendet, die direkt oder indirekt für die Übertragungsqualität im Mobilfunknetz stehen, aus der dann wiederum die Sprachqualität geschätzt wird. Auch diese Verfahren sind zumindest im Segment professioneller Messsysteme nicht allzu weit verbreitet, auch hier dürfte das letztendlich schlechtere Preis/Leistungsverhältnis der Grund sein.

Natürlich gelten all diese Aussagen über die Brauchbarkeit von Bewertungsverfahren für den Moment; schon morgen könnte ein Hersteller mit einem neuartigen Verfahren auf den Markt kommen, das eine mit Full Reference- Verfahren vergleichbare Zuverlässigkeit bietet. Dies würde auch ganz neue Möglichkeiten etwa bei der QoS-Messung durch Monitoring im Infrastrukturbereich von Mobilnetzen eröffnen. Eine Anekdote hierzu: Vor längerer Zeit hatte ich den genialen Einfall, ein Spracherkennungssystem (Sprache zu Text) für die Qualitätsmessung einzusetzen. Ein früherer Studienkollege arbeitete damals beim Marktführer in diesem Segment. Nachdem ich ihm – mit der Idee, daraus ein gemeinsames Projekt zu machen – von meiner Idee erzählte, durfte ich lernen, dass diese Systeme auf ganz andere Weise „hören" als Menschen und von daher ebenfalls nicht mit einer guten Korrelation zwischen menschlicher und maschineller Bewertung zu rechnen sei. Ich frage mich allerdings heute noch manchmal, ob ich den Gedanken nicht doch hätte verfolgen sollen.

Bewertungsverfahren wie PESQ oder POLQA werden in aufwendigen, über Jahre laufenden Verfahren ausgewählt. Interessierte Anbieter können Messverfahren entwickeln und an einem Auswahlverfahren teilnehmen. Grundlage ist dabei eine Datenbasis von vielen Tausend Sprachsignalen mit den zugehörigen Bewertungen menschlicher Probanden, die unter wiederum standardisierten Bedingungen in akkreditierten Labors erhoben werden und den Modellentwicklern *nicht* zur Verfügung stehen. Die vorgeschlagenen Algorithmen werden gegen diesen Satz von Samples getestet und ihre Zuverlässigkeit, also die Übereinstimmung der Bewertung mit der menschlichen Einstufung der Sprachverständlichkeit, überprüft.

Die PESQ- oder POLQA-Methode kann mit verschiedenen Bandbreiten und jeweils entsprechenden Referenzsignalen arbeiten. Man unterscheidet hier Narrowband (NB) mit ca. 3 kHz Sprachbandbreite, Wideband (WB) mit 7 kHz Bandbreite und Superwideband (SWB) mit 14 kHz Bandbreite. NB und WB werden sowohl von PESQ als auch von POLQA unterstützt; SWB nur von POLQA. In diesem Zusammenhang ist noch wichtig, dass die obigen Bandbreitenangaben sich auf die Audiobandbreite der Übertragung beziehen. Ein wichtiger oft genannter Kennwert ist noch die Samplingrate der Audiosignale. Diese beträgt für NB meist 8 kHz und für SWB 48 kHz. Diese Samplingrate wird bei POLQA auch für WB verwendet, während bei PESQ-WB hier auch Werte von 16 oder 24 kHz gängig waren.

Wichtig ist, dass in jeder Variante die LQO-Skala voll genutzt wird. Die Werte drücken also nicht die absolute Qualität aus, sondern quasi den Grad der Ausschöpfung der jeweiligen Bandbreite. Ein und dieselbe Audioverbindung einmal mit NB und einmal mit WB/ SWB gemessen liefert also verschiedene LQO-Werte. Die mit den verschiedenen Varianten gemessenen Werte können daher nicht miteinander verglichen werden. Ebenso sind PESQ- und POLQA-Messwerte nicht direkt vergleichbar.

Misst man gegen eine ISDN-Endstelle, wird in der Regel die Narrowband-Bewertung in Kombination mit der Narrowband-Referenz verwendet, da ISDN die Bandbreite ohnehin begrenzt. Für Mobil-zu-Mobil-Verbindungen wird, wenn das Netz breitbandiges Audio unterstützt, (auch als HD Voice bekannt) die Kombination WB/SWB-Sample und WB/SWB-Bewertung verwendet, sonst die entsprechende Narrowband-Kombination. Heute wird oft vollständig mit der SWB-Variante gemessen, um eine einheitliche Bewertungsskala zu erhalten.

Wie andernorts gilt auch hier, dass die Parameterwahl sowohl kurz- als auch längerfristige Aspekte berücksichtigen sollte. Trotzdem lässt sich bei aller Vorsicht sagen, dass man mit einer Wideband-Referenz wohl am besten fährt. Bei einem Wechsel ist Timing und gute Kommunikation wichtig, denn ein Wechsel auf Wideband-Referenz wird zur Folge haben, dass die MOS-Werte, sofern sich am getesteten System sonst nichts ändert, systematisch niedriger liegen werden.

Generell lässt sich sagen, dass das Gebiet maschineller Sprachqualitätsbewertung ein sehr dynamisches ist. Die grundlegenden Verfahren haben zwar eine relativ lange Lebensdauer – PESQ war mehr als zehn Jahre im Gebrauch. Die in den Mobilfunknetzen verwendeten Codecs und Architekturelemente entwickeln sich jedoch permanent weiter. Es kann immer vorkommen, dass Algorithmen zur Sprachqualitätsbewertung „überkritisch" auf solche Modifikationen reagieren. So zeigte sich beispielsweise, dass PESQ in Verbindung mit neueren Codecs unzuverlässige Ergebnisse lieferte. Diese Codecs kompensieren bzw. verbergen Fehler durch verlorene beziehungsweise zu spät ankommende Audio-Datenpakete dadurch, dass die übrigen Audioinhalte entsprechend „gedehnt" werden. Es zeigte sich, dass der PESQ-Algorithmus auf solche Variationen wesentlich empfindlicher reagierte als das menschliche Hörsystem, also deutlich schlechtere Bewertungen abgab als menschliche Probanden. In diesem Fall war es nicht möglich, dies durch „Bugfixes" in PESQ zu korrigieren; es war notwendig, mit POLQA ein ganz neues Modell zu entwickeln.

Die Evolution eines global standardisierten Verfahrens wie POLQA muss man sich als einen durchaus komplexen Prozess vorstellen. Neue Versionen des Algorithmus müssen aufwändig getestet und im Rahmen von ITU-T-Standardisierungsprozeduren freigegeben (approved) werden. Das Gebiet der Sprachqualitätsmessung ist aber auch in vielerlei anderer Hinsicht sehr dynamisch. Mein Eindruck ist, dass die Fragestellungen, mit denen sich Arbeitsgruppen wie die Study Group 12 der ITU-T aktuell befassen, komplexer werden – mir ist bewusst, dass die Experten auf diesem Gebiet an mancher Stelle die Potentiale anders bewerten und eher die Defizite wahrnehmen. Das bedeutet nicht, dass alle „einfachen" Fragen bereits abschließend geklärt sind. Auch als etabliert angesehenes Wissen wird dabei immer wieder auf den Prüfstand gestellt. Beispielsweise wird gerade untersucht, ob die Rolle von Laufzeitverzögerungen (Latenz) auf die subjektive Sprachqualität im Konversationsfall – also dort, wo zwei Gesprächspartner miteinander interagieren und nicht nur die unidirektionale Sprachqualität betrachtet wird – adäquat abgebildet wird. Ein anderes Beispiel für ein derzeit aktives Forschungsgebiet ist die Frage der Sprachverständlichkeit in Situationen, in denen mehr als eine Person gleichzeitig spricht, eine nicht unübliche Situation in Audio- oder Videokonferenzen.

4.1.5 Videoqualität

Aus der Nutzerperspektive – Anwendern sind die verwendeten Technologien und Protokolle zunächst einmal gleichgültig – gibt es zwei Bereiche, in denen Videoqualität eine Rolle spielt: Videotelefonie und das Anschauen von Videoclips.

Von der Grundstruktur, also dem Aufbau einer Transaktion her gesehen, ist Videotelefonie quasi identisch mit der Sprachtelefonie; ein Teilnehmer wird angerufen, die Verbindung wird hergestellt und die Nutzung des Mediums beginnt.

Beim Videoclip-Betrachten ist dieser Prozess aus Anwendersicht einstufig; das Video wird über einen Hyperlink oder einen anderen Mechanismus angefordert und die Wiedergabe beginnt. Technisch ist dieser Vorgang meist mehrstufig; dabei wird vom Player beispielsweise der eigentliche Speicherort des Inhalts bezogen, auch kann eine Aushandlung der verwendeten Videoauflösung, etwa auf Basis der Darstellungsmöglichkeiten des Geräts oder der verfügbaren Bandbreite, stattfinden. Die Videoqualitätsmessung wird jedoch erst in der Nutzungsphase relevant.

Auch die Videoqualität bezeichnet man mit MOS (gebräuchlich ist die Bezeichnung Video-MOS), insofern sie auf der subjektiven Wahrnehmung oder einer Schätzung derselben beruht. Ich habe mir von Experten sagen lassen, dass Audio-MOS in Bezug auf die verwendeten Algorithmen komplexer ist als Video-MOS; in Bezug auf die benötigte Rechenleistung ist Video-MOS jedoch wesentlich anspruchsvoller. Eine Echtzeit-Bewertung erfordert also schon hochleistungsfähige Hardware beziehungsweise lässt sich mit heutigen Mitteln unter Praxisbedingungen oft (noch) nicht realisieren.

Im Folgenden betrachte ich Videowiedergabe und Videotelefonie gemeinsam, denn aus der hier verwendeten Perspektive unterscheidet sich Videotelefonie von Videowiedergabe nur dadurch, dass die Wiedergabe auf beiden Seiten der Verbindung stattfindet. Ich verwende dabei auch den gemeinsamen Begriff „Videoclip" oder „Clip" für das dargestellte Objekt.

Ein Videoclip besteht aus einer Audio- und einer Videokomponente. „Video" wird den sichtbaren, „Audio" den hörbaren Teil bezeichnen, beide Begriffe werde ich im Singular und Plural verwenden. Damit es am Anfang nicht zu komplex wird, werde ich mich erst einmal nur mit dem Video-Anteil befassen. Als „Content" bezeichne ich den Informationsinhalt auf dem jeweiligen Kanal, der in Form von Paketen übertragen wird. Ein Datenpaket kann nur Audio-, nur Video-, oder beide Contenttypen enthalten. Als „Player" bezeichne ich das Element in der Anwenderdomäne, das den Videoclip empfängt und darstellt und gegebenenfalls auch mit der Sendeseite Details der Übertragung wie etwa den verwendeten Codec, die Videoauflösung oder die Datenrate der Übertragung aushandelt.

Zunächst sind bei Videos eine ganze Reihe möglicher Störungen des Bildinhalts möglich. Von elementarer Wichtigkeit ist aber, dass es zwei grundsätzlich verschiedene Arten gibt, Content paketbasiert zu übertragen. Davon hängt dann auch ab, welche Artefakte tatsächlich auftreten können.

Für das Verständnis des Folgenden sind einige Detailkenntnisse der entsprechenden Kommunikationsprotokolle notwendig. Gegebenenfalls finden sich weiterführende Informationen beispielsweise in [17].

Auf der elementaren Ebene paketbasierter Übertragung, der IP-Ebene, können einzelne Datenpakete verloren gehen, auch können Pakete in anderer Reihenfolge ankommen, als sie gesendet wurden. Das darauf basierende UDP (User Datagram Protocol, siehe auch [17]) hat die gleichen Eigenschaften. Das Medium (in diesem Fall also das Mobilnetz und die Protokollstacks auf Endgeräte- und Serverseite) garantiert also weder die Reihenfolge der Pakete noch deren Vollständigkeit.

Das ebenfalls auf dem IP-Protokoll aufsetzende TCP (Transmission Control Protocol, siehe auch [17]) besitzt dagegen einen zusätzlichen Mechanismus, der für Vollständigkeit der Übertragung sorgt, indem verlorengegangene Pakete erneut zur Übertragung angefordert werden. Ebenso sorgt dieses Protokoll dafür, dass die Pakete in der richtigen Reihenfolge ankommen.

Die Datenpakete, aus denen eine Videoübertragung besteht, enthalten Informationen, aus denen der Player sie in die richtige Wiedergabereihenfolge bringen kann. Im UDP-Fall muss der Player diese Pakete zunächst puffern, denn ein in der Sequenz fehlendes Paket kann ja später noch eintreffen. Auch im TCP-Fall ist ein solcher Puffer notwendig, um eine flüssige Wiedergabe auch bei Schwankung der Datenraten zu gewährleisten.

Bei Videotelefonie oder vergleichbaren interaktiven „Echtzeit"-Diensten kann die Zeit, die der Player auf fehlende Pakete wartet, nicht beliebig lang sein. Heute geht man davon aus, dass ab einer Verzögerung (Latenz) von mehr als 500 ms eine deutliche Einschränkung der subjektiven Qualitätswahrnehmung erlebt wird. Als für Echtzeitverhalten wünschenswert werden Latenzen unterhalb von 200 ms angesehen. Daher wird für echtzeitnahe Videodienste meist UDP verwendet, da bei TCP die Latenz prinzipiell nicht kontrollierbar ist (im Fall dauerhafter Paketverluste wird bei TCP allerdings die Verbindung nach einer gewissen Zeit – typisch 2 min – komplett getrennt).

Trifft bei UDP-basiertem Transfer das nach Wiedergabereihenfolge nächste Datenpaket also nicht innerhalb einer gewissen Zeit – in der Größenordnung weniger 100 ms – ein, verwendet der Player bzw. der Codec nur die vorhandenen Pakete, ignoriert also die fehlenden Pakete. Dies führt natürlich zu Informationsverlust. Je nachdem, welche Daten verlorengegangen sind, wie die Videoinhalte kodiert sind und wie der Player versucht, die Auswirkungen zu minimieren, entstehen Bild- oder Tonfehler, auch Artefakte genannt, die in verschiedene Klassen eingeteilt werden können [18]. Beispiele für Video-Artefakte sind lokal grobgepixelte Bereiche (Blockiness), Unschärfen (Blur) oder Ruckeln (Jerkiness). Bei der Audiowiedergabe kann es durch den Datenverlust analog dazu zu einer Reihe von Störeffekten kommen. Des Weiteren besteht noch die Möglichkeit einer Störung der Audio-Video-Synchronizität.

In ITU-T Recommendation P.910 [19] sind Methoden und Vorgehensweisen beschrieben, mit denen eine subjektive Bewertung umgesetzt werden kann.

Im Bereich automatisierter „maschineller" Bewertung gibt es für Video, analog den Audio-MOS-Verfahren, international abgestimmte Standards, die das Ergebnis aufwändiger Auswahlverfahren sind (am Markt werden natürlich zusätzlich auch proprietäre Verfahren einzelner Hersteller angeboten).

Wie im Audio-Fall unterscheidet man Full Reference (FR) und No Reference (NR)-Verfahren (oft auch intrusive und nicht-intrusive Verfahren genannt). Derzeit sind FR-Verfahren, also solche, die den empfangenen Content mit einer bekannten Referenz vergleichen, die einzigen Verfahren, deren Korrelation zu menschlichen Wahrnehmung von den entsprechenden Auswahlorganisationen als adäquat angesehen werden.

FR-Verfahren – das derzeit aktuelle standardisierte Verfahren wird PEVQ genannt, („Perceptive Evaluation of Video Quality") [20] – verwenden aufwändige Methoden der Bildanalyse und der Modellierung der Bildwahrnehmung, um die technisch feststellbaren Artefakte so abzubilden, dass sie einer menschlichen Qualitätswahrnehmung entsprechen. Die Situation ist wesentlich komplexer als bei Audio; das beginnt damit, dass hier zwei Dimensionen (plus die zeitliche) zu berücksichtigen sind. Auch ist die Toleranz gegenüber Artefakten stärker vom Inhalt abhängig; ein simples Beispiel wäre ein Fußballspiel, bei dem Blockiness in Bereich des Balls oder des Teils der Szene, in dem sich die Aktion gerade abspielt, wesentlich störender ist als anderswo. Man könnte argumentieren, dass der Ort, an dem Störungen im Bild liegen, zufällig ist und sich solche Effekte bei ausreichend vielen Samples herausmitteln. Allerdings sind umgekehrt die Codecs auch wieder darauf optimiert, das Bestmögliche aus einer gegebenen Bandbreite herauszuholen, woraus sich eine ziemlich nichtlineare, komplexe Wechselwirkung ergibt. Ließe sich – wie es ja auch die im Videobereich ebenfalls vertretenen parametrischen Verfahren tun – die zu erwartende Qualität einfach aus den aus der IP-Ebene leicht extrahierbaren Größen „Paketverlustrate" und „Paketverzögerung" beziehungsweise aus der verfügbaren Bandbreite mit einer von Anwendern als ausreichend angesehenen Präzision herleiten, bräuchte man ja die aufwändigen Video-MOS-Verfahren nicht.

Als weiterführende Lektüre empfehle ich den ETSI Technical Report TR 102 493 „Guidelines for the use of Video Quality Algorithms for Mobile Applications" [21], der auch eine gute Übersicht und Typologie von Algorithmen zur Qualitätsbewertung enthält. Eine sehr schöne Übersicht ist auch die Präsentation von Dr. H.R. Wu „Perceptual Video Distortion Metric and Coding" [22].

Bei reiner Videowiedergabe, deren Spielarten meist mit dem Sammelbegriff Video Streaming benannt werden, ist Echtzeitnähe nicht erforderlich; daher wird für diese in der Regel TCP verwendet. Auch der Sammelbegriff „Progressive Download" wird oft verwendet, um zu verdeutlichen, dass es sich ja eigentlich um den Download eines Videoclips mit bereits laufender Wiedergabe handelt. Streng genommen sollte man sich allerdings von diesem Begriff verabschieden, denn bei Adaptive Streaming-Methoden wird ja nicht mehr zwingend eine einzelne Videodatei übertragen, sondern die Wiedergabe wird dynamisch aus Abschnitten mit unterschiedlicher Videorate zusammengesetzt.

In jedem Fall entsteht hier (zunächst) nur ein Typ von Artefakt: Wenn der Wiedergabepuffer leer ist, stoppt die Wiedergabe, das Video „steht". Dies wird meist als Freezing oder Stalling bezeichnet, im technischen Bereich wird auch als Hinweis auf den auslösenden Prozess der Begriff „Rebuffering" verwendet. Auch wenn wieder Daten eintreffen, wird die Wiedergabe nicht gleich fortgesetzt; der Player wartet in der Regel, bis wieder Content für eine gewisse Wiedergabelänge angekommen ist. Diese Pufferlänge ist also eine (ggf. auch dynamische) Eigenschaft des Players. Ein und dieselbe Übertragungsdynamik eines Mediums kann sich je nach Player-Parametrierung als Abfolge kurzer Ruckler oder längeres Einfrieren des Bildes bemerkbar machen.

Ich habe oben in Bezug auf den Artefakttyp Freezing „zunächst" geschrieben, weil im Fall von Adaptive Streaming doch wieder unterschiedliche Fehler auftreten können, die mit dem Wechsel der Videobandbreite zusammenhängen. Wenn beispielsweise zum Vermeiden von Freezing auf Content mit niedrigerer Videobandbreite umgeschaltet wird, kann sich dies in einem Sprung der Bildqualität, aber auch in Bildgröße oder Framerate bemerkbar machen. Unvollkommenheiten des Algorithmus können zudem weitere Störungen verursachen, etwa Zeitsprünge in beide Richtungen.

Events, aus denen sich das Freezing-Verhalten bestimmen lässt, können relativ leicht aus applikationsnahen Schnittstellen des verwendeten Players bezogen werden. Man erhält eine Abfolge von Freezing-Ereignissen, also Informationen über die Häufigkeit und die Dauer solcher Ereignisse. Um sinnvolle KPI zu erhalten, muss noch die Abspiellänge des Videoclips berücksichtigt werden. Man erhält dann KPI wie die Anzahl der Freezes pro Transaktion, die Zahl der Freezes pro Minute Videolänge, das Verhältnis der Gesamtzeit im Freeze-Zustand zur Videolänge und gegebenenfalls noch andere Indikatoren zur Häufigkeit und zeitlichen Struktur von Freezes.

Eine „Übersetzung" der technisch gewonnenen Werte auf einen einzelnen Kennwert, analog der Audio-MOS, gibt es meines Wissens für diese Art der Video-Artefakte noch nicht. Damit verbundene Fragen wären, ob mehrere kurze Unterbrechungen insgesamt störender wahrgenommen werden wie eine einzelne längere Pause.

Hinsichtlich einer QoS-Standardisierung für TCP-basiertes Videostreaming besteht ein kleines Dilemma. Hier ist YouTube™ wenn nicht die, dann doch eine der dominierenden Plattformen. Für die Widergabe wird ein proprietäres Verfahren genutzt. Eine direkte ETSI-Standardisierung kann es daher nicht geben. Es gibt jedoch mit der ETSI TR 101 578 „QoS aspects of TCP-based video services like YouTube™" [23] ein Dokument, das für solche Fälle, aber eben nicht speziell auf YouTube gemünzt, beispielhaft einen Satz von QoS-KPI definiert[2].

Bei den TCP-basierten Übertragungsverfahren gewinnt momentan ein Prinzip rapide an Verbreitung, dessen „Standardvariante" kurz DASH genannt wird [24], was für „Dynamic Adaptive Streaming over HTTP" steht; manchmal findet man auch den Begriff „MPEG-DASH". Der Content liegt hier in einer Reihe Varianten mit unterschiedlicher Videobandbreite vor. Während der Wiedergabe, in einer Interaktion zwischen Server und

---

[2] Diese TR basiert übrigens auf einer Initiative, bei der meine Firma, Focus Infocom, auf meine Anregung hin einen Teil der in Produkten bereits eine Weile genutzten und erprobten QoS-KPI als Input für STQ MOBILE „gespendet" hatte. Im dann folgenden Adaptions- und Editierprozess wurden dann zwar einige Details und Namensgebungen verändert, im Kern wurde dieser Input aber übernommen.

Player, wird jeweils die Variante gewählt, die der vorhandenen Übertragungsbandbreite adäquat ist. Um Freezing zu vermeiden, wird also gegebenenfalls eine niedrigere Videoqualität mit entsprechend geringerem Bandbreitenbedarf gewählt. Das schließt natürlich Freezing nicht aus, verringert aber dessen Wahrscheinlichkeit.

Für die automatisierte Qualitätsbeurteilung von Videowiedergabe mit vielen Typen von Adaptive Streaming gibt es bereits ein kommerzielles Produkt mit der Bezeichnung PEVQ-S [25], das seine Daten aus dem IP-Layer bezieht, dessen Algorithmen aber die menschliche Qualitätswahrnehmung nachbilden.

4.1.6   Andere KPI-Typen

Die in den vorigen Abschnitten genannten KPI-Grundtypen reichen aus, um QoS-Metriken für alle derzeit aktuellen Services zu bilden. Formal könnte man höchstens noch Audio-Streaming (bei Webradio oder bei Audio on demand wie etwa in derzeit populären Plattformen wie Spotify oder Simfy) als weitere Kategorie erwähnen. Diese Services sind allerdings vom Usecase her eng verwandt mit Videostreaming und könnten von daher auch als Spezialfälle („Videoclip nur mit Audiocontent") betrachtet werden. Da auch hier die Echtzeitigkeit keine Rolle spielt, sind sie üblicherweise als TCP-basierter „progressive download" zu verstehen, das bedeutet, dass „Freezing" (im Audiobereich also „Stille") ihr einziges Artefakt ist und technisch ebenso behandelt werden kann.

4.2   KPI-Namen

Viele KPI-Namen haben historische Wurzeln. Werden im Rahmen der Standardisierung neue KPI definiert, ist ihre Benennung natürlich Aufgabe – und Privileg – der entsprechenden Gruppe. In diesem Kapitel möchte ich einige Prinzipien beschreiben, die bei der Namensgebung nützlich sind.

Es liegt in der Natur solcher KPI-Namen, dass sie, einmal durch Konvention oder Standardisierung festgelegt, nur schwer wieder änderbar sind, einfach weil eine Vielzahl von Messsystemen, Report-Vorlagen und andere Tools sie verwenden und sie sich auch bei den Rezipienten eingebürgert haben.

Ziel ist, möglichst „sprechende", selbsterklärende Namen zu finden. Zu 100 % wird das sicher nie gelingen, weil die fachlichen Kontexte der Erzeuger wie auch der Nutzer solcher KPI dafür dann doch zu inhomogen sind. Das Schema, das ich nachfolgend skizziere, wird in der Gruppe, in der ich arbeite, angewendet (und soweit ich mich erinnere, war ich selbst einer der „Väter") und kann sicher nicht verallgemeinert werden. Auch gehe ich bewusst das Risiko ein, dass – weil die Regeln eben nicht vollständig kodifiziert sind – ein anderes Mitglied dieser Gruppe sagen wird „Moment mal, das ist aber gar nicht das Schema" – von den Konventionen in anderen Gruppen ganz zu schweigen. Weshalb ich trotzdem über Namenskonventionen schreibe, hat zwei Gründe. Erstens helfen diese

| Service | Aktivität/Ziel | Basistyp | [Einheit] |

Abb. 4.4 Elemente eines KPI-Namens

| HTTP | Service Access | Failure Ratio | [%] |

Abb. 4.5 Namenszerlegung eines ETSI TS 1102 250-2-KPI-Namens

Informationen bei der Grobnavigation – auch ohne genaue Kenntnis der Definition eines KPI bekommt man schon eine Idee, worum es bei diesem KPI gehen könnte. Zum anderen soll es denjenigen unter den Lesern einen in der Praxis schon erprobten Orientierungsrahmen geben, die selbst mit dem Design von QoS-Metriken befasst sind und in diesem Rahmen vielleicht auch eigene KPI definieren.

Ein nach Basis-Konstruktionsschema konstruierter KPI-Name hat 4 Bestandteile, wovon der vierte optional ist (Abb. 4.4):

Das Element *Service* als oberste Ebene bezeichnet die spezifische Art der Nutzung. Gerade bei diesem Element erkennt man die Evolution im Mobilfunk. Wo es am Anfang der Entwicklung wirklich noch explizite Dienste waren – SMS, MMS und natürlich Telefonie – geht es heute um Dinge wie HTTP Download, Video Streaming und so weiter, für die das Netz nur die die funktionale Grundlage liefert. Man könnte allerdings sagen, dass sich mit der zunehmenden „content awareness" der Netze der Kreis wieder ein wenig schließt – die Performance des Netzes wird wieder stärker durch die spezifische Nutzung bestimmt.

Das Element Aktivität beziehungsweise Ziel knüpft an die Einführung der Begriffe in Abschn. 2.5 an. Es beschreibt das gewünschte Ergebnis der Phase, auf die sich der KPI bezieht. Wenn diese Phase die gesamte Transaktion ist – wenn der KPI also die höchste Ebene der Betrachtung aus Anwendersicht beschreibt – sind die Bezeichnungen „E2E" oder „End to End" gängig.

Die Basistypen wurden in Abschn. 4.1 eingeführt. Die Einheit kann der Vollständigkeit halber angegeben werden.

Ein Beispiel aus der TS 1102 250-2 [4] ist in Abb. 4.5 gezeigt.

Dieser KPI beschreibt also die in % angegebene Nichterfolgreich-Rate (Fehlerrate) für den Zugang zu einem auf dem HTTP-Protokoll basierenden Service.

Wie gesagt sind nicht alle Namen nach diesem Schema konstruiert. Bei den standardisierten KPI wurden oft bereits etablierte Namen übernommen oder Namensteile eingearbeitet. Manchmal würde die starre Anwendung der Bildungsregeln auch sprachlich merkwürdig klingende oder schlicht zu lange Namen produzieren – nicht für alle Aktivitäten oder Ziele einer Phase gibt es griffige, kurze Bezeichnungen. Es entspricht auch meinem Verständnis von Praxisorientiertheit, dass im Zweifel Verständlichkeit Vorrang vor der Erfüllung formaler Kriterien hat.

Durchsatzmessungen bei paketbasierten Diensten 5

Auf den ersten Blick ist der Datendurchsatz eine leicht zu definierende und auch problemlos zu messende Größe und ein direkter Indikator für die Leistungsfähigkeit eines Mobilfunknetzes. Tatsächlich ist die technische Umsetzung einfach – es gibt allerdings kaum ein besseres Beispiel für die Richtigkeit der Redewendung „Der Teufel steckt im Detail". Aus diesem Grund behandle ich dieses Thema in einem eigenen Kapitel. Hier werde ich zunächst die Grundlagen darstellen und dann auf die zeitliche Dynamik von Datentransfers in paketbasierten Mobilfunknetzen eingehen. Es folgt eine Beschreibung der Möglichkeiten für die technische Umsetzung und die Auswirkungen, die die Art der Umsetzung auf die Resultate von Messungen haben kann. In diesem Rahmen befasse ich mich auch mit Optimierungsverfahren, die in Mobilfunknetzen zur Beschleunigung des Datentransfers eingesetzt werden. Anschließend gehe ich noch auf Aspekte der Triggerpunktwahl und von zeitaufgelösten Messungen ein. In den letzten Abschnitten dieses Kapitels gebe ich noch einige praktische Beispiele und spreche speziell auch die heute weit verbreiteten Speedtest-Apps an.

Die Themen der nachfolgenden Abschnitte sind nicht streng linear und bausteinmäßig getrennt, weil die Teilaspekte sich überlappen. Ich habe hier aus Gründen der Lesefreundlichkeit ein gewisses Maß an inhaltlichen Wiederholungen in Kauf genommen, um ständige Querverweise zu vermeiden.

Der vom Netz gelieferte Datendurchsatz geht auch in andere QoS-Größen ein, vor allem in Session Times, also die Zeit bis zum Abschluss eines Usecase. Insofern gelten die Ausführungen sinngemäß auch für solche Messungen.

5.1 Grundlegendes zu Datendurchsatzmessungen

Der Datendurchsatz ist definiert als „Datenmenge pro Zeit". Man benötigt also zwei Informationen: Welche Datenmenge wurde transferiert, und wie lange hat das gedauert?

© Springer-Verlag Berlin Heidelberg 2015
W. Balzer, *Quality of Experience und Quality of Service im Mobilkommunikationsbereich*,
Xpert.press, DOI 10.1007/978-3-642-55348-6_5

Das klingt einfach und ist es doch nicht. Fangen wir mit der Datenmenge an. Welche Daten sind hier gemeint? Geht es um die Nutzdaten auf der Ebene des Anwenders, um die auf TCP- oder UDP-Ebene transferierten Bytes, oder um die transferierten Bytes auf noch tieferen Protokollschichten?

Bedingt durch den Protokoll-Overhead – Informationen, die den Nutzdaten hinzugefügt werden müssen, damit der Transfer in paketbasierten Netzen stattfinden kann – ist der technische Durchsatz auf niedrigen Protokollschichten rein zahlenmäßig höher. Dazu kommt noch, dass Datentraffic auf niedriger Protokollebene auch Retransmissions enthält. Dies muss auf jeden Fall bei der Wahl der Datenquelle (etwa im Fall, dass Traffic Counter von Smartphone-API verwendet werden) beziehungsweise bei der Verarbeitung von Informationen aus solchen Schichten beachtet werden.

Auch die Frage nach der Dauer ist im QoS-Kontext nicht so einfach zu beantworten. Technisch wird diese Dauer als Zeit zwischen zwei Ereignissen (Events) gemessen. Welche Events sollen verwendet werden? Sollen es Ereignisse sein, die vom Nutzer wahrgenommen werden, oder verwendet man technische Events etwa aus der IP-Ebene? Wir werden uns mit diesem Aspekt in Abschn. 5.5 noch ausführlicher befassen; vorab hier nur so viel: Die Wahl der Triggerpunkte hat nicht nur Konsequenzen bei den Zahlenwerten von Durchsatzmessungen. Sie hat auch entscheidende Auswirkungen darauf, mit welchen Plattformen dieser KPI überhaupt gemessen werden kann beziehungsweise wie weit Ergebnisse verschiedener Plattformen miteinander verglichen werden können.

Die Dynamik von Usecases auf Applikationsebene oder auf Schichten zwischen Applikations- und IP-Ebene wird von der Dynamik darunterliegender Schichten geprägt. Im Folgenden werde ich mich vorwiegend mit Methoden befassen, die oberhalb der TCP/IP-Ebene liegen.

Eigenheiten und Methoden für Messungen auf TCP/IP-Ebene werden in hervorragender Weise im ETSI-Dokument EG 203 165 („Throughput Measurement Guidelines") [9] behandelt. Zwar wird das Thema dort in einem etwas engeren Rahmen – eben stark auf die IP-Ebene fokussiert – behandelt; trotzdem empfehle ich dieses Dokument als ausgezeichnete weiterführende und vertiefende Lektüre.

Für das Folgende gehe ich davon aus, dass die elementaren Grundlagen bekannt sind. Ich habe versucht, die Dinge so darzustellen, dass das grundlegende Verständnis auch ohne Detailwissen über paketbasierte Datenübertragung möglich ist. Gegebenenfalls können Abschnitte, die dennoch zu technisch geraten sind, überlesen werden. Eine vertiefende Lektüre wäre – zusätzlich zu den oben schon genannten „Throughput Measurement Guidelines", die auch ein wenig Grundlageninformation enthalten, beispielsweise [17].

5.2 Szenarien für Durchsatzmessungen

Das Basis-Szenario für eine Durchsatzmessung ist simpel: Transfer einer bestimmten Menge an Bytes, am einfachsten in Form einer Datei.

Tab. 5.1 Typische Durchsatzwerte und Transferzeiten ausgewählter Radio Access Technologies

RAT	Typ. Durchsatz kbit/s	Transferzeit für 10 Mbyte (s)
GPRS	64	1310,8
EDGE	200	419,5
UMTS (R99)	384	218,5
HSDPA	7200	11,7
HSPA	14400	5,9
HSPA +	42200	2
LTE Cat 3	100000	0,9
LTE Cat 4	150000	0,6
LTE CA	300000	0,3

Hierbei gibt es allerdings ein Problem, das ich mit Hilfe der nachfolgenden Tab. 5.1 verdeutlichen möchte. Diese Tabelle zeigt typische Transferzeiten einer Datei fester Größe für ausgewählte Radio Access Technologies (RAT).

Als Dateigröße habe ich hier 10 Mbyte gewählt; das entspricht in etwa einer mittelgroßen App, dem Download von zwei bis drei MP3-Musikstücken aus einem Webshop oder dem Transfer einer Handvoll Handy-Fotos guter Qualität. Speziell für die RAT der 3G-Familie (HSDPA, HSPA, HSPA+) gibt es eine große Zahl von Varianten, aus denen ich hier nur einige ausgewählt habe.

Bei den Zeiten handelt es sich um Idealwerte, die den technologisch bedingten Maximalwert der jeweiligen RAT auf niedriger Protokollschicht darstellen. Auf der Nutzdatenebene praktisch erreichbar – bei optimalen Luftschnittstellenbedingungen, der Bereitstellung der gesamten Bandbreite für einen einzelnen Nutzer und unter Einbezug des Protokoll-Overheads sind etwa 80 % dieses Werts. Die in Benchmarks typischen gemessenen Werte liegen noch etwas tiefer, man kann - aggregiert über alle Messungen - grob mit etwa 50 % des theoretischen Maximalwerts rechnen. Auch das setzt voraus, dass das Netz dem einzelnen Nutzer tatsächlich die gesamten Ressourcen der Luftschnittstelle zuweist.

Unabhängig von den genauen numerischen Werten erkennt man die enorme Spannbreite bei den Transferzeiten. Auch in hochentwickelten Netzen kann man bei Drivetests ohne weiteres aus Zonen mit LTE-Ausbau in solche gelangen, in denen nur EDGE zur Verfügung steht. Damit verliert man de facto die Kontrolle über das Timing der Messung. Bei Benchmarking führt das dazu, dass die die Szenarien zwischen den Netzen sehr schnell auseinanderlaufen, so dass die geografische Vergleichbarkeit der Testcases nicht mehr gegeben ist. Vor allem aber sinkt durch solche langen Transaktionsdauern die Ausbeute an Messdatenpunkten dramatisch.

Bei Drivetests hat die Transaktionsdauer auch massive Auswirkungen auf die räumliche Dimension eines Datenpunkts beziehungsweise die räumliche Auflösung einer Messung. Bei einer Geschwindigkeit von 50 km/h repräsentiert ein Messpunkt in LTE eine Strecke von weniger als zehn Metern, während diese Streckenlänge bei EDGE über 3 km beträgt.

Das sind Extremwerte; in der Praxis wird man einen Mix von RAT und entsprechend auch von Transferzeiten haben. Das ändert aber nur die Häufigkeit des Vorkommens solcher Extremwerte.

Ein manchmal angewendeter „Trick" besteht darin, die für den Test verwendete Dateigröße abhängig von der RAT beim Start der Transaktion zu wählen. Leider funktioniert dies nicht besonders gut, weil sich die RAT schon rein geografisch bedingt ändert und zudem die Netze diese auch dynamisch ändern können. Startet man also beispielsweise in EDGE und wählt ein entsprechend kleines File, kann kurz danach ein Wechsel, sagen wir, zu HSPA mit dem Hundertfachen der Datenrate erfolgen. Das Ergebnis ist eine so kurze Transferzeit, dass keine sinnvolle Durchsatzmessung möglich ist. Umgekehrt kann man in HSPA starten, ein großes File wählen und ist dann bei einem Wechsel zu EDGE doch wieder in einem viertelstundenlangen Transfer gefangen.

In der Messpraxis werden Durchsatzmessungen daher heute fast nur noch mit Methoden durchgeführt, bei denen die Transferzeiten fix oder nach oben begrenzt sind („time based", in der Standardisierung auch „windowed" oder „FDTT-QoS" genannt, siehe auch Kap. 4.1.3).

Der bei Datendurchsatzmessungen verwendete Inhalt sollte in jedem Fall „nichtkomprimierbar" sein. Bewährt haben sich zufallsgenerierte Inhalte. Vermeiden sollte man Dateitypen, die – per Dateiendung – mit gängigen Inhaltstypen assoziiert sind, etwa jpg. Das zum einen, um zu vermeiden, dass für solche Dateitypen hinterlegte Standardaktionen auf dem Endgerät ausgelöst werden, aber auch, um Verfälschungen durch im Netz implementierte „Performanceverbesserungen" vorzubeugen.

Es ist – im Fall von automatisierten Messungen – denkbar, dass Netze, wenn sie feststellen, dass immer wieder das gleiche File transferiert wird, dieses in irgendeiner Form an einem Ort zwischenspeichern, der in der Übertragungskette näher am Endgerät liegt als das Element, das den Durchsatz begrenzt. Wenn also der Durchsatz durch die Anbindung einer Basisstation gegeben ist und nicht durch die Luftschnittstelle, würde ein Zwischenspeichern der zu transferierenden Datei in der Basisstation die Messung sicherlich verfälschen. Wer beim Design seiner Messung Befürchtungen in dieser Richtung hat, sollte entsprechende technische Gegenmaßnahmen ergreifen. Dis kann zum Beispiel dadurch geschehen, dass nicht immer das gleiche File, sondern bei jedem Download eine neu generierte Variante mit anderem Inhalt verwendet wird. Nimmt man an, dass das Netz eine Prüfung auf Gleichheit über einen Hash des Fileinhalts durchführt, würde eine kleine Variation des Inhalts dafür schon genügen. Bei einer auf dem Zeitstempel des Files beruhenden Prüfung wäre bereits eine entsprechende Änderung nach jedem Transfer ausreichend.

In einem leichten Vorgriff auf den nächsten Abschnitt abschließend noch: Für eine aussagekräftige Durchsatzmessung benötigt man in jedem Fall ein gewisses Mindest-Transfervolumen. Im Moment liegt dieses bei etwa 3 bis 5 Mbyte. Um tatsächlich in die Nähe der verfügbaren Spitzendatenraten zu kommen, sollte man „ab HSPA" eher mit 15 bis 20 MByte kalkulieren.

5.3   Übertragbarkeit von Messergebnissen und „content awareness" von Netzen

Ein äußerst wichtiger Aspekt von Durchsatzmessungen ist die Frage, wie weit Ergebnisse einer Messung auf andere Fälle verallgemeinert werden können. Solange man sich ein Mobilfunknetz nur als eine Art von „drahtlosem LAN-Kabel" vorstellt, wäre dies mit einfachen Algorithmen möglich.

Im Idealfall würde man mit einer kleinen Anzahl von Basismessungen, in einer Art Baukastenprinzip, alle Daten sammeln, um daraus das Verhalten in allen relevanten Anwendungsfällen sicher vorhersagen zu können. Hierzu gab es in der Vergangenheit auch in der Standardisierung einige Ansätze.

Kurz gesagt, erscheint mir dieses Ziel aber heute weiter entfernt als jemals zuvor. Mobilfunknetze verwenden immer komplexere Strategien zur Ressourcenoptimierung und haben daher eine komplexe Dynamik in ihren Leistungswerten.

Der hierfür gängige Begriff ist „content awareness". Er bedeutet, dass die Ressourcen, die ein Netz für eine bestimmte Transaktion zur Verfügung stellt, vom Inhalt dieser Transaktion abhängen, oder anders ausgedrückt, dass ein Mobilfunknetz hinsichtlich der Dynamik dieses Verhaltens alles andere als eine „dumb bit pipe" ist.

Die einfachste Ebene besteht darin, zu transferierende Daten zu komprimieren. Es muss also darauf geachtet werden, das tatsächlich transferierte Datenvolumen und nicht einfach nur die Dateigröße am Endpunkt zu verwenden.

Sogenannte „performance enhancement proxies" (oft wird hierfür auch die Abkürzung PEP verwendet) gehen, etwa zur Beschleunigung von Webseitenzugriffen, hier noch weiter, indem Webobjekte auch verlustbehaftet komprimiert werden (lossy compression), oder indem ganze Webseiten oder Teile davon für den Transport zu einem Block zusammengepackt werden, der dann schneller übertragen werden kann. Solche Techniken sind zwar eher für Usecases vom Typ Webbrowsing relevant (beziehungsweise für App-Usecases, deren Content ähnlich strukturiert ist). Je nach konkreter Umsetzung eines Durchsatz-Messszenarios muss man aber darauf achten, nicht in den Aktionsbereich solcher PEPs zu kommen. Ein Beispiel wäre eine Durchsatzmessung, die als Spezialfall eines Webseitendownloads mit einer „riesigen" jpg-Datei realisiert ist.

Wie schon gesagt sind die verwendeten Strategien nicht öffentlich; im Gegenteil werden sie von Netzbetreibern oder Anbietern entsprechender Infrastruktur als Geschäftsgeheimnis behandelt. Aber selbst wenn hier alles öffentlich wäre, würde das die marktbedingte Vielfalt von Produkten und Parametrisierungsmöglichkeiten nicht reduzieren. So oder so – diese Strategien und die sich daraus ergebenen Dynamiken sind für jedes Netz anders und unterliegen ständigem evolutionärem Wandel.

Unterstellt, es gäbe eine Messmethode, deren Design zu einem Zeitpunkt X alle „Tricks" der Netze einbezieht und quasi kompensiert, würde eine solche Methode möglicherweise längerfristig sogar mehr Probleme erzeugen als lösen. Viele „intelligente" Lösungen bergen das Risiko von Artefakten, wenn ein bestimmter Parameterraum verlassen wird; eine solche Lösung müsste also ständig daraufhin überprüft werden, ob sie noch im stabilen Bereich ist. Das kann leicht Aufwände generieren, die das primär Gesparte nicht nur aufzehren, sondern eine negative Gesamtbilanz haben, auch weil komplexe Algorithmen meist schwieriger nachzuvollziehen sind und somit der wichtige Sicherheitsfaktor „Plausibilitätsprüfung von Ergebnissen durch gesunden Menschenverstand" geschwächt wird.

Kurz: Eine der wertvollsten Grundregeln beim Designs von Testcases und Auswertemethoden ist „keep it simple and straightforward". Ein möglichst nah an einem realen Usecase orientiertes Testszenario mit einer entsprechend klaren und transparenten Auswertung ist besser als ein „hochintelligentes" und entsprechend intransparentes Verfahren.

Die Situation könnte in Zukunft noch komplexer werden. Das Stichwort ist „Netzneutralität" beziehungsweise Bestrebungen von Netzbetreibern, Qualitätsklassen in Netzen einzuführen. Das ist primär ein politisches Thema; rein technisch gibt es wenig Hindernisse. Damit würde die content awareness der Netze nochmals verstärkt.

Das Fazit ist: Je stärker die content awareness ausgeprägt ist, desto weniger besteht die Möglichkeit, mit den Ergebnissen eines „generischen" Usecase valide Vorhersagen der QoS für andere Usecases zu machen. In Bezug auf Durchsatz bedeutet das, „den Durchsatz" als universelle Charakterisierungsgröße eines Netzes gibt es nur noch in theoretischer Weise; die QoE eines Netzes für einen bestimmten Usecase zuverlässig zu messen erfordert, wenn nicht genau dieses, so doch einen hinreichend ähnliches Szenario zu verwenden.

In der Praxis wird man hier doch Kompromisse zwischen Aussagekraft und Aufwand bei Messungen eingehen. Man ist jedoch gut beraten, Annahmen über die „Vorhersagereichweite" eines bestimmten Messszenarios regelmäßig durch entsprechende Referenzmessungen zu überprüfen und gegebenenfalls anzupassen.

5.4 Ramp-Up-Verhalten beim Datentransfer

Bisher haben wir so getan, als wäre der Durchsatz eines Netzes zeitlich konstant. Tatsächlich hat dieser Durchsatz aber einen zeitlichen Verlauf, wie er beispielhaft in Abb. 5.1 dargestellt ist.

Der allmähliche Anstieg zu Beginn wird meist „Ramp-Up" genannt. Darin steckt der (in der Branche fast schon sprichwörtliche) „TCP Slow Start", der zur „congestion control" von TCP gehört (Eine genaue Beschreibung dieses Prozesses findet sich beispielsweise in [26]).

Der tatsächliche Durchsatzverlauf entsteht aus dem Zusammenspiel mehrerer Faktoren, angefangen von den protokoll- und architekturbedingten Prozessen der Netzinfrastruktur bis hin zu Elementen der Ressourcenoptimierung in den Netzen. Soweit mir bekannt ist, gibt es – plausibel wäre es, weil sicher ein Teil dieser Prozesse Betriebsgeheimnis der Infrastrukturhersteller oder der Netzbetreiber ist – hierfür keine öffentlich zugängliche vollständige Modellierung. Zudem dürfte die genaue Dynamik auch Gegenstand von ständigem evolutionärem Wandel sein.

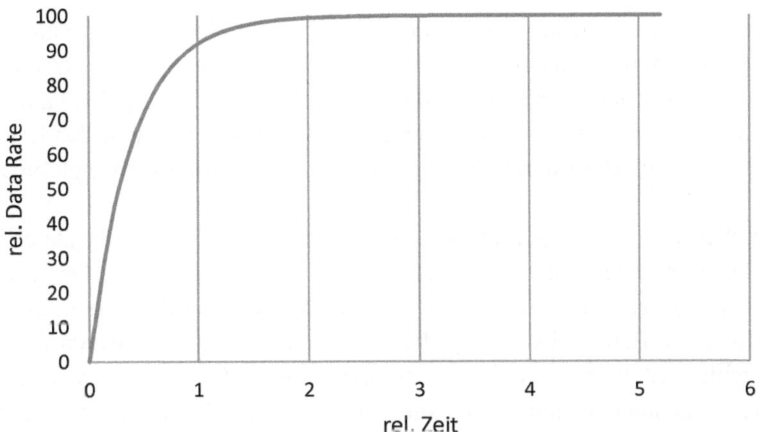

Abb. 5.1 Schematischer Zeitverlauf eines IP-basierten Datentransfers mit Ramp-Up-Phase

Der TCP Slow Start ist de facto die einzige Komponente dieses Ramp-Up, deren Dynamik genauer charakterisiert ist. Das ist ein Grund, weshalb ich mich nachfolgend etwas detaillierter damit befassen werde, jedoch nicht der einzige, denn ich gehe davon aus, dass der grundlegende Verlauf eines Ramp-Up einen ähnlichen Verlauf haben wird.

Im gezeigten Beispiel wurde einfach eine Funktion des Typs $1 - e^{-x}$ verwendet, die so etwas wie ein Archetyp eines Anstiegs einer Größe von Null auf einen stationären Wert ist. Wie auch immer die genaue Form des Anstiegs ist – für ein einfaches Modell genügt die Einteilung in eine Phase mit ansteigender Datenrate und einer Phase, in der dieser stationäre Wert erreicht wird. In der Annahme, dass die resultierende Gesamt-Datenrate für hinreichend große Datenmengen von diesem stationären Wert dominiert wird, ist der genaue Verlauf sekundär. Um dieses „hinreichend" zu quantifizieren, ist jedoch wichtig zu wissen, wie lange die Ramp-Up-Phase dauert.

Noch einmal kurz zurück zum TCP Slow Start. Das Verfahren besteht vereinfacht ausgedrückt darin, die Menge an Daten, die in einem Block gesendet werden, sukzessive von einem niedrigen Wert aus zu erhöhen, was zu einem exponentiellen Anstieg des effektiven Durchsatzes hin zu einem stationären Wert führt. Der Mechanismus basiert auf den ACK-Datenpaketen, die im TCP-Protokoll zur Bestätigung des Transfers von Paketen verwendet werden [17]. Die Zeitskala dieses Vorgangs liegt daher im Bereich der Round-trip Transfer Times (RTT), also je nach Mobilfunktechnologie zwischen 1000 ms (für 2G) und wenigen 10 ms bei heutigem Cat3 oder Cat4 LTE [27–30]. Man kann die Dauer der TCP Slow Start-Phase mit einem Mehrfachen dieser RTT abschätzen.

Salopp gesagt spielt es bei langsamen Technologien wie GPRS gar keine Rolle, ob der Slow Start nun eine oder fünf Sekunden dauert, weil selbst die Spitzendatenraten dieser Technologie für nahezu alle aktuellen Anwendungen ohnehin aus Anwendersicht unakzeptabel niedrig sind. Aus dieser Perspektive ist eine Slow Start-Dauer von einer Sekunde sicher eine gute Abschätzung (siehe hierzu auch die Praxisbeispiele aus Abschn. 5.7).

Eine für QoS-Zwecke sehr wichtige Frage ist, wieweit die Ramp-Up-Phase in den gemessenen Durchsatzwert eingehen sollte. Je nach Datenvolumen und RAT kann ja die gesamte Transferzeit auch nur einige 100 ms betragen. Klar ist auf jeden Fall, dass dieser Ramp-Up real ist und nicht im Interesse eines möglichst hohen „Papierdurchsatzes" wegdiskutiert beziehungsweise durch Wahl entsprechender Zeitfenster wegdefiniert werden sollte.

Klar ist aber auch, dass der Einfluss umso geringer ausfällt, je mehr Daten insgesamt transferiert werden. Hier lautet die Regel einfach: Soll der gemessene Durchsatzwert für eine QoS-Aussage zu einem Usecase verwendet werden, bei dem die transferierte Datenmenge in einem Bereich ist, in dem der Ramp-Up noch relevant ist, darf dieser Effekt nicht „ausgeblendet" werden, weil sonst zu optimistische QoS-Aussagen folgen würden. Bei größeren Datenmengen nimmt der Anteil der Ramp-Up-Phase an der gesamten Transferzeit automatisch ab. Somit gibt es keinen aus der Benutzersicht-Perspektive überzeugenden Grund, die Slow Start-Phase in irgendeiner Weise wegzudefinieren.

Um das Ganze etwas anschaulicher zu machen, zeigen die nachfolgenden Tabellen einfache Modellrechnungen für Werte, wie sie im Mobilfunk typisch sind.

Diese Tabellen verwenden ein stark vereinfachtes Modell, bei dem die in der Anfangsphase reduzierte Datenrate jeweils durch eine zusätzliche „Totzeit" mit Datenrate Null repräsentiert ist. Das soll alle Effekte, also sowohl TCP Slow Start als auch netzspezifische Ramp-Up-Vorgänge, abdecken. Hier wird für diese Zeit einfach das Sechsfache einer technologiespezifischen RTT angesetzt. Da in der Realität der Durchsatz in dieser Phase bereits von Null aus ansteigt, deckt diese Modellannahme eine Ramp-Up-Zeit von zirka dem Doppelten dieses Werts ab.

In der ersten Spalte der jeweiligen Wertetabelle sind dann die verwendeten Filegrößen angegeben; die zweite Spalte zeigt die aus der Filegröße und der nominalen Datenrate berechneten (gerundeten) Transferzeiten, woraus sich auch Transferzeit-Inkremente für die entsprechenden zusätzlichen Datenmengen ablesen lassen. In den beiden darauffolgenden Spalten sind dann die per Addition der Totzeiten effektiven Transferzeiten sowie die effektive Datenrate dargestellt. In der letzten Spalte wird schließlich der damit erreichte Prozentsatz der nominalen Datenrate dargestellt.

Für Tab. 5.2, die ein GPRS/EDGE-Netz repräsentieren soll, erhält man beispielsweise bei einer Ende-zu-Ende-Messung mit einer Filegröße von 1 Mbyte einen Durchsatzwert, der ca. 97 % der nominalen Datenrate entspricht.

Entsprechend zeigen die nachfolgenden Tabellen noch Beispielrechnungen für höhere nominale Durchsatzraten (Tab. 5.3, 5.4 und 5.5).

Man könnte nun auf den Gedanken kommen, die Maximaldatenrate aus dem Anfangsverlauf der Durchsatzkurve zu extrapolieren. Das ginge dann, wenn dieser Kurvenverlauf hinreichend gut charakterisiert wäre, was unter Umständen auch dann noch – mit Hilfe von empirischen Werten – funktionieren würde, wenn der genaue Kurvenverlauf nicht auf mathematische Weise bekannt wäre.

Leider ist der zeitliche Durchsatzverlauf in realen Netzen längst nicht so „glatt" wie in der Theorie. Abbildung 5.2 zeigt ein bewusst schon relativ extremes, aber in der Messpraxis durchaus häufiger anzutreffendes Beispiel, wie eine in einem realen Mobilfunknetz

Tab. 5.2 Transferzeiten und effektive Datenraten für ausgewählte Beispiele: GSM/EDGE. Verwendete Parameter: Nominale Datenrate 200 kbit/s, RTT 200 ms, effektive Slowstart-Zeit 1.2 s

File sizes kByte	Transfer time stationary, sec	TT actual, sec	Eff data rate kbit/s	Data rate eff vs nominal %
100	4,1	5,3	155	77
300	12,3	13,5	182	91
1000	41,0	42,2	194	97
3000	122,9	124,1	198	99
10000	409,6	410,8	199	100
30000	1228,8	1230,0	200	100

Tab. 5.3 Transferzeiten und effektive Datenraten für ausgewählte Beispiele: HSDPA. Verwendete Parameter: Nominale Datenrate 3.6 Mbit/s, RTT 60 ms, effektive Slowstart-Zeit 0.36 s

File sizes kByte	Transfer time stationary, sec	TT actual, sec	Eff data rate kbit/s	Data rate eff vs nominal %
100	0,2	0,6	1394	39
300	0,7	1,0	2357	65
1000	2,3	2,6	3108	86
3000	6,8	7,2	3420	95
10000	22,8	23,1	3544	98
30000	68,3	68,6	3581	99

Tab. 5.4 Transferzeiten und effektive Datenraten für ausgewählte Beispiele, HSPA Cat. 14. Verwendete Parameter: Nominale Datenrate 21 Mbit/s, RTT 35 ms, effektive Slowstart-Zeit 0.21 s.

File sizes kByte	Transfer time stationary, sec	TT actual, sec	Eff data rate kbit/s	Data rate eff vs nominal %
100	0,04	0,25	3290	16
300	0,12	0,33	7515	36
1000	0,39	0,60	13651	65
3000	1,17	1,38	17805	85
10000	3,90	4,11	19927	95
30000	11,70	11,91	20630	98

Tab. 5.5 Transferzeiten und effektive Datenraten für ausgewählte Beispiel: LTE Cat 3. Verwendete Parameter: Nominale Datenrate 100 Mbit/s, RTT 20 ms, effektive Slowstart-Zeit 0.12 s

File sizes kByte	Transfer time stationary, sec	TT actual, sec	Eff data rate kbit/s	Data rate eff vs nominal %
100	0,01	0,13	6390	6
300	0,02	0,14	16999	17
1000	0,08	0,20	40571	41
3000	0,25	0,37	67192	67
10000	0,82	0,94	87223	87
30000	2,46	2,58	95345	95

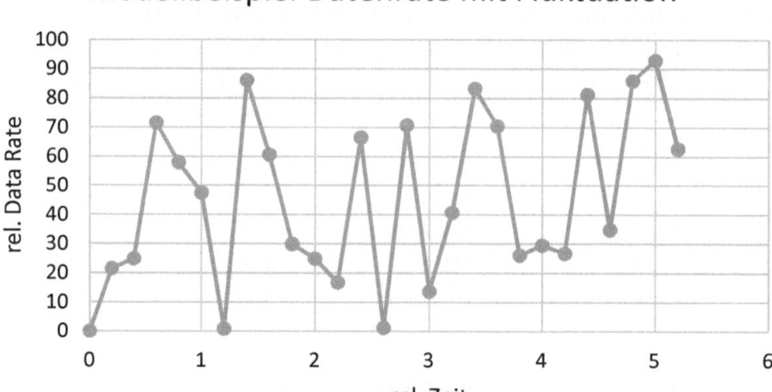

Abb. 5.2 Beispiel für einen Datentransfer mit Fluktuation der Datenrate

gemessene Datenrate aussehen kann (die Linien zwischen den Datenpunkten sind hier vor allem der Sichtbarkeit wegen dargestellt; aus ihnen sollte nicht auf tatsächliche Zwischenwerte geschlussfolgert werden; siehe zu diesem Thema auch die Beispiele im nächsten Abschnitt.)

Man „erahnt" noch die ursprüngliche Form; tatsächlich wurde dieses Beispielbild auch durch Hinzufügen von Zufallswerten zum einfachen Basismodell erzeugt. Sie repräsentieren Schwankungen des Durchsatzes aufgrund folgender Ursachen:

- Effekte der Luftschnittstelle (selbst bei Stationärmessungen gibt es hier Schwankungen durch Änderungen des Funkfelds etwa durch vorbeifahrende Fahrzeuge oder Bewegungen von Personen in der Nähe)
- Zeitlich variierende Ressourcenzuteilung im Transportnetz
- Durch andere Nutzer beanspruchte Ressourcen beziehungsweise die Ressourcenzuteilungspolitik des Netzes

Alles in allem bedeutet das auch wieder, dass eine sinnvolle Messung einer Datenrate eine gewisse Mindestdatenmenge erfordert, in diesem Fall, damit eine ausreichende Mittelung stattfinden kann.

Eine manchmal verwendete Methode, um den Einfluss des Ramp-Up zu reduzieren und damit den Messwert in Richtung des stationären Durchsatzes zu verschieben, besteht darin, einen Startzeitpunkt des Zeitfensters zu wählen, der den Ramp-Up teilweise (oder komplett) ausblendet. Soweit es um den TCP Slow Start geht, müsste diese Verschiebung streng genommen der jeweiligen RAT angepasst sein, um nicht zu optimistische Werte für relativ kleine Datenmengen zu bekommen. In gewisser Weise hat die an die „ETSI-A" [4] angelehnte Methode, das erste Datenpaket (verstanden als Paket auf applikationsnaher Ebene, also deutlich größer als ein TCP-Frame) als Start-Trigger für die Durchsatzmessung zu verwenden, hier einen Effekt in diese Richtung, weil damit effektiv eine Verschiebung des Zeitfensters in eine Region mit bereits etablierten höheren Datenraten stattfindet.

In der Praxis wird zudem, um ein Netz in einen definierten Zustand zu bringen und damit auch einen Teil des Ramp-Up vorwegzunehmen, vor dem eigentlichen Download noch ein „Preload" durchgeführt. Das bringt das Netz in einen Zustand, in dem bereits ein dedizierter (logischer) Datenkanal bereitgestellt ist. Typische Filegrößen für solche Preloads liegen in der Größenordnung von 50 kByte.

5.5 Triggerpunktwahl und Beobachtungsebenen

Wie wir schon gesehen haben, hat die Wahl der Triggerpunkte einen starken Einfluss auf den gemessenen Durchsatzwert. Da die Datenrate als eine der primären Qualitätseigenschaft eines Mobilnetzes verstanden wird und besonders in der Werbung an prominenter Stelle steht, besteht vielerorts ein solides Interesse an möglichst großen Zahlenwerten — man achte einmal auf die Häufigkeit von Worten wie „High-Speed", „Datenturbo" und anderen Begriffen dieser Kategorie. Es gibt also ein Motiv, die Phase und die Start- und Stop-Events so auszuwählen, dass das Zeitfenster möglich kurz wird. Ein offensichtlicher Weg besteht darin, mit den gewählten Triggerpunkten so nah wie möglich an den technischen „Kern" des Datentransfers heranzugehen. In den hier betrachteten Konstellationen bedeutet das, Triggerpunkte aus der IP-Ebene (oder aus protokoll-mäßig benachbarten Ebenen) zu wählen. Dagegen ist nichts Grundlegendes einzuwenden. Eine „Überoptimierung" kann jedoch zwei Arten von Problemen verursachen.

Das erste Problem besteht darin, dass hier leicht eine Diskrepanz zum Erleben des Nutzers entsteht. Das Qualitätserleben des Anwenders ergibt sich aus den für ihn wahrnehmbaren Ereignissen während der Servicenutzung. Aus seiner Sicht ist das Start-Ereignis entweder eine eigene Aktion (ein Tastendruck, Mausklick oder Touchscreen-Tap), und auch das Stop-Event muss erst die Ebenen bis hin zu seinem User Interface durchlaufen, bevor es für ihn wahrnehmbar ist. Ohne Frage hat die Wahl eines Low-Level-Triggerpunkts auch soliden technischen Nutzen, indem es Verzögerungen und Zeitschwankungen durch Elemente der Wirkungskette bis zum eigentlichen Kern der Nutzung, also meist dem Datentransfer, eliminiert. Da diese Kette aber nun einmal existiert, kann durch in dieser Hinsicht „unbedachte" KPI eben auch eine unrealistische Erwartungshaltung entstehen, deren Enttäuschung — mit entsprechenden Negativauswirkungen auf die QoE — vorprogrammiert ist.

Der zweite Nachteil ist weniger offensichtlich. In der Prä-Smartphone-Ära war die typische Konstellation für die Nutzung eines internetbasierten Dienstes „PC und Modem". Auf einem klassischen PC (mehr oder weniger unabhängig vom Betriebssystem) ist der Zugang zur IP-Trace-Ebene relativ einfach. Auf einem Smartphone sieht das jedoch vollkommen anders aus. Nach Marktanteilen ist das vergleichsweise offene Android das mit Abstand am weitesten verbreitete Betriebssystem. Selbst dort erfordert jedoch der Zugang zu IP-Trace-Daten eine tiefgreifende Modifikation des Gerätes („Rooten"). Zwar ist das bei Android heute technisch gesehen keine allzu hohe Hürde. Ein Root wird sogar von einigen Herstellern durch entsprechende Anweisungen unterstützt.

Ein solcher Root erzeugt jedoch auch ein drastisch erhöhtes Risiko für Angriffe durch Malware. Für Endgeräte, die in professionellen Messsystemen eingesetzt werden, ist das in der Regel kein Problem, da diese Geräte ja in einem sehr kontrollierten Umfeld betrieben werden. Es entsteht jedoch zum einen – bedingt durch unterschiedliche Triggerpunkte – eine signifikante Barriere im Hinblick auf die Vergleichbarkeit von KPI aus solchen Systemen mit denen, die auf unmodifizierten („out of the box"-) Endgeräten gemessen werden, unabhängig davon, ob diese Geräte in dedizierten Messsystemen oder im Crowdsourcing-Kontext eingesetzt werden.

Zum anderen bedeutet die Notwendigkeit von Modifikationen am Endgerät[1], dass ein neues Endgerät nicht ohne weiteres für Testzwecke eingesetzt werden kann, sondern eben erst modifiziert werden muss. Dies ist ein Prozess, der inklusive der notwendigen Validierungstests durchaus in der Größenordnung mehrerer Monate dauern kann. Auch mit solchen Validierungstests, deren Umfang ja auch unter Kostenaspekten begrenzt sein muss, verbleibt ein Restrisiko, dass sich ein modifiziertes Gerät eben doch anders verhält wie ein „out of the box"-Endgerät. Wenn man bedenkt, dass ein Messsystemhersteller es für jedes Modell nicht nur mit einem „weltweiten" Endgerät, sondern mit einer Vielzahl von regionalen Varianten und womöglich noch mit Netzbetreiber-spezifischen Firmware-Varianten zu tun hat, ist klar, dass dies auch ein erheblicher Kostenfaktor sein kann.

Bei anderen Smartphone-Plattformen sieht es schon bei den Möglichkeiten solcher Modifikationen wesentlich schlechter aus – iOS, die nach Marktanteil zweitwichtigste Plattform, ist in dieser Hinsicht de facto komplett abgeriegelt. Es gibt zwar die sogenannten „Jailbreaks", die Lücken in dieser Abriegelung nutzen; selbst bei größtem Wohlwollen würde man diese noch als „inoffiziell" bezeichnen müssen[2]. Zudem werden solche Lücken zumeist nach wenigen Wochen vom Hersteller wieder geschlossen, so dass man selbst im Bestfall de facto von aktuellen OS-Versionen abgeschnitten ist und auch bei der Hardware-Beschaffung Probleme bekommt. Somit stellen solche Lösungen wohl kaum eine solide Basis für professionell genutzte Systeme dar.

Kurz: Low-Level-Triggerpunkte können die Verwendung aktueller Betriebssystemversionen stark behindern. Sie erschweren die Vergleichbarkeit von Daten aus verschiedenen Quellen erheblich. In jedem Fall erzeugen sie eine primäre Bruchlinie zwischen Geräten, die in professionellen Messsystemen eingesetzt werden, und der potentiell reichhaltigen Datenwelt, die durch Mess-Apps auf Endanwendergeräten genutzt werden kann (siehe hierzu auch die Ausführungen zum Thema Crowdsourcing weiter unten).

---

[1] In dieser Hinsicht ist, ohne an dieser Stelle ins Detail gehen zu wollen, „Root" noch eine der „harmloseren" Modifikationen.

[2] Diesen Punkt weiter auszuführen ist nicht meine Absicht und ich muss den an diesem Thema interessierten Leser leider bitten, sich anderweitig zu informieren. Abschließend hierzu nur noch, dass ein Jailbreak wohl auf jeden Fall einen Verstoß gegen den mit Apple abgeschlossenen Vertrag darstellt, der die Grundlage für die Nutzung der von Apple bereitgestellten Entwicklungswerkzeuge ist.

Wie gesagt gibt es durchaus sinnvolle und nachvollziehbare Motive, weshalb in der Standardisierung regelmäßig die IP-Trace-Ebene als primäre Bezugs-Eventquelle verwendet wird. Die Standardisierung schließt andere, äquivalente Ebenen nicht aus, und eine Validierung der Daten aus solchen Ebenen gegen IP-Triggerpunkte ist eine technisch nicht allzu schwierige Aufgabe. In letzter Zeit lässt sich allerdings auch in der Standardisierung ein gewisses Umdenken in Richtung applikationsnäherer Primärtriggerpunkte konstatieren. Das hat auch den Hintergrund, dass angesichts der steigenden Nutzung von HTTPS oder anderen Tunnelmethoden die bisher verwendeten Primärevents der IP-Ebene oft gar nicht mehr direkt sichtbar sind.

Nicht alle Stakeholder-Gruppen haben Interesse an Diagnostik. Unternehmen, deren Geschäftsmodell potentiell in jedem Netz funktioniert, haben von vorneherein eher eine Benchmarking-Perspektive, bei der gerätespezifische Eigenschaften sich entweder „herauskürzen" oder deren Kenntnis sogar nützlich und wichtig ist. Das gilt weitestgehend sogar dann noch, wenn ihre Verwendung von QoS-Metriken im SLA-Kontext eines existierenden Servicevertrags steht. Somit überwiegen die relativen Vorteile von Triggerpunktdefinitionen, die aus unmodifizierten Geräten bezogen werden können.

In Summe kann es zielführender sein, für QoS-KPI Triggerpunktdefinitionen zu verwenden, die näher am tatsächlichen Kundenerleben sind. Damit wird dann auch eine wesentlich größere Teilmenge von Endgeräten als potentielle Datenquelle erschlossen beziehungsweise dies nicht durch unnötig hohe Anforderungen an Low-Level-Datenzugang erschwert.

Die Vorgehensweise ist – wie in den Kap. 3.5 und 4 beschrieben – einen KPI zunächst vom Usecase aus Anwendersicht her zu definieren und die Events zu nutzen, die an entsprechenden Schnittstellen einer möglichst großen Teilmenge aller relevanten Endgeräte verfügbar sind. Das wird in der Regel eine API-Funktion sein, die auch auf unmodifizierten Geräten verfügbar ist. Von dort aus kann bei Bedarf – mit Hilfe entsprechender Referenztests – ein Anknüpfungspunkt an Low-Level-Eventquellen gesucht werden. In der Praxis wird das dann meist auf der IP-Trace-Ebene stattfinden. Dabei ist eine (de facto) 1:1-Beziehung der Idealfall; eine Kausalverknüpfung ist dabei die Essenz. Ein Zeitversatz durch Funktionsaufrufzeiten oder andere Durchlaufverzögerungen von der benutzernahen in die Low-Level-Ebene ist dabei unkritisch. Dort, wo es keine direkte Äquivalenz gibt, kann – solange man die Kausalität und den Zeitbezug in eine technisch handhabbare Form bringen kann, etwa durch Angabe eines Offset – mit derart „gemappten" Bezügen problemlos gearbeitet werden.

Etwas schwierig wird es nur da, wo keine hinreichend enge Kopplung zwischen den Events verschiedener Ebenen hergestellt werden kann. Das ist aber nach bisheriger Erfahrung der Ausnahmefall.

5.6 Zeitaufgelöste Messungen

In Kap. 5.4 haben wir uns im Kontext des „Ramp Up" bereits mit der zeitlichen Struktur eines Datentransfers befasst. In diesem Abschnitt wollen wir dieses Thema noch ein wenig vertiefen und die Frage betrachten, welche zusätzlichen Informationen man aus dem Zeitverlauf eines Datentransfers gewinnen kann.

Über eine wichtige Eigenschaft dieser zeitaufgelösten Daten muss man sich klar sein: Letztlich werden alle diese Ebenen vom Geschehen auf IP-Ebene angetrieben. Da dies paketbasiert geschieht, haben die Ereignisse eine granulare Struktur. Diese Struktur setzt sich durch die Protokollschichten hindurch fort. Dadurch, dass in höheren Schichten die Transportpakete in der Regel größer werden, ändert sich auch diese Zeitskala, da ja solche Transportpakete akkumuliert und die Abläufe entsprechend vom Zustandekommen solcher größeren Transorteinheiten angetrieben werden.

Für Durchsatzmessungen setzt diese Granularität praktische Grenzen für die erreichbare Zeitauflösung. Kommt diese in die Region der Übertragungsdauer eines einzelnen IP-Pakets der genannten Größe, führt eine weitere Steigerung zu Artefakten. Wählen wir beliebige Anfangs- und Endezeitpunkte, können wir – wenn wir Start und Stop unseres Zeitfensters frei variieren – quasi beliebige Durchsätze von Null bis Unendlich „messen". Dazu kommt noch, dass die Zeitwerte selbst auch quantisiert sind. Verwenden wir beispielsweise die Systemzeit eines Android-Betriebssystems, haben wir eine Zeitauflösung von 1 ms; würden wir Durchsatzmessungen auf einer Zeitskala von 10 ms durchführen, hätten wir allein durch die Granularität der Zeitmessung bereits ein „Datenrauschen" von $+/-10\%$.

Dazu kommt noch, dass die Zeitskala auf IP-Ebene quasi mit der Datenrate des Transportnetzes skaliert, also mit der jeweils verwendeten Radio Access Technology (RAT). Um das zu verdeutlichen, zeigt Tab. 5.6 typische Werte für den Transfer eines Pakets von 1500 Byte. Das ist eine typische Größe für ein Element, das gewöhnlich als TCP-Frame, Segment oder Packet bezeichnet wird. Insofern ist es so etwas wie eine Grundeinheit bei paketorientierter Datenübertragung. Die genannten Datenraten stehen für ausgewählte, heute gängige RAT.

Aus dieser Tabelle erkennt man, dass die Granularität im Bereich zwischen einigen 100 ms bei langsamen RAT und einigen Mikrosekunden für schnelle RAT liegt. In höheren Schichten wird dieser große Bereich ein wenig dadurch „gedämpft" , dass die Paketgrößen in höheren Protokollschichten wie TCP Parameter des Protokollstacks sind. Sie liegen in Systemen, die für höhere Datenraten konzipiert sind, auch höher.

Eine Zeitauflösung im Mikrosekundenbereich wird von normalen „Systemuhren" gängiger Betriebssysteme gar nicht geliefert. Die Android-Systemzeit hat beispielsweise eine Auflösung von 1 ms. Will man also auf IP-Paketebene Zeitmessungen machen, müssen andere Funktionen verwendet werden, die von Betriebssystemen meist in Form von hochaufgelösten „Performance Counters" zur Verfügung gestellt werden. Gegebenenfalls müssen die von solchen Elementen gelieferten Werten dann geeignet an die absoluten Zeitstempel der Systemzeit angebunden werden.

Tab. 5.6 Typische Transferzeiten für eine Datenpaketgröße von 1500 Byte vs. Datenraten gängiger Radio Access Technologies (Rundung auf 3 Nachkommastellen)

TP kbit/s	Transfer time ms
64	187,500
200	60,000
384	31,250
1800	6,667
3600	3,333
7200	1,667
14400	0,833
21400	0,561
42400	0,283
50000	0,240
100000	0,120
1500000	0,008

Unabhängig davon, auf welcher Datengrößen- oder Zeitebene man arbeitet – dieses Thema wird auch in [9] behandelt – sollte man für aggregierte Messungen nicht mit Mittelwerten von granular gemessenen Durchsatzwerten arbeiten, sondern über längere Zeiträume und mit entsprechend aufsummierten Datenengen arbeiten.

Für QoS-Zwecke wird man in der Regel mit Zeitauflösungen in Bereich von 100 ms arbeiten. Das ist auch eine Größenordnung, bei der man auf halbwegs leistungsfähigen Plattformen. ich denke da vor allem auch an Smartphone-Betriebssysteme – sogar noch mit Abfragen der systemeigenen „Traffic Counter" arbeiten kann, ohne das Risiko einzugehen, die Geräte-CPU zu überlasten und damit Messungen zu verfälschen.

Das Thema CPU-Last ist im Übrigen auch ein nicht zu vernachlässigendes Element in der Betrachtung, das entsprechende Validierung erfordert, wenn man mit IP Trace arbeitet, da die entstehenden Datenmengen von CPU und Dateisystem des Endgeräts bewältigt werden müssen.

Die nachfolgenden Beispielbilder zeigen Datenraten-Grafiken, die aus IP-Trace-Daten mit dem populären Tool Wireshark® erzeugt wurden. Das Szenario war hier ein HTTP Download in einem LTE-Netz, das im vorliegenden Fall Datenraten bis zu etwa 100 Mbit/s liefert.

Abbildung 5.3 zeigt zunächst das Ergebnis, wenn man beim „Tick Interval", das die effektiv verwendete Zeitauflösung darstellt, einen Wert von 0,01 s wählt. Zum Vergleich zeigt Abb. 5.4 das Ergebnis mit einem Tick Interval von 0,1 s. Hier werden die Werte, die aus den einzelnen TCP-Paketereignissen gewonnen werden, also über entsprechend längere Zeiträume aggregiert. Dieser Vergleich zeigt, dass die Wahl einer zu hohen Zeitauflösung keine sinnvoll interpretierbaren Ergebnisse mehr bringt, weil dann die „natürliche" Granularität des Protokollstacks die Darstellung dominiert und die eigentliche Information,

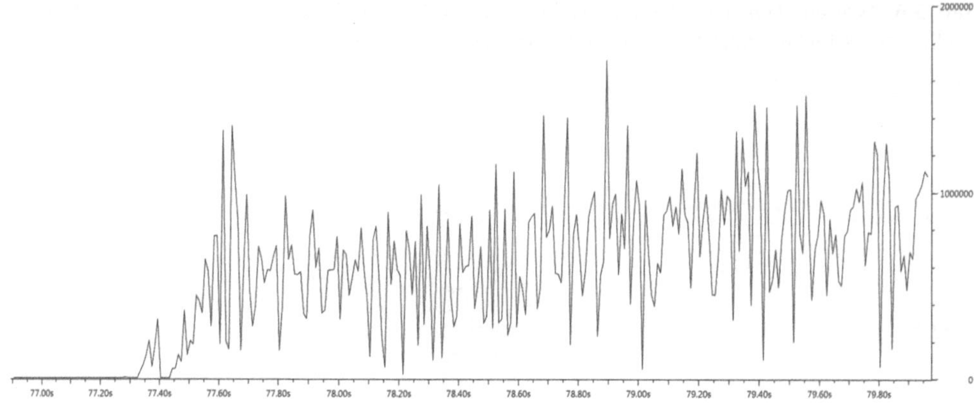

Abb. 5.3 Beispiel einer IO-Grafik in Wireshark(r) für eine Zeitauflösung von 10 ms

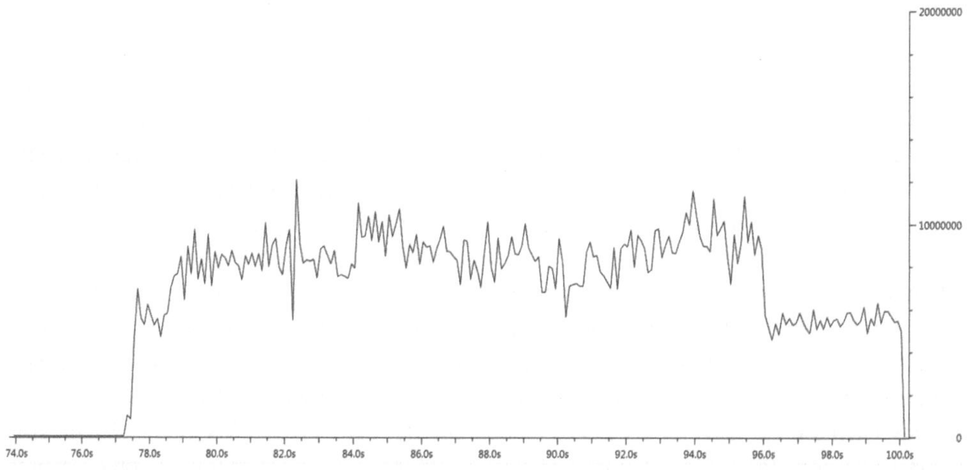

Abb. 5.4 Beispiel einer IO-Grafik in Wireshark(r) für eine Zeitauflösung von 100 ms

die in diesem Fall eben das Transferverhalten des Netzes auf „menschenwahrnehmbaren" Zeitskalen beschreiben soll, mit dem menschlichen Auge kaum noch sichtbar ist.

Aus dieser Darstellung erkennt man auch, dass die Ramp-Up-Phase wie oben abge-schätzt im Bereich von deutlich unter einer Sekunde liegt. Vor allem wird aber hier sicht-bar, wie stark die Durchsatzwerte schwanken.

Im zweiten Teil der Transaktion sieht man zudem - etwa bei Sekunde 96 - noch einen starken Einbruch der Datenrate, die – hier wurde stationär gemessen – wahrscheinlich Fol-ge der Ressourcennachfrage eines anderen Nutzers ist und an die Tatsache erinnert,, dass die Gesamtressourcen des Netzes auf eine vom Endgerät des Anwenders nicht kontrollier-bare Weise verteilt werden. Wenn man sich vor Augen hält, dass dies noch eine stationäre Messung war und die Schwankungen bei Bewegtmessungen noch weitaus größer sind, ist offensichtlich, dass eine mikroskopische Betrachtung des Verlaufs für QoS-Zwecke wenig sinnvoll ist.

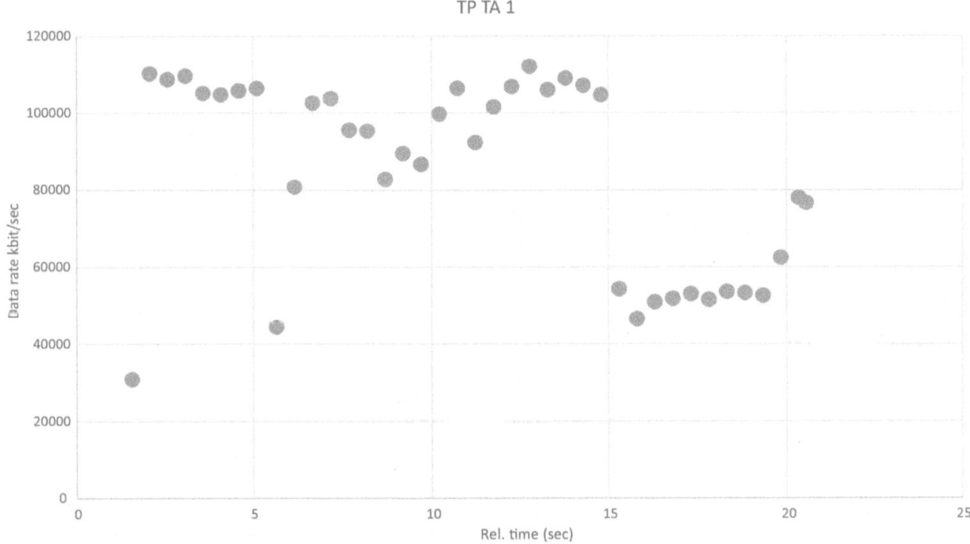

Abb. 5.5 Beispiel 1 für ein zeitliches Durchsatzprofil mit Daten aus einer applikationsnahen Schicht

Für diagnostische Zwecke sind IP-Trace-Daten natürlich wichtig. Meist werden diese Informationen dann in Beziehung zu anderen Low-Level-Informationen gesetzt – etwa zu solchen, aus denen die Ressourcenvergabe des Netzes auf Luftschnittstelleneben erkennbar wird.

Solche Informationen sind für Netzbetreiber zur Optimierung und Troubleshooting essentiell und Messsysteme werden auch entsprechend genutzt. Für andere Stakeholder, die kein Motiv haben, die Leistung eines Mobilfunknetzes anders als „Ende zu Ende" zu betrachten, sind diese Informationen jedoch von geringem oder gar keinem Interesse.

Um zu verdeutlichen, dass zeitaufgelöste Messungen nicht zwingend aus der IP-Trace-Ebene stammen müssen, zeigen Abb. 5.5 und 5.6 Beispiele für den zeitlichen Verlauf des Datendurchsatzes mit Daten aus einer applikationsnahen Quelle, für die Endgeräte nicht modifiziert werden müssen[3]. Dabei handelt es sich um Messungen derselben Serie, aber nicht um die gleichen Transaktionen. Die Basis-Zeitauflösung war hier etwa 500 ms. Wie schon erwähnt lässt sich diese Zeitauflösung ohne weiteres noch steigern. In der Praxis wird man bei der Wahl der Zeitauflösung sowohl die beabsichtigte Nutzung solcher Daten als auch das bei der Messung entstehende Datenvolumen berücksichtigen.

Hier wird nochmals deutlich, dass die zeitlichen Profile einzelner Transaktionen stark variieren. Es sei nochmals daran erinnert, dass auch diese Messungen stationär durchgeführt wurden und dass die Zeitverläufe bei Bewegtmessungen noch deutlich stärkere Variationen zeigen.

---

[3] Hier wäre auch eine höhere Zeitauflösung möglich, was für den vorliegenden Zweck jedoch nicht erforderlich war und nur die zu speichernden Datenmengen erhöht hätte.

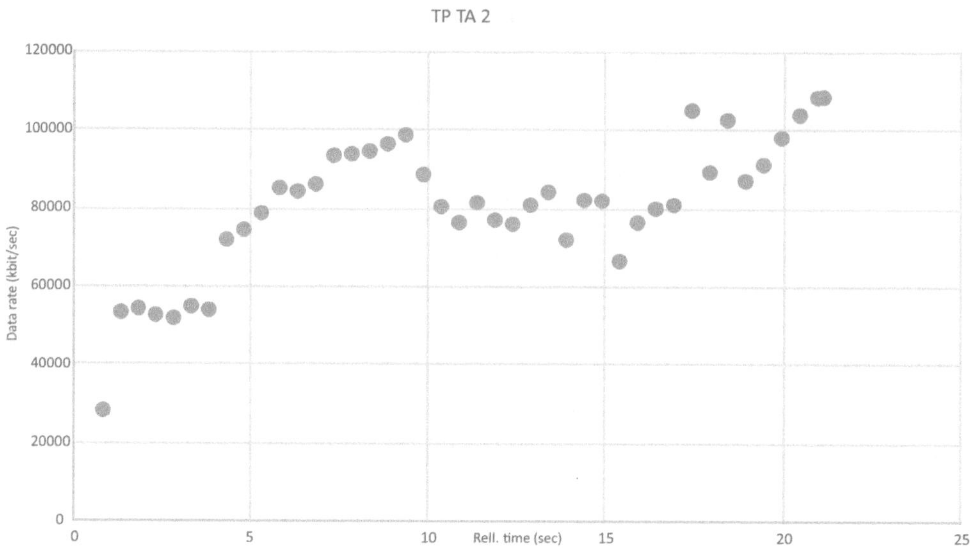

Abb. 5.6 Beispiel 2 für ein zeitliches Durchsatzprofil mit Daten aus einer applikationsnahen Schicht

5.7   Beispiele

Nachfolgend sind einige Beispiele aus der Messpraxis dargestellt, die auch zeigen, wie der typische Schwankungsbereich bei Durchsatzmessungen aussieht.

Abbildung 5.7 zeigt eine Zeitreihe für ein einfaches HTTP Download-Szenario; jeder Datenpunkt entspricht einem kompletten Download. Man erkennt direkt, dass die maximale Datenrate nach oben hin begrenzt ist. Hierfür gibt es mehrere Faktoren. Neben

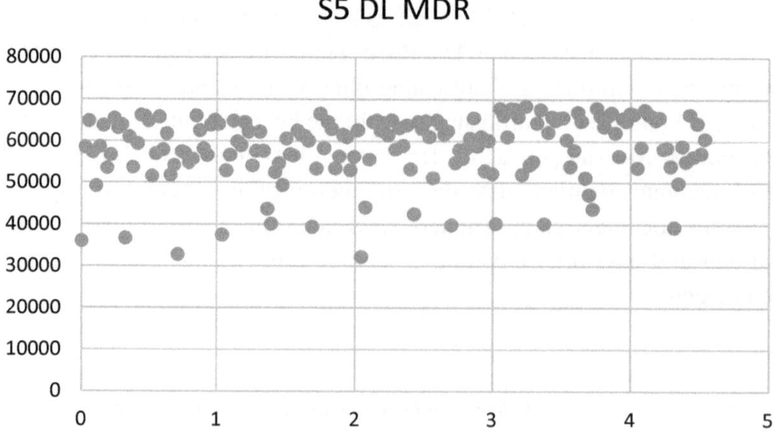

Abb. 5.7 Beispiel für eine stationäre Langzeitmessung im Live-Netz

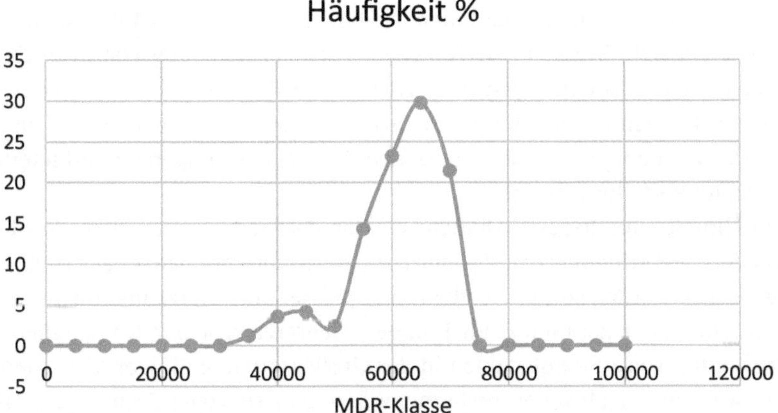

Abb. 5.8 Verteilung der MDR-Häufigkeitswerte für eine stationäre Beispielmessung

den Leistungsgrenzen der Radio Access Technology auf Endgeräte- und Basisstationsseite sind das die Anbindung der Zelle an das Internet sowie die Ressourcenzuteilungspolitik des Netzes in Kombination mit dem Tarif des Endkunden.

Man erkennt zudem, dass die Werte stark streuen. Wer mit Mobilfunk vertraut ist, weiß, dass ein solcher Streubereich normal ist; Hauptursache ist schlicht, dass die Ressourcen des Mobilfunknetzes mit anderen Nutzern geteilt werden.

Die gezeigte Messung wurde, wie aus der X-Achsenskalierung ersichtlich, über einen Zeitraum von etwa 4½ h durchgeführt, der in diesem Fall etwa um 19 Uhr begann. Man kann aus dem Bild entnehmen, dass zu den späteren Stunden hin der Streubereich etwas geringer wurde. Angesichts der Gesamtstreuung ist jedoch klar, dass man mit solchen Interpretationen vorsichtig sein sollte.

Die MDR-Werte wurden hier wieder aus Daten der Applikationsebene erzeugt, zeigt also realistische Datenraten. Eine Messung wie diese lässt sich also auf quasi jedem Endgerät ohne Modifikationen. Für die Auswertung wurde ein der in [4] beschriebenen „ETSI Method A" analoges Verfahren verwendet.

Die klar erkennbare Obergrenze der MDR-Werte erlaubt – in einem gewissen Rahmen – auch Rückschlüsse auf die Zahl anderer Nutzer in dieser Zelle. Entweder die Zelle ist noch weitaus leistungsfähiger und es war die ganze Zeit über ein weiterer Nutzer mit ähnlich hoher Last aktiv – was wenig wahrscheinlich ist – oder es war im Messzeitraum kein weiterer Nutzer in der Zelle aktiv, der eine ähnliche Last wie das Testsystem erzeugt hat.

Abbildung 5.8 zeigt die Häufigkeitsverteilung der Sequenz in Abb. 5.7.

Erkennbar ist, dass die Werte – obwohl Abb. 5.7 visuell „starke Streuung" signalisiert – in einem relativ engen Bereich um ein deutlich erkennbares Maximum verteilt sind – relativ zu Ergebnissen aus Drivetests jedenfalls, bei denen noch die Effekte der Luftschnittstelle sowie auch meist die von unterschiedlichem RAT-Ausbau einzelner Basisstationen dazukommen.

Wenn man genau hinsieht, erkennt man in Abb. 5.8 bei etwa 40 Mbit/s noch einen „Nebenpeak". Die gezeigte Messung ist Teil einer Vergleichsmessung von zwei Endgeräten, jeweils mit einer Pause von 90 s und einer Transaktionsdauer von 10 s, bei der die zeitliche Lage der Transaktionen zueinander durchvariiert wurde. Für einen Teil der Transaktionen wurde also die verfügbare Datenrate zwischen den beiden Endgeräten aufgeteilt, woraus sich die gezeigte Verteilung ergibt.

Vor dem Hintergrund dieses Verhaltens ist klar, dass jede Aussage über das Leistungsvermögen eines Mobilfunknetzes, das nur auf einer Handvoll Daten basiert, mit sehr viel Vorsicht genossen werden sollte. Netzbetreiber messen ihre Netze und die der Mitbewerber kontinuierlich oder zumindest im Rahmen mehrerer größerer Kampagnen pro Jahr; dabei kommen teilweise Samplezahlen in der Größenordnung einiger Millionen pro Jahr zusammen, was dann auch schon recht zuverlässige ortsbezogene Aussagen zulässt. Typische „öffentliche" Netztests haben meist Samplezahlen im Bereich einiger 10.000, was für eine globale Aussage vollkommen ausreichend ist, wenn man nicht vergisst, dass es sich auch dann noch um eine Momentaufnahme handelt, die wegen der kontinuierlichen Netzausbaustände und fortlaufend stattfindender Netzoptimierungen in einem Vierteljahr schon wieder anders aussehen kann. Eine - sagen wir - stadtbezogene Rangfolgen-Aussage, gerade dann, wenn Netze von ihrer Leistung her nahe beieinanderliegen, wäre jedoch bei diesen Samplezahlen vorsichtig ausgedrückt zweifelhaft. Eine Faustregel ist, dass quantitative Aussagen im QoS-Kontext auf Datenmengen im Mindestbereich von 1000 Transaktionen (pro Netz und Usecase) basieren sollten.

5.8 Speedtest-Apps

In Appstores und auf anderen Plattformen gibt es mittlerweile dutzende von „Speedtest"-Apps. Diese Apps tun im Kern alle das Gleiche: Datenratenmessungen für Download und Upload sowie in den meisten Fällen auch noch die Messung einer Roundtrip-Zeit, etwa über Ping. Dazu kommt dann manchmal noch ein Webseitendownload.

Wer die Ergebnisse verschiedener Tools vergleicht, wird – wie auch schon bei den PC-basierten Speed-Tests früherer Zeiten – feststellen, dass diese bei gleichen Messbedingungen recht unterschiedlich ausfallen können. Die genauen Methoden sind so gut wie nie offengelegt. Zwar gibt es, wie in den vorangegangenen Abschnitten dieses Kapitels gezeigt, nur wenige grundlegende Möglichkeiten, wie der Test durchgeführt werden könnte. Die Art der Auswertung kann jedoch sehr unterschiedlich sein.

Um das zu verdeutlichen, habe ich wieder den Zeitverlauf eines Downloads von Abb. 5.6 verwendet und in den nachfolgenden Abbildungen jeweils mit Farbflächen markiert, welche Bereiche für den MDR-Wert verwendet werden könnten; die Verwendung der gesamten Transaktion zeige ich nicht noch einmal explizit.

Abbildung 5.9 zeigt den Fall, dass das Zeitfenster später beginnt, was zum teilweisen oder vollständigen Ausblenden der Ramp-Up-Phase führt, also tendenziell höhere MDR-Werte ergibt. Begründen ließe sich das damit, die Maximalleistung des Netzes messen zu wollen.

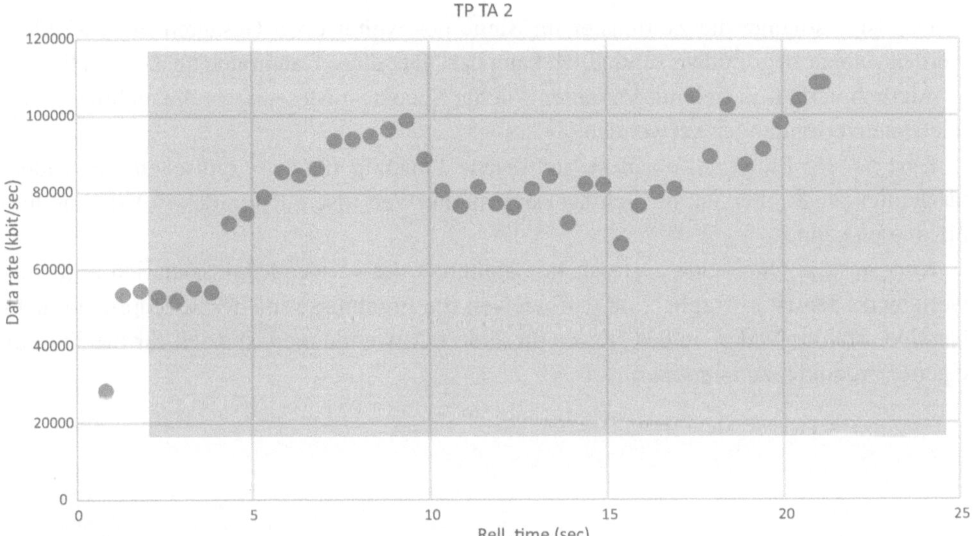

Abb. 5.9 Zeitfenster für MDR: ohne Ramp-Up-Phase

Denkbar ist auch, den „gemessenen" MDR-Wert nur aus einer Auswahl der Einzelwerte zu berechnen. Man würde hier nur die höchsten X Prozent der Werte nutzen, was zu einer Auswahl wie in Abb. 5.10 führt. Im Extremfall wäre der Wert dann einfach das Maximum des Durchsatzes während der Messperiode.

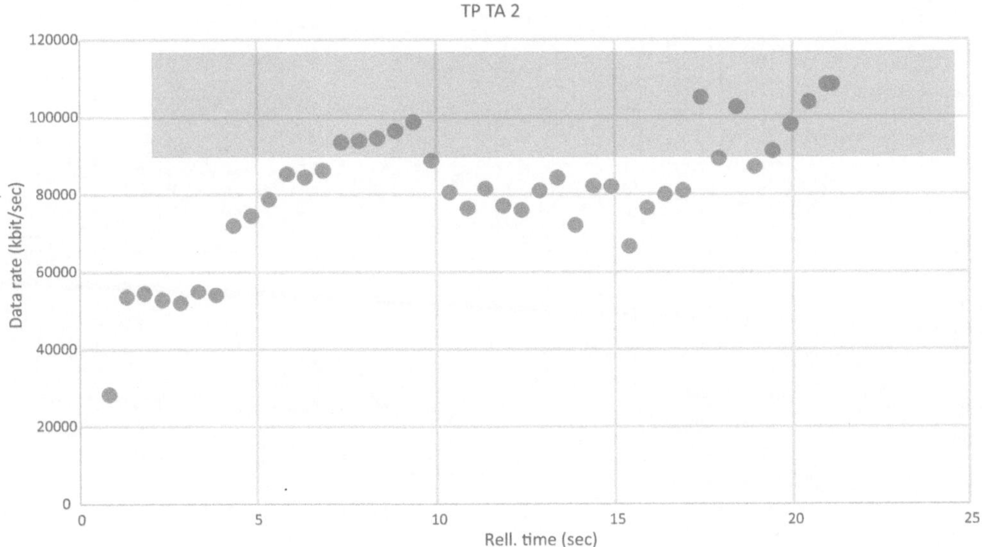

Abb. 5.10 Fenster für MDR: nur Bestwerte

Das ist – solange die Zeitfenster im Sinne des weiter oben Gesagten nicht zu klein werden – sogar begründbar, schließlich kann das Netz diese Datenraten tatsächlich liefern.

Ähnlich verhält es sich mit Varianten solcher Speedtest-Messungen, die mehrere parallele Datenverbindungen verwenden.

Eine andere Frage ist, ob diese gemessene Leistung für den „typischen Anwender" tatsächlich zugänglich ist, ob sich der dargestellte Wert also auch in der QoE-Ebene manifestieren kann.

Kurz gesagt: Ohne eine ausreichende Kenntnis der verwendeten Szenarien und Auswertemethoden ist es fraglich, ob und wieweit die Ergebnisse solcher Speedtests brauchbar sind, um das Verhalten des Netzes für andere Anwendungen, speziell für die Zwecke eigener Produkte, zu beurteilen.

Die Erfassung und Optimierung von QoE ist, wie schon eingangs gesagt, interessengeleitet, findet also nicht „im luftleeren Raum" statt. Nun ist diese Interessenlandschaft nicht homogen; es lassen sich verschiedene Gruppen ausmachen. Das ist für das Design von QoE-Metriken ebenfalls von erheblicher Relevanz, weil davon sowohl der notwendige Inhalt als auch der Geschäftswert einer bestimmten QoE-Information abhängt. Vor dem Hintergrund eines auch hier endlichen Budgets und einer Aufwands-Nutzen-Optimierung wird also auch das Portfolio an KPI von Gruppe zu Gruppe unterschiedlich sein.

6.1 Netzbetreiber

Netzbetreiber – und ihre Investoren – haben ein primäres Interesse an einem für Kunden möglichst attraktiven Produkt, aber auch an einem möglichst profitablen Betrieb. Die Anbieter können unterschiedlich aufgestellt sein – als Technikführer oder auch auf eher preisbewusste Kundengruppen fokussiert. In Deutschland hat beispielsweise der Netzbetreiber E-Plus lange Zeit eine als „smart follower" beschriebene Politik verfolgt. Dabei wurde bewusst Netztechnologie „älterer", reiferer und in aller Regel auch kostengünstiger Generationen eingesetzt – wobei angesichts der hohen Dynamik im Mobilfunkbereich „älter" hier durchaus nur wenige Jahre bedeuten kann. Wie schon gesagt ist die wahrgenommene Qualität auch eine Funktion der Erwartungen, und ein Niedrigpreis-Kunde kann in dieser Hinsicht durchaus zufriedener sein als der Kunde eines Premium-Anbieters.

Die Entscheidung, welche Technologiestufe ein Netzbetreiber einsetzt, ist jedoch kein Selbstläufer; es ist durchaus möglich, dass eine hochpreisige, potentiell leistungsfähige Technologie nicht optimal umgesetzt wird und somit aus Kundensicht schlechtere Resultate liefert als eine weniger leistungsfähige, aber dafür gut beherrschte Technologie.

© Springer-Verlag Berlin Heidelberg 2015
W. Balzer, *Quality of Experience und Quality of Service im Mobilkommunikationsbereich*,
Xpert.press, DOI 10.1007/978-3-642-55348-6_6

Ein wichtiges Element in der Gleichung sind die Endgeräte, die ja letztlich die eigentliche Schnittstelle zum Anwender sind. Es nützt nichts, wenn ein Netz, sagen wir durch flächendeckendes LTE Cat 4, hohe Datenraten unterstützt, aber die Verbreitung entsprechender Endgeräte gering ist und somit auch ein „eigentlich", technisch absolut erfülltes Leistungsversprechen des Netzbetreibers vom Kunden nicht erlebt werden kann.

Umgekehrt existiert dieser Zusammenhang auch, wenn auch nicht ganz so stark. Wenn ein Netz die Möglichkeiten eines typischen Endgeräts nicht ausreizen kann, ist das zumindest so lange kein Problem, wie der Kunde dies nicht erwartet. Solange, beispielsweise, Apps – etwa Spiele – mit hohen Anforderungen an die „Echtzeitigkeit" (Roundtrip Time) von Datentransfers nicht weit verbreitet sind, wird das nicht zu negativer Kundenwahrnehmung führen beziehungsweise wird ein Netz, bei dem der Investitionsaufwand stattdessen in andere Eigenschaften geflossen ist – etwa eine gute flächendeckende Versorgung- aus Kundensicht als besser wahrgenommen.

QoE hat hier eine ganze Reihe von Aufgaben, die letztlich alle zum optimalen Einsatz finanzieller und technischer Ressourcen beitragen. Die Qualitätswahrnehmung dieser gesamten Kette abzubilden gehört sicher zu den wichtigsten. Dazu gehört sowohl die Momentaufnahme, aber auch die Trendbetrachtung, also die zeitliche Entwicklung von Leistungskenngrößen. Dies findet auf verschiedenen Skalen statt.

QoS-KPI in Verbindung mit mitgemessenen Low-Level-Daten spielen in der Sphäre der Netzbetreiber auch eine sehr starke Rolle in der Netzoptimierung. Das ist auch ein Differentiator zu den meisten anderen Stakeholder-Gruppen, entweder weil dort die notwendige Detailtiefe der Inputdaten nicht verfügbar ist, oder weil diese Gruppen schlicht kein Interesse an Diagnosen haben, weil es ihnen also keine Vorteile bringt, mit diagnostischer Ausrichtung zu messen.

Ebenso wichtig ist die Frühwarnfunktion, um Probleme im Netz zu erkennen. Gegenüber rein technischen Indikatoren haben KPI hier noch den Nutzen, dass sie auch die Auswirkung solcher Probleme auf die tatsächliche Qualitätswahrnehmung liefern. Neben direkten „go- no-go"-Indikatorfunktionen können KPI auch im Rahmen von Mustererkennung – in der Zeit oder geografisch – eingesetzt werden, um Hinweise auf anormale Vorgänge zu liefern.

QoE spielt auch in der längerfristigen Planung eine Rolle. Ein Paradebespiel ist der (noch immer anhaltende) massive Anstieg der Datenmengen durch die rasante Verbreitung von Smartphones. Ist ein Netzbetreiber in der Lage, die Auswirkungen auf die Qualitätswahrnehmung vorherzusagen, muss nicht auf Entwicklungen lediglich reagiert werden, sondern es können auch rechtzeitig Netzausbauten und Optimierungen so geplant werden, dass Engpässe gar nicht erst auftreten werden.

Die Herausforderung für Netzbetreiber besteht darin, den Zusammenhang zwischen den technischen, architektonischen und organisatorischen Eigenschaften ihres Netzes und der daraus resultierenden Qualitätswahrnehmung durch ihre Kunden verstehen. Das klingt zunächst wie eine Selbstverständlichkeit. Hält man sich jedoch vor Augen, wie komplex ein Mobilfunknetz ist, erkennt man, dass das ganz und gar nicht der Fall ist.

Ein immer noch simples Beispiel hierzu: Die Upload- und Download-Datenrate, die ein Anwender auf einem Smartphone erleben kann, hängt zunächst von der verwendeten

Mobilfunktechnologie ab. Die Funkzellen sind jedoch über Datenleitungen mit dem Core-Netz verbunden, die auch begrenzte Transferraten haben; über diese muss aller Traffic dieser Funkzelle laufen. Solange nur wenige Nutzer in einer Funkzelle sind, mag die RAT der begrenzende Faktor sein, zumal wenn der einzelne Nutzer nicht die volle technisch mögliche Datenrate erhält. Bei einem Anstieg der Nutzerzahl ändert sich das jedoch dramatisch. Nun lässt sich die Kapazität einer Anbindung nicht von heute auf morgen ändern – oder es zeigt sich dann an der nächsten Stelle ein anderes Bottleneck; so etwas braucht also gute Planung mit entsprechendem Vorlauf, und auch Zeit für die Umsetzung selbst. Liegt also der Netzbetreiber mit seiner Prognose zur Entwicklung des Nutzungsverhaltens falsch, kann das zu massiven Problemen mit der Kundenzufriedenheit führen.

Dazu kommt noch, dass neben einer quantitativen Zunahme auch qualitative Entwicklungen stattfinden. All das muss ein Netzbetreiber im Auge behalten und rechtzeitig auf veränderte Nutzungsgewohnheiten oder neue Angebote etwa im App-Sektor reagieren.

An dieser Stelle eine kleine private Anekdote. Ich befasse mich sozusagen routinemäßig mit den jeweils aktuellen Trends, beispielsweise wurden „Web 3D"-Anwendungen wie Second Life vor noch nicht so langer Zeit als das „next big thing" auch für mobile Nutzung gehandelt. Wie wir inzwischen wissen, haben sich die Dinge anders entwickelt. Abgesehen davon, dass ich mir technisch ein Bild von den Anforderungen solcher Angebote zu machen, versuche ich auch, im Freundes- und Bekanntenkreis in dieser Hinsicht immer mit möglichst weit offenen Wahrnehmungskanälen durch die Welt zu gehen. Anzeichen für eine intensive Nutzung von Web 3D habe ich damals nicht gefunden, dafür ein anderes Phänomen: Viele junge Leute nutzten offenbar YouTube® oder andere Videoangebote, um Musik zu hören. Bei näherem Hinsehen ist das nachvollziehbar: Reine Musikangebote waren selten oder zumindest in Grauzonen der Legalität; Musikvideos gibt es dagegen in einigem Überfluss, auch weil diese oft als Promotion-Instrument aufstrebender Künstler eingesetzt werden. Lange Rede kurzer Sinn: Es wurden auf mobilen Endgeräten Datenraten im Bereich 500 bis 1500 kbit/s eingesetzt, um einen „Service" zu realisieren, dessen eigentliche Funktionalität aus Anwendersicht auch mit 64 bis 128 kbit/s darstellbar wäre. Wie weit das verallgemeinert werden kann, ist immer noch die Frage; wenn ich aber davon lese, dass ein großer Anteil des gesamten Datentraffic in Netzen aus Videos besteht, muss ich immer wieder an diese Erkenntnis denken.

Wie auch immer – hier kann das QoS-Design helfen, indem etwa KPI so gestaltet werden, dass sie in „was wäre wenn"-Szenarien eine Vorhersage der Leistungswahrnehmung für Anwendungen mit entsprechenden Anforderungsprofilen erlauben.

QoS-Messungen werden von Netzbetreibern nicht nur für das eigene Netz, sondern im Rahmen von Benchmarking auch für die Netze ihrer Mitbewerber durchgeführt. Das hat auch einen investitions- und marketingstrategischen Hintergrund; man möchte wissen, wo der Mitbewerber steht, auf welchen Feldern man überlegen ist oder noch Nachholbedarf hat oder welche Eigenschaften man beim Marketing herausstellen sollte. Selbstverständlich kann das Ergebnis eines solchen Benchmarking auch sein, dass man feststellt, dass weitere technische oder investive Anstrengungen nicht notwendig sind.

Ein weiteres Einsatzgebiet von QoE-KPI sind Vergütungssysteme; naturgemäß spielt hier eine möglichst präzise Abbildung der Kundenwahrnehmung eine zentrale Rolle. Wegen der vielfältigen Wechselwirkungen und Trade-offs ist das jedoch eine komplexe Aufgabe. Bei einem unzureichend durchdachten System besteht schnell die Gefahr, „eigene" gehaltswirksame KPI auf Kosten anderer, vielleicht langfristig oder strategisch wichtigerer Elemente zu optimieren.

Auch das Zusammenspiel mit dem Marketing ist wichtig. Eine Divergenz zwischen einer durch Werbung erzeugten Kundenerwartung und dem tatsächlichen Erleben kann mittel- und langfristig zu massiven Problemen für den Netzbetreiber führen, etwa bei der Glaubwürdigkeit neuer Werbeaussagen, wenn der Kunde in seinem täglichen Erleben bereits enttäuscht wurde.

6.2   MVNO

Die Interessenlage von virtuellen Netzbetreibern ähnelt der von Netzbetreibern. Auch diese müssen die Qualitätswahrnehmung ihrer Kunden kennen und die Zusammenhänge zwischen den technischen Basiseigenschaften und der Kundenwahrnehmung „ihres" Netzes kennen.

Allerdings sind die Konsequenzen aus dieser Erkenntnis – je nach dem wirtschaftlichen Verhältnis zwischen MVNO und dem jeweiligen Netzbetreiber – andere. Die KPI sind in der Regel Gegenstand von Service Level Agreements. Auch hier ist QoS-Know-how essentiell, sowohl beim Design der entsprechenden KPI als auch bei ihrer messtechnischen Umsetzung. MVNO sind aber in Bezug auf die Eigenschaften des von ihnen genutzten Netzes selbst eher in der Rolle von Kunden und haben eine tendenziell geringere Motivation für eigene diagnostische Aktivitäten, soweit sie nicht ihre eigene Techniksphäre betreffen.

MVNO haben aber gerade wegen ihrer relativen Unabhängigkeit von einem bestimmten Netz ein starkes wirtschaftliches Motiv, die Relation zwischen den technischen Parametern und der Qualitätswahrnehmung zu kennen. Dieses Know-how ermöglicht es, die Eigenschaften der Technikebene zu definieren, die von den Betreibern eines physischen Netzes gefordert werden, und verschafft einem MVNO gegebenen falls auch einen wirtschaftlichen Vorteil sowohl seinen Mitbewerbern gegenüber als auch in Verhandlungen mit Netzbetreibern. Somit helfen gut gewählte QoS-KPI auch hier, Ressourcen optimal einzusetzen, und bieten Wettbewerbsvorteile.

6.3   Regulierungsbehörden

Welche Interessen eine Regulierungsbehörde verfolgt, wird politisch definiert und findet im Rahmen gesetzlicher Vorgaben statt. In der Regel wird es um eine Kombination von wirtschaftspolitischen Zielen und Verbraucherinteressen gehen.

Für das Thema QoS relevant ist, dass Funkfrequenzen, die ja elementare Grundlage eines Mobilfunkangebots ist, eine nicht vermehrbare Ressource sind und somit exklusiv zugeordnet werden müssen. Das führt notwendigerweise zu oligopolistischen Strukturen und – wegen des technischen Aufwands, der für ein Mobilfunknetz erforderlich ist – relativ hohen Markteintrittsbarrieren.

In Verbindung mit dem Interesse von Staaten an einer gut funktionierenden Mobilfunk-Infrastruktur werden Nutzungslizenzen für Frequenzspektren nicht nur – teilweise hoch – bepreist, sondern auch mit Auflagen gekoppelt. In vielen Ländern, auch in Deutschland, gehört zu solchen Auflagen etwa das Erreichen einer bestimmten Versorgungsdichte, definiert als Flächenabdeckung oder auch eine auf die Bevölkerungszahl bezogenen Mindestquote.

Da hier durchaus unterschiedliche Interessenlagen bestehen – für einen Netzbetreiber ist es nicht unbedingt wirtschaftlich, eine ländliche Gegend mit Hochgeschwindigkeits-Internet zu versorgen – haben diese Auflagen auch eine Überwachungskomponente. Eigene Messungen durch die Regulierer sind eine Möglichkeit, eine andere ist es, entsprechende Nachweise von den Netzbetreibern zu verlangen und diese vielleicht noch stichprobenartig zu überprüfen. In jedem Fall werden auch hier entsprechende QoS-KPI benötigt. Das sind in der Regel relativ elementare Größen, beginnend mit KPI, die die Verfügbarkeit von Mobilfunkdiensten beschreiben, sowie grundlegende Leistungskennwerte wie etwa die mittlere Datenrate.

In der EU wurde – im Kontext der Direktive 2002/22/EC, die sich mit Universaldiensten und Nutzerrechten in Bezug auf elektronische Kommunikationsdienste und -netze befasst – 2012 ein neuer gesetzgeberischer Rahmen implementiert, der das Mandat von Regierungsbehörden in Richtung Verbraucherschutz erweitert. Der Kernbegriff ist „Transparenz". Der Endkunde soll bei seiner Entscheidung für einen Anbieter – wobei ja die Vertragslaufzeiten meist immer noch 2 Jahre betragen, also für den Endkunden also schon einiges auf dem Spiel steht – adäquate Informationen zur Verfügung haben.

Das bedeutet, dass die Regulierungsbehörden den Netzbetreibern meist nicht vorgeben, welche Eigenschaften (etwa eine Mindestdatenrate) ihre Netze haben müssen; das wäre angesichts der mobilfunktypischen Dynamik und Vielfalt an Eigenschaften auch kaum praktikabel. Selbst wenn man einen Rahmen auf einige wenige Standardsituationen reduzieren würde, müssten solche Vorgaben aufgrund der fortschreitenden technischen Entwicklung ständig nachgesteuert werden, was aller Voraussicht nach zu einem hochbürokratischen, ineffizienten und ständigen politischen und Lobbyeinflüssen ausgesetzten System führen würde.

Das gesamte Thema ist zum Zeitpunkt des Schreibens dieses Buches hochaktuell. Es gibt eine Reihe von Konzepten, die von nationalen Regulierungsbehörden verfolgt werden. Einige Regulierer verfolgen Crowdsourcing-Ansätze, andere favorisieren konventionelle Drivetests; auch Mischformen werden diskutiert.

Beispielsweise hat der österreichische Regulierer RTR Ende 2013 eine App veröffentlicht, die als Open Source verfügbar ist und Daten-Performancemessungen durchführt; die Ergebnisse werden in eine zentrale Datenbasis hochgeladen und sind dort wieder („Open Data") öffentlich verfügbar (hierzu in späteren Kapiteln noch mehr).

Dazu kommen Ansätze, Schnittstellen für Daten aus den Netzen selbst zu schaffen (Performance Counter und ähnliche Informationen). Aus meiner heutigen Sicht lässt sich noch nicht seriös vorhersagen, wie sich diese Dynamik weiterentwickelt – zu einer Konvergenz auf ein einzelnes Verfahren, das sich in der Praxis am besten bewährt hat, oder zu einem Nebeneinander verschiedener Methoden, was ich für die wahrscheinlichste Entwicklung halte.

Die KPI im Rahmen solcher Modelle stammen aus dem „Grundbaukasten" der Standardisierung, d. h. bei Telefonie sind es Erfolgreichraten und Aufbauzeiten beim Verbindungsaufbau, Abbruchraten sowie bei „professionell" gemessenen KPI noch Sprachqualität und Verbindungsaufbauzeiten. Bei Datendiensten werden typischerweise – auf Basis von HTTP- oder FTP-Usecases – neben Erfolgreichraten noch Upload- und Download-Durchsatzraten sowie Roundtrip-Zeiten beziehungsweise Latenz gemessen, letztere meist für Ping.

Mit diesem Themenkomplex werde ich mich – aus einem anderen Blickwinkel – auch nochmals in Kap. 15 befassen.

6.4   Anbieter QoS-sensitiver Geschäftsmodelle

Mobiles Internet ist spätestens durch die Verbreitung von Smartphones eine „commodity" geworden, ein Allerweltsprodukt. Entsprechend gibt es ein breites Spektrum von Produkten und Dienstleistungen, die auf der Verfügbarkeit solcher Dienste basieren.

Bei kostenlosen Produkten – etwa sozialen Netzwerken – gibt es strenggenommen keine legitime Erwartungshaltung; hier ist es eher so, dass die Nutzung solcher Dienste selbstverständlicher Bestandteil eines Lebensstils geworden sind und Mobilfunkkunden von ihren Netzbetreibern eine adäquate Leistung erwarten.

Anders sieht es bei „richtigen" Produkten aus, seien es industrielle M2M-Anwendungen, in PKW eingebaute Modems für Mobilitätsdienstleistungen oder Multimediasysteme, Musik-Streamingdienste oder mobile Unternehmensanwendungen.

Anbieter solcher Produkte geben – explizit oder implizit – Leistungsversprechen ab und machen damit die Mobilfunk-Qualität zu einem Bestandteil der Qualität ihrer Produkte, also zu einer Determinante ihres wirtschaftlichen Erfolgs. Sie müssen daher ein Interesse an adäquater Kontrolle über die Erfüllung dieses Leistungsversprechens haben. Solange ein Produkt, in dem „Mobilfunk" steckt, darauf basiert, welchen Mobilfunkvertrag der Kunde abgeschlossen hat, ist das eine riskante Wette. Das beginnt schon damit, dass viele „Flatrates" ab einem Transfervolumen von wenigen 100 Mbyte die Transfergeschwindigkeit auf Werte drosseln, bei denen so gut wie keine sinnvolle Nutzung mehr möglich ist. Diese Volumengrenze kann durch Nutzungen erreicht werden, die mit dem jeweiligen Produkt nichts zu tun haben, und die somit aus Sicht des Produktanbeters vollkommen außer Kontrolle sind.

Natürlich kann man über das „Kleingedruckte" versuchen, Mindeststandards für die Mobilfunkleistung zu definieren und somit eigener Verantwortung aus dem Weg zu gehen. Das mag ausreichen, um sich juristisch abzusichern. Ein guter Weg zu nachhaltiger Kundenzufriedenheit ist es nicht.

Anbieter von Produkten, die auf Mobilfunk basieren, haben daher einen Vorteil, wenn sie QoE-Metriken und Messprozesse definieren, um entsprechende Ende-zu-Ende-Qualitätssicherung betreiben zu können. So gewinnt der Anbieter zumindest einmal das nötige Verständnis und die Erfahrung für gezielte Produktevolution und Kundensupport.

Ab einer bestimmten Dimension beim Datenvolumen und/oder beim Anforderungsniveau macht es für einen Anbieter mobilfunkabhängiger Produkte oder Dienstleistungen aber auch wirtschaftlich-strategisch Sinn, über weitergehende Modelle nachzudenken – konkret: Datentransferleistungen en gros bei einem Netzbetreiber einzukaufen und in das eigene Produkt einzubauen. Technisch ist das heute schon möglich; Traffic läßt sich Kategorien zuordnen und unterschiedlich abrechnen. Dieses Datentransfervolumen wird dann bei Flatrate-Drosselgrenzen nicht berücksichtigt – der Anbieter kann über entsprechende SLA, unabhängig davon, welche Konditionen der Mobilfunkvertrag seines Kunden hat, die für sein Produkt optimalen Eigenschaften sicherstellen. Damit gewinnt der Anbieter Kontrolle über die wesentlichen Eigenschaften seines Produkts und somit auch die Qualitätswahrnehmung aus Sicht seines Kunden zurück.

Ein aktuelles Beispiel wäre die Kooperation der Deutschen Telekom mit Spotify, wobei die Datennutzung für Musikstreaming nicht auf das Flatrate-Inklusivvolumen angerechnet wird.

6.5   Endkunden (und deren Organisationen), Medien

Auch heute haben die meisten Mobilfunkverträge noch eine Laufzeit von 24 Monaten, auch wenn in letzter Zeit Modelle mit kürzeren Vertragslaufzeiten oder kurzfristig umbuchbaren optionalen Komponenten auf dem Markt sind. Es gibt zwar Prepaid-Angebote; diese haben – zumindest zum jetzigen Zeitpunkt – in aller Regel Einschränkungen bei den Datenraten beziehungsweise es gibt sie nur mit relativ geringem „Inklusivvolumen". Das Interesse an einer längerfristigen Bindung ist nachvollziehbar; sie bedeutet für Netzbetreiber Planungssicherheit, die ja auch eine Grundlage für Investitionen in die Infrastruktur ist. Man darf daher davon ausgehen, dass diese Struktur – solange der Gesetzgeber es zulässt – weiter besteht.

Größere Unternehmen sind für Netzbetreiber oft attraktiv genug, um für den Vertragsabschluss eine gewisse Verhandlungsmacht zu haben, beispielsweise wenn es um Mindestdatenraten oder überhaupt ausreichende Versorgung an Firmenstandorten geht. Hier installieren Netzbetreiber eventuell sogar zusätzliche Basisstationen. Kleinere Unternehmen und erst recht Privatpersonen haben solche Möglichkeiten nicht. Aus Sicht des Endkunden ist die Entscheidung für einen Mobilfunkanbieter also etwas, das gut überlegt sein will.

Netzbetreiber veröffentlichen Netzabdeckungskarten; diese bieten aber auch dann, wenn man das nötige Basiswissen hat, um sie zu interpretieren, kaum mehr als grobe

Anhaltspunkte etwa dafür, ob in einer Region eine bestimmte Mobilfunktechnologie überhaupt installiert ist.

Eine Möglichkeit, sich zumindest ein grobes Bild von der technischen Performance eines Mobilfunknetzes zu machen, sind öffentliche Benchmarks, wie sie in Deutschland etwa alljährlich von den Fachzeitschriften „Connect", „Chip" und – auf Basis von Crowdsourcing, von „Computer Bild" oder der „SZ" durchgeführt und veröffentlicht werden. Auch Verbraucherorganisationen wie in Deutschland die Stiftung Warentest führen solche Messungen durch.

Die schon erwähnte Neuausrichtung der EU-Ziele zur Förderung der Transparenz im Mobilfunkmarkt habe ich in Abschn. 6.3 bereits erwähnt. Aktuell befassen sich Regulierungsbehörden EU-weit mit unterschiedlichen Konzepten, um das umzusetzen. Insofern wird es in Zukunft auch von dieser Seite öffentlich zugängliche Informationen über die Servicequalität in Mobilfunknetzen geben (mehr zu diesem Thema auch im Abschn. 15.2).

Ich verwende hier wieder den Begriff QoE als oberste und letzte Ebene einer Abbildung der Qualitätswahrnehmung durch Nutzer. Das ist ein zweistufiger Prozess. Im ersten Schritt wird eine QoS-Kenngröße ermittelt, also eine meist in einer technischen Dimension ausgedrückte Bewertung eines Service. Hieraus wird dann durch einen Abbildungsprozess die QoE-Größe. Dieser Abbildungsprozess beschreibt die Wahrnehmung inklusive der Effekte von Erfahrung und Erwartungshaltung, also die subjektive Bewertung. Eine solche Abbildung muss nicht 1:1 sein, sie kann auch mehrere QoS-Größen zusammenfassen.

Dieses Kapitel beschreibt Konzepte und Vorgehensweisen solcher Abbildungen. Eines sei vorweg gesagt: Es gibt, von Trivialfällen abgesehen, keine einfachen, von der Zielgruppe unabhängigen Methoden, die man einfach abarbeiten sollte. Welche Wahl man auch immer trifft – sie hat Einfluss auf die transportierte Bedeutung. Es gehört zum QoS- und QoE-Handwerk, ein möglichst breites Portfolio an Möglichkeiten zu kennen und die jeweils bestgeeignete Methode zu wählen. Für Nutzer und Rezipienten von QoS- und QoE-Kenngrößen ist dieses Wissen hilfreich, um die hinter präsentierten Kenngrößen stehenden Fakten zu erkennen und einzuschätzen.

7.1 Vergleichbarkeit und Reproduzierbarkeit

Jeder KPI, ganz gleich, wie komplex sein Entstehungsprozess messtechnisch und mathematisch war, ist am Ende eine simple Zahl. Oft soll dieser Wert dann auch mit anderen Werten des gleichen KPI-Typs verglichen werden – entweder mit früher gemessenen Werten oder mit Werten, die mit einem anderen System gemessen wurden.

© Springer-Verlag Berlin Heidelberg 2015   75
W. Balzer, *Quality of Experience und Quality of Service im Mobilkommunikationsbereich*,
Xpert.press, DOI 10.1007/978-3-642-55348-6_7

Grundvoraussetzung ist zunächst, dass Messungen reproduzierbar sind. Das bedeutet: Wird das gleiche System unter gleichen Bedingungen erneut gemessen, sollten – im Rahmen der Messgenauigkeit und der Fehlertoleranzen – auch die gleichen Ergebnisse herauskommen.

Man darf nie vergessen, dass der numerische Wert eines KPI mehr oder weniger stark von den Parametern der Messung abhängt. Das klingt trivial und ist es so lange, wie man tatsächlich nur Werte vergleicht, die unter exakt gleichen Bedingungen entstanden sind. Nun ist es so, dass QoS-Messungen meist recht aufwendig sind. Daraus ergibt sich der Wunsch, möglichst viel Nutzen aus diesen Daten zu ziehen – und damit auch die Frage, wie weit man beim Vergleichen der Daten gehen kann, ohne dass daraus systematische Fehler entstehen.

Das Ergebnis vorweg: Bei ausreichendem Verständnis von Struktur und Dynamik der zugrundeliegenden Messungen kann man Ergebnisse auch dann vergleichen, wenn sie nicht mit gleichen Parametern durchgeführt wurden. Nachfolgend wird beschrieben, worauf es dabei ankommt.

Grundlage von Vergleichbarkeit ist, dass die KPI-Werte hinreichend robust gegenüber Änderungen der Parameter ihrer Messung sind. Ändert sich das Ergebnis einer Messung bereits bei kleinen Änderungen von Parameterwerten massiv, sollte die Messmethode als solche hinterfragt werden. Auch das klingt, wie es hier geschrieben steht, banal. Tatsächlich ist es in der Praxis aber durchaus möglich, eine solche Situation zu erhalten, wenn entsprechende Kontrollfragen bei der Einführung einer Messmethode nicht gestellt werden.

Die Parameterwahl betrifft auch die Skalierbarkeit. In der Annahme, dass die Messung im eben besprochenen Sinn robust ist, geht es dabei um die Frage, welche „Prädiktionsreichweite" eine bestimmte Messung hat. Lassen sich aus Werten, die mit einem bestimmten Parametersatz gemessen wurden, zuverlässige Annahmen über Werte für andere Parameter machen? In diesem Kontext wird es auch um unterschiedliche Klassen von Parametern gehen, die ich „explizite" und „implizite" nennen möchte.

Zunächst zum Thema des Einflusses von Messbedingungen auf die Ergebnisse.

Nehmen wir wieder einen Basis-Service in der Mobilkommunikation – Telefonie. Ein kleines Problem bei diesem Beispiel: Wir befinden uns noch auf der „Top-level"-Ebene – wir benötigen aber einige Begriffe, die eigentlich Teil der vollständigen Beschreibung des Telefonie-Testcase in einem späteren Kapitel sind. Wir wollen Hin- und Herspringen im Text vermeiden, das zumindest in der Printversion lästig ist; wir wollen aber auch so wenig wie möglich Redundanz im Text. Ich werde daher hier eine Kurzversion dieses Testcase beschreiben.

Unser Usecase ist ein Telefonat zwischen Teilnehmer A und Teilnehmer B, also (im Erfolgreichfall) das Anrufen der Nummer von B, das Halten der Verbindung über eine bestimmte Zeit und das Beenden der Verbindung durch A oder B.

Ich verwende hier – bewusst (noch) nicht die Bezeichnungen der entsprechenden Standardliteratur, sondern als „generische" Elemente die Begriffe, die sich in der Mobilfunkwelt über lange Zeit eingebürgert haben: die Misserfolgsrate beim Herstellen der Verbindung (Call Failure Rate, CFR) und die Verbindungsabbruchrate (Call Drop Rate, CDR).

Klar – und in den relevanten Standards auch berücksichtigt – ist, dass Parameterfehler ausgeschlossen werden müssen, beispielweise das Verwenden der falschen Rufnummer oder – für automatisierte Tests wird man ja auch automatisch abnehmende Gegenstellen verwenden – eine nicht funktionierende B-Seite.

Die direkten Parameter eines Telefonie-Tests sind:

- Ein Timeout, nach dem der Test – noch im Anrufversuch – beendet wird, wenn bis dahin noch keine Verbindung zustande gekommen ist.
- Die Dauer, für die die Verbindung aufrechterhalten wird.

Der Vollständigkeit halber – dieses Element ist im vorliegenden Kontext nicht relevant, ich werde aber in nachfolgenden Abschnitten darauf zurückkommen: Den Typ des B-Teilnehmers (Festnetz- oder Mobilanschluss) sowie die Richtung des Verbindungsaufbaus (A ruft B oder B ruft A) kann man als Bestandteil des grundlegenden Testcase-Designs oder auch als Parameter betrachten.

Im Sinn eines möglichst „schlanken" Testdesigns ist es sinnvoll, jeden Parameter daraufhin zu prüfen, ob er wirklich benötigt wird. Timeouts sollten in dieser Hinsicht immer besonders kritisch hinterfragt werden. Allgemein ausgedrückt gesagt können Timeouts Werte einer KPI-Kategorie in eine andere transformieren. Im vorliegenden Fall führt ein „kurzer" Timeout dazu, dass der Negativ-KPI CFR ansteigt; ein längerer Timeout kann rechnerisch diesen Wert senken, erhöht aber dann entsprechend den KPI „Call Setup Time", weil ja dann mehr längere Werte in die Mittelwertbildung einfließen.

Im vorliegenden Fall könnte man argumentieren, dass ein expliziter Timeout gar nicht notwendig ist. Ein Anrufversuch hat erfahrungsgemäß eine netzseitige Zeitgrenze, nach der ein Besetztzeichen, eine Sprachansage oder das Anspringen eines Anrufbeantworters folgt.

Nun – es ist nicht grundsätzlich falsch, sich auf diesen Mechanismus zu verlassen, auch wenn die zuverlässige maschinelle Erkennung oder Unterscheidung schwierig sein kann. Es ist aber davon auszugehen, dass verschiedene Netze unterschiedliche Mechanismen haben und sich nicht nur die Zeiten, sondern auch die Form ändern kann, in der die jeweilige Rückmeldung kommt. Somit wäre die Konsequenz des Verzichts auf einen eigenen Timeout – sowohl bei Benchmark-Tests, aber auch bei wiederholten Messungen im gleichen Netz – dass man die Kontrolle über den Testcase damit teilweise aufgibt und die Vergleichbarkeit der Werte zumindest schwieriger wird – zumindest müsste man mehr Aufwand treiben, um alle relevanten Netzeigenschaften mitzuerfassen.

Nehmen wir also an, dass wir diesen Timeout selbst setzen. Die Wahl eines Timeout-Werts sollte gut bedacht werden. Schließlich drückt dieser Parameter die Erwartung eines Nutzers aus, wie lange ein Verbindungsaufbau maximal dauern sollte. Sicherstellen muss man dabei, dass „dieser" Timeout auch tatsächlich die bestimmende Größe ist, dass also nicht schon früher ein netzeigener Mechanismus greift. Das klingt trivial, ist es aber nicht. Eine in der Praxis immer wieder vorkommende Fehlerquelle ist beispielsweise eine Voreinstellung des netzeigenen Anrufbeantworters, die messsystemseitige Timeouteinstellungen aushebelt.

Wie stark der Einfluss des Wert des Parameters „Timeout" auf die CFR wirkt, hängt davon ab, in welchem Wertebereich er in Bezug auf die typischen Verbindungsaufbauzeiten eines Netzes liegt.

Liegt der Timeoutwert im Bereich typischer Verbindungsaufbauzeiten, wird er einen extrem starken Einfluss auf den primären KPI CFR haben. Aus QoE-Sicht wäre das – wenn es nicht um ein „was wäre wenn"-Szenario geht – allerdings ein grober handwerklicher Fehler: Der Netzkunde, der auf diese Weise modelliert wird, wäre jemand mit einer höchst unrealistischen Erwartungshaltung.

Liegt der Timeoutwert noch innerhalb der Verteilung, aber weit von deren Schwerpunkt entfernt, wird man einen gewissen Anteil von timeout-bedingten Verbindungsfehlern erhalten. Aus Modellierungssicht ist das in Ordnung, denn ein typischer menschlicher Anrufer wird auch irgendwann die Geduld verlieren.

Ist schließlich der Timeoutoutwert sehr groß, wird er je nach dem Vorhandensein von anderen Mechanismen kaum noch einen Effekt auf die CFR haben.

Die Wahl dieses Parameters ist, nebenbei bemerkt, auch eine Frage der Testökonomie. Klar ist, dass mit Abbruch des Anrufversuchs keine weitere Information mehr entsteht – die Verbindung hätte doch noch zustande kommen können, ob innerhalb der nächsten Zehntelsekunde oder erst eine Minute später, lässt sich nicht mehr sagen. In der Nachbearbeitung ließe sich zwar als „was wäre wenn" der Effekt eines kürzeren Timeouts noch überprüfen – der Wahrnehmungshorizont endet aber definitiv dort, wo der Test abgebrochen wird. Auf der anderen Seite ist aber, gerade bei Drivetests, auch die Samplezahl ein kostbares Gut; je länger ein Test dauert, desto weniger Samples erhält man, was sowohl die Flächendichte der Messung als auch die statistische Genauigkeit der Messung reduziert.

Kurz: Der Parameter „Wähltimeout" kann – auch wenn man Extremfälle ausschließt – erheblichen Einfluss auf den KPI-Wert „Call Failure Rate" haben. Ob zwei Messungen mit unterschiedlichen Parametern vergleichbar sind, oder ob sie auf sinnvolle Weise aufeinander skaliert werden können, hängt hier von der Relation der Werte zu typischen Verbindungs-Aufbauzeiten ab.

Die Dauer der Verbindung ist der zweite wichtige Parameter eines Telefonie-Tests. Auch dieser Parameter hat Einfluss auf KPI, in diesem Fall vor allem auf die Call Drop Rate (CDR). Die Skalierungszusammenhänge lassen sich hier jedoch etwas besser abschätzen.

Auch wenn die genauen Vorgänge je nach RAT unterschiedlich sind: Verbindungsabbrüche geschehen vorwiegend im Kontext eines Wechsels des Endgeräts von einer Funkzelle in eine andere. Das bedeutet: Solange sich die Topologie des Netzes, also die Zellendichte oder die Art der Zellen, aus Sicht des Endgeräts nicht wesentlich ändert – das heißt, solange sich das Geschwindigkeitsmuster des Endgeräts relativ zum Netz nicht wesentlich ändert – ist die CDR proportional zur Verbindungsdauer. Das sind viele „Wenns" – was praktisch bedeutet, dass sich dieser einfache Zusammenhang auch erst im Bereich von Mittelwerten vieler Messungen einstellt.

Das Gesagte bedeutet nicht, um jeden Preis an Parameterwerten festzuhalten. QoS-Messungen haben die Wahrnehmung des Anwenders zum Gegenstand; ihre Parameter folgen also den Usecases, und diese ändern sich. Die Vorgehensweise ist hier, Anschluss-messungen durchzuführen. Es wird also zunächst die Messung einmal mit den bisherigen Parametern und einmal mit den neuen Parametern durchgeführt. Im Idealfall – wenn das von den Umständen her möglich ist – findet das sogar parallel statt, um die maximal mögliche Gleichheit der Netzbedingungen zu gewährleisten. Dies bildet die Grundlage, um den Bezug zu früheren Messungen und Reports herzustellen und zu verstehen, welche Werteänderungen auf veränderte Parameter und welche auf von Änderungen im Objekt der Messung selbst zurückgehen.

7.2 Pausen

Um valide Daten sicherzustellen – das heißt auch größtmögliche statistische Unabhängigkeit der Samples – muss dafür gesorgt werden, dass das Testobjekt, also das Netz oder auch das Endgerät, vor jeder Messung im gleichen Ausgangszustand ist beziehungsweise kein „Gedächtniseffekt" existiert, der die neue Messung mit dem vorherigen Ergebnis verbindet.

Das bedeutet, dass zwischen Transaktionen Pausen benötigt werden. Diese werden in der technischen Literatur entsprechend ihrer Funktion oft auch „Guard Times" genannt.

In der Praxis gibt es an diesem Punkt immer eine gewisse „Restunschärfe". Die Netze beziehungsweise das Zusammenspiel zwischen Netzen und Endgeräten ist mittlerweile ein hochkomplexes dynamisches Gebilde.

Hier sei nur ein Beispiel genannt[1], das ich auch deshalb gewählt habe, weil es in Netz-Benchmarksituationen dazu führen kann, dass im Zusammenspiel von Messparametern und Netzparametrierung ein Netz messtechnisch besser aussieht, als es aus einer strikten Kundensicht gerechtfertigt wäre: Der Paketdatentransfer findet über „logische Kanäle" statt, die dem physikalischen Medium quasi überlagert sind, indem bestimmte Teile der Ressource diesen Kanälen zugeordnet ist. Wird nun ein Datentransfer ausgelöst, wird dieser zunächst über einen logischen Kanal mit relativ geringer Transportkapazität abgewickelt (das kann als Teil des schon angesprochenen Ramp-Up-Verhaltens beim Durchsatz angesehen werden). Erst wenn „das Netz" zu dem Ergebnis gekommen ist, dass hier größere Transfers angefordert werden, wird ein logischer Kanal höherer Kapazität zugewiesen. Ist das einmal geschehen, bleibt diese Zuweisung für eine gewisse Zeit bestehen. Die entsprechenden Zeiten sind Parameter des Netzes, die man für unterschiedliche Zwecke optimieren kann. Erfolgt die Zuordnung schnell, erhält der Nutzer vordergründig eine effektiv höhere Datenrate; sind allerdings mehrere Nutzer aktiv, besteht die Möglichkeit, dass ein Nutzer, der im Nachhinein betrachtet gar nicht die volle Leistung gebraucht hätte, diese erhält und dadurch ein anderer Nutzer entsprechend weniger Ressourcen bekommt.

---

[1] Ich versuche hier der Lesbarkeit halber ohne die mobilfunkspezifischen Spezialbegriffe, etwa die genauen Bezeichnungen von Protokoll- und Ressourcenelementen, auszukommen. Dafür nehme ich eine gewisse Unschärfe in Kauf.

Entsprechend bewirkt eine längere Haltedauer eines „schnellen" logischen Kanals, dass diese Ressource anderen nicht zur Verfügung steht. Dazu kann ein höherer Akkuverbrauch beim Endgerät kommen, wenn dieses nach Abschluss eines Transfers noch eine Weile in einem Zustand hoher Aktivitätsbereitschaft gehalten wird.

Der angesprochene Effekt einer möglichen messtechnischen Verzerrung ergibt sich nun auf folgende Weise: Die gewählten Pausen zwischen Transaktionen haben auch Einfluss auf die Messdatenausbeute. Je länger diese Pausen sind, desto geringer ist diese Ausbeute beziehungsweise desto größer sind bei Drivetest-Situationen die geografischen Bereiche, in denen keine aktiven Messdaten vorliegen. Entscheidet sich nun ein Netzbetreiber, die Haltezeit für den schnellen logischen Kanal sehr lang zu machen, kann er sich damit im Benchmark Vorteile verschaffen, von denen ein „Normalnutzer" nichts oder wenig hat, da bei typischer Nutzung die Nutzungsfrequenz weit niedriger und somit die Pausen zwischen Transaktionen weit länger sind als bei jeder sinnvollen Messaktivität.

Die Lösung, um bei diesem Beispielfall solche Effekte weitestmöglich zu neutralisieren, kann in einem „Preload" bestehen. Dabei wird vor der eigentlichen Messung ein Transfer durchgeführt, der das Netz in den Zustand „schneller Datenkanal" bringen soll. Damit wird zwar die gemessene Performance etwas höher sein als in einem vergleichbaren Endnutzer-Szenario. Da das aber für alle Netze gilt, entsteht zumindest keine Verzerrung der Rangfolge.

7.3   Abbildung technischer Messgrößen auf QoE

In diesem Abschnitt geht es um die grundlegenden Aspekte einer Umsetzung technischer Messgrößen auf eine allgemeine Skala. In Kap. 8 wird dann beschrieben, wie eine solche Abbildung konkret umgesetzt wird und welche Methoden dafür – vor allem im Benchmarking—eingesetzt werden.

Eine oft verwendete QoE-Metrik bildet auf Schulnoten ab; eine andere verwendet eine Punkteskala von 0 bis 100. Dazu kommt noch die für MOS-Werte meist verwendete Skala von bis 5.

Allen diesen Skalen gemeinsam ist, dass sie auf irgendeine Weise eine Bewertung von „unakzeptabel" bis „exzellent" ausdrücken.

Die Abbildung auf Schulnoten hat sicherlich mit die größte emotionale Kraft. Zu beachten ist hier nur, dass die verwendete Skala zum Zielpublikum passen muss, etwa 1 bis 6 im deutschsprachigen oder A bis F im angelsächsischen Bereich. Auch eine 0-100-Skala hat suggestive Wirkung, weil sie schnell als „Prozent vom Möglichen" interpretiert wird.

Diese Abbildung unterliegt aber einer Entwicklung. Was heute als technisch höchst anspruchsvoll gilt, ist morgen Mittelmaß, und das auf einer Zeitskala, die von der Entwicklungsdynamik der Mobilfunkwelt her nur wenige Jahre beträgt. Will man ein QoE-Reporting über einen längeren Zeitraum etablieren, sollte man diese Dinge gut planen.

Eine perfekte Wahl kann es hier nicht geben. Weder ist es sinnvoll, aktuelle Werte an den technischen Erwartungen einer fernen Zukunft zu messen, noch sollte man die Bereiche so stark ausreizen, dass eine ständige Neuskalierung erforderlich ist.

Diese Dynamik wird besonders stark bei Datenraten sichtbar, die ja eine der Basisgrößen paketorientierter Datenübermittlung sind. Vor zehn Jahren (irgendwo zwischen der UMTS R99 und HSDPA-Ära) war 1 Mbit/s eine beindruckende Datenrate, die, als Mean Data Rate für Download, in Benchmarks, die mit Noten arbeiten, sicher zur Schulnote „1" geführt hätte. Heute wäre diese Datenrate bestenfalls, bei viel Wohlwollen, noch für eine „3" gut. Dabei waren Datenraten von 100 Mbit/s durchaus schon technisch in Sicht. Sicherlich wäre es aber mehr als erklärungsbedürftig gewesen, die Skala damals schon auf diese Datenraten auszurichten.

Die von einem Netz gelieferte Datenrate ist in gewisser Weise auch wieder eine Besonderheit. Sie ist zwar – über Download- oder Uploadzeiten – direkt wahrnehmbar. Allerdings sind die Bytemengen, die in typischen Usecases transferiert werden, selbst wieder Gegenstand von Veränderung – kaum jemand wäre vor zehn oder 15 Jahren auf die Idee gekommen, mobil ein HD-Video anzuschauen oder „mal eben" eine 10 Mbyte große App zu installieren. Ähnlich sieht es bei Webseiten aus – wo ohnehin die Datenrate meist gar nicht der bestimmende Faktor für die Ladezeit ist, sondern die Latenz: Die Designer stellen sich auf die zur Verfügung stehenden Leistungswerte ein und auch die Erwartungen an Komplexität und Multimedialität einer Webseite war früher sicher nicht so hoch wie heute.

Ebenso werden die typischen Parameter vieler anderer Tests durch entsprechende Entwicklung in den Usecases modifiziert. Bessere Kameras in Smartphones führen eben auch dazu, dass per E-Mail oder über soziale Netzwerke hochgeladene Bilder ein höheres Datenvolumen haben. Die Größe einer typischen App wird mit steigenden Fähigkeiten der Endgeräte oder anspruchsvolleren Nutzern tendenziell auch zunehmen. Höhere Durchsatzraten werden also mindestens teilweise durch größere Datenmengen kompensiert.

Diese Überlegungen führen direkt zu der Frage, welches die tatsächlich wahrgenommenen Eigenschaften sind, die in KPI abgebildet werden sollten. Die vorangegangenen Beispiele legen nahe, dass der Datendurchsatz eine noch relativ „menschenferne" Kenngröße ist und man stattdessen – mit einem entsprechenden Szenario – die Ladezeit verwenden sollte.

Auf diesem Weg ergibt sich für QoE eine Art Selbstkalibrierung – die Skala der Ergebnisgröße eines bestimmten Tests ändert sich kaum oder nur langsam, wenn die Testparameter verändert werden. Auch hier ist es aber wieder so, dass Nebeneffekte bedacht werden müssen. Offensichtlich ist, dass man, um nicht die sprichwörtlichen Äpfel und Birnen zu vergleichen, die Testparameter zum Teil der Dokumentation machen muss. Zudem ist es so, dass diese Parameter sich in der Regel nicht gleitend ändern, so dass man auch hier Diskontinuitäten bekommt, wenn man sie anpasst.

Das Thema „Abbildung technischer Messgrößen" kann somit unterschiedlich gehandhabt werden. Man kann die Entscheidung in die Wahl der genutzten KPI oder der Messmethode legen. Das nenne ich, weil solche Überlegungen meist in der Ergebnisdarstellung nicht mehr direkt sichtbar sind, die implizite Methode. Alternativ kann man als primären

KPI eine technische Größe wählen und diese dann explizit auf eine Größe des QoE-Raums abbilden.

Mit dem obigen Beispiel wäre im ersten Fall die Datendurchsatzrate durch die Ladezeit für ein Datenobjekt einer bestimmten Größe repräsentiert. Im zweiten Fall würde man eventuell mit einer ggf. auch nichtlinearen Abbildungsfunktion arbeiten. Eine solche könnte bei Durchsatzraten etwa eine Wurzelfunktion sein; eine Verdopplung der Durchsatzrate würde dann nur einen „Score"-Anstieg mit dem Faktor 1.4 bewirken. Eine solche Wahl müsste aber in jedem Fall gut – und das heißt, mit Bezug auf die menschliche Wahrnehmung – begründet werden, wenn es Gehalt haben und nicht einfach nur als willkürlich gewählter „Zahlentrick" aufgefasst werden soll.

Statt eine Primärgröße direkt zu nutzen, ließe sich noch mit Größen arbeiten, die eine Kategorienverteilung darstellen. Hier wären die Klassen dieser Verteilung das variable Element. Eine Ergebnisgröße wäre dann beispielsweise „Prozentsatz der Fälle, in denen eine bestimmte Mindestdatenrate erreicht wird". Dieser Wert kann dann etwa aus der Definition von „Breitband" abgeleitet werden, die sich ja im Lauf der Zeit ändert.

Wo man die Wahl zwischen technisch soliden Alternativen hat, sollte die Größe gewählt werden, die dem menschlichen Erleben am nächsten ist. Das dürfte meist etwas mit der Dimension „Zeit" sein. Welche Wahl man letztendlich trifft – wichtig ist vor allem, dass sie zur Zielgruppe eines QoE-Reports passt.

7.4 Usecase-Modellierung

Ausgangspunkt und Anker eines jeden QoS-KPI, der die Kundensicht auf ein Serviceangebot abbilden soll, ist das Kundenerleben des entsprechenden Ablaufs. Das Design eines KPI beginnt also mit den folgenden Fragen:

1. Welcher Anwendungsfall (Usecase) soll überhaupt abgebildet werden?
2. Worin besteht für den Endanwender der Nutzen des jeweiligen Services?
3. Wie erlebt der Endanwender diesen Usecase, was sind die für ihn wahrnehmbaren Ereignisse?

Nehmen wir zur Verdeutlichung wieder unser Standardbeispiel, Telefonie.

Telefonie ist zunächst „Teilnehmer A ruft Teilnehmer B an". Hier stellt sich die Frage „in welchem Netz befinden sich die beiden Teilnehmer jeweils?". Ein Anruf im gleichen Netz und ein Anruf in ein anderes Netz beansprucht schon beim Verbindungsaufbau unterschiedliche Ressourcen; erst recht ist das bei der Sprachqualität der Fall.

Inklusive der Möglichkeit „Festnetz" – wenn man es ganz genau nimmt, gibt es dort ja auch mehrere Möglichkeiten – erhält man eine Matrix von Möglichkeiten. Diese lassen sich in Kategorien einteilen. In den meisten Ländern haben Festnetze andere technische Eigenschaften als Mobilnetze, vor allem bei der Audiobandbreite, wo es meist nur „narrowband" gibt, im Gegensatz zu den Wideband-Möglichkeiten in Mobilnetzen. Auch

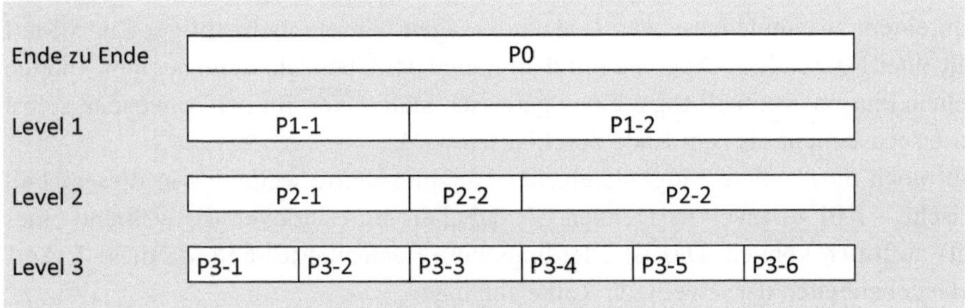

Abb. 7.1 Beispiel für ein Transaktions-Phasenmodell mit mehreren Schichten

wenn der grundlegende Ablauf eines Telefonats in diesen Fällen gleich ist, gehört die Wahl des betreffenden Anwendungsfalls somit zu den elementaren Entscheidungen.

Hinter der Frage nach dem Nutzen steht letztlich die Frage nach der Detailtiefe. Bei der heute gebräuchlichen Art der Modellierung geht man „top-down" vor. Ein Usecase-Modell besteht also aus mehreren Schichten, deren oberste die „Ende zu Ende"-Sicht aus Anwenderperspektive ist. Es folgen mehrere Schichten mit steigender Detailtiefe; der Usecase-Ablauf, genannt *Transaktion*, wird dabei in einzelne *Phasen* zerlegt.

Der Begriff Transaktion bezeichnet eine einzelne, aus Kundensicht vollständige Instanz, (ein „Exemplar") eines QoS-relevanten Ablaufs, also etwa ein Telefonat, einen Webseitenabruf oder den Download einer Datei.

Abbildung 7.1 zeigt diese Phasenstruktur schematisch. Die Benennung der Phasen folgt hier einem einfachen numerischen Schema. Die erste Ziffer bezeichnet den Level, die zweite ist ein fortlaufender Index ist. In der Praxis würde man hier anstreben, „sprechende" Bezeichner zu verwenden, aus denen sich auch entsprechende KPI-Namen ableiten lassen.

Auf der obersten Ebene besteht das Modell aus dem gesamten Usecase („Ende zu Ende"). In den nachfolgenden Levels wird dann jede Phase sukzessive in Teilphasen zerlegt. Wie weit diese Zerlegung sinnvollerweise geht, hängt letztlich von der gewünschten diagnostischen Tiefe und den verfügbaren Datenquellen ab.

Im Level 1 bestünde also der Usecase aus den Phasen P1-1 (Verbindungsaufbau) und P1-2 (Nutzen der Verbindung, d. h. Gesprächsführung). Geht man beim Zerlegen noch weiter, ließe sich P1-1 entsprechend der technischen Abläufe im Netz noch weiter zerlegen.

Bevor ich auf tiefere Levels eingehe, noch etwas Grundsätzliches zur Phasenstruktur. An dieser Stelle kann es sicher Diskussionen geben; bei einer diagnostisch motivierten Gestaltung des KPI-Portfolios können diese auch technische Elemente des Netzes abbilden. Ich postuliere hier von einer QoS-Warte aus, dass sich die Phasen am jeweiligen Anwendernutzen orientieren sollten. Jeder KPI würde hier also etwas für den Anwender Bedeutsames repräsentieren. Das muss nicht unbedingt bedeuten, dass jede Phase einen eigenständigen primären Nutzen hat. Im Telefonie-Beispiel ist der Nutzen des Ganzen sicherlich die Kommunikation und der Verbindungsaufbau selbst lediglich Mittel zum

Zweck. In einem zusammengesetzten Usecase – sagen wir, ein mehrstufiger Zugriff auf den Inhalt einer Nachrichten-App, der mit dem Laden der Übersichtsseite beginnt – hätten die einzelnen Phasen eventuell sogar einen gewissen realen Wert für den Anwender, selbst wenn der Usecase nicht bis zum Ende durchlaufen wird.

Es gibt noch eine andere Möglichkeit, der Nutzungsphase weitere – in diesem Fall diagnostische – KPI zuzuweisen. Denken wir dabei an die Handover, die während eines Telefonats auftreten können. Das ist allerdings kein kontrollierter Fall, da diese Events von den Gegebenheiten der jeweiligen Route abhängen.

Abbildung 7.1 verdeutlicht einen weiteren Aspekt der Usecase-Modellierung: Die einzelnen Phasen folgen in der Darstellung unmittelbar aufeinander, sie sind also „nahtlos". Das wird wichtig, wenn es um die technische Umsetzung der KPI geht. Das Phasenmodell impliziert nämlich auch, dass ein erfolgreicher Durchlauf nur stattfinden kann, wenn alle Phasen nacheinander durchlaufen wurden. Ist der Ablauf nahtlos, ist der Beginn einer Phase gleichbedeutend mit dem erfolgreichen Ende der vorhergehende Phase, und eine nicht erfolgreich abgeschlossene Phase impliziert, dass keine der darauffolgenden Phasen mehr begonnen wird, womit diese Transaktion auch keinen Beitrag zu den entsprechenden KPI mehr liefern kann.

Die dritte der eingangs gestellten Fragen ist die nach der Sichtbarkeit der Abläufe aus Kundensicht. Genau genommen besteht diese Frage aus zwei Teilfragen: Was ist für den Kunden überhaupt wahrnehmbar, und in welcher Form ist es wahrnehmbar? Eine technische Umsetzung muss beides berücksichtigen, um die notwendige Anwendernähe zu bekommen. Das gilt auch dann, wenn es auf technischer Ebene weitere Informationen gibt, beispielsweise technologiespezifische Signalisierungsabläufe („Layer 3-Messages") beim Verbindungsaufbau. Für einen KPI, der die Kundensicht abbilden soll, ist auch und gerade dann eine saubere Verbindung dieser Kundenwahrnehmung mit den technisch verfügbaren Indikatoren („Events") von größter Wichtigkeit.

Noch genauer – die Events sind teilweise das Auslösen von Aktionen und teilweise das Beobachten von Reaktionen auf diese Aktionen. Im Telefonie-Beispiel beginnt die Transaktion mit dem Beginn des Wählens – damit ist das tatsächliche Auslösen des Verbindungsvorgangs und nicht so etwas wie das Eingeben der ersten Ziffer der Ziel-Rufnummer gemeint. So unnötig diese Feststellung in diesem Fall klingen mag, zeigt die Praxis, dass die saubere Arbeit genau hier beginnt und Ungenauigkeiten später umfangreiche Folgeprobleme verursachen können.

Die Reaktion auf einen Startvorgang wird für den Anwender optisch und/oder akustisch wahrnehmbar sein. Technisch gesehen – unser Ziel ist ja ein automatisierter Testvorgang – wäre beides ungünstig, weil es entweder Audio- oder gar Video-Signalverarbeitung erfordern würde. Hier verwendet man, wenn nur irgend möglich, entsprechende Events der Schnittstelle des für den Test verwendeten Endgeräts, die auf ihre Äquivalenz zu den gewünschten Indikatoren überprüft und validiert sein müssen.

Rein technisch lässt sich aus jedem Event-Paar ein KPI erzeugen; das „Schöne" dieses Ansatzes ist, dass man auf diese Art ohne wirkliche Anstrengung eine Menge beeindruckend aussehender Formeln und Powerpoint-Slides erzeugen kann. Problematisch ist allerdings, dass die Aussagekraft dieser KPI entsprechend verwässert wird – speziell bei Benchmarks wird jedes Netz schon irgendwelche KPI haben, in denen es „Testsieger" ist. Nach meiner Überzeugung sollte das Ziel sein, eine möglichst geringe Zahl von KPI anzustreben, die dafür aber entsprechend kraftvoll sind. Damit ist gemeint, dass diese KPI ohne Wenn und Aber mit dem tatsächlichen Qualitätserleben eines Kunden korrelieren. Dass speziell Netzbetreiber ein Interesse haben, nicht nur einen Ist-Zustand festzustellen, sondern auch Ursachen von Problemen aufzudecken, ist davon unbenommen; dieser Aspekt wird in Abschn. 7.8 noch detailliert betrachtet.

Im Vorangegangenen wurde der Begriff beziehungsweise das Konzept „erfolgreicher Abschluss einer Phase" verwendet. Zu einer Usecase-Modellierung gehört auch, dass man definiert, was damit gemeint ist. Generell – das ist auch schon die Vorbereitung auf den nächsten Abschnitt, bei dem es um das Design eines einzelnen KPI geht – kann man sich den Ablauf eines Usecase wie einen Entscheidungsbaum vorstellen. In jeder Phase ist das Ergebnis binär – erfolgreich oder nicht erfolgreich. In der QoS-Standardisierung wurden früher oft Negativ-Events – also solche, die einen bestimmten Typ von Fehlschlag anzeigen – verwendet. Heute wird meist mit Positiv-Events gearbeitet, anstatt „Erfolg" als das Nicht-Auftreten eines Negativ-Events zu definieren. Man vermeidet damit die Gefahr, dass durch Veränderungen im Ablauf Definitionslücken entstehen, die dann zu Fehlinterpretationen führen. Mit Positiv-Definitionen ist es dann lediglich erforderlich, einen Timeoutfall – den man aus den zuvor genannten Gründen sowieso haben sollte – zu definieren, um in jedem Fall für ein definiertes Phasenende zu sorgen.

Negativ-Events kann man trotzdem verwenden; zum einen liefern sie gegebenenfalls weitere nützliche Informationen, zum anderen lässt sich damit ein Ablauf auch verkürzen, wenn klar ist, dass nach einem solchen Event kein Positivfall mehr eintreten kann.

In der „Frühgeschichte" der QoS-Standardisierung wurden solche Negativ-Ereignisse zudem oft detailliert beschrieben. Es gibt in den relevanten Signalisierungsprotokollen diverse Elemente, die solche Negativinformationen transportieren, und dazu noch weitere Informationen („causes", also Gründe für die Negativmeldung) enthalten. Dass das heute nicht mehr in dieser Form gehandhabt wird, hat mehrere Gründe. Das Pflegen einer solchen Liste wird mit der Zahl der verschiedenen Mobilfunktechnologien, zu denen regelmäßig neue Releases der Signalisierungsstandards herauskommen (aktuell sind es ja drei Generationen, die parallel berücksichtigt werden müssen) immer aufwendiger und steht in keinem vernünftigen Verhältnis zum Nutzen mehr.

Noch schwerer wiegt, dass man nie genau weiß, ob die Liste vollständig ist und ob überhaupt alle denkbaren Events am Endgerät sichtbar sind, sei es, dass sie schlicht, etwa durch zwischenzeitlichen Netzverlust, gar nicht am Endgerät ankommen oder auch, dass sie dort von dessen Schnittstellen her gar nicht verfügbar sind.

Damit wieder zurück zum konkreten Beispiel des Telefonie-Testcase. Hier gibt es außer dem Wähltimeout eine Reihe von Möglichkeiten. Man kann nach dem Start des Verbindungsaufbauversuchs sofort eine Fehlermeldung bekommen, etwa dann, wenn gar keine Netzversorgung besteht oder das Netz belegt ist. Eine solche Fehlermeldung kann auch später kommen, wenn die Lokalisierung des B-Teilnehmers fehlgeschlagen oder beim Aufbau der Verbindung zu diesem Teilnehmer ein Fehler aufgetreten ist.

Parameter- oder Steuerungsfehler sind hier übrigens nicht berücksichtigt; wir setzen voraus, dass, beispielsweise, die Rufnummer korrekt ist und die beim Test vorgesehenen Aktionen auch tatsächlich vom Endgerät unterstützt werden.

In dieser Sichtweise gibt es drei Elemente: Positiv- oder Negativ-Events, die die Phase beenden, sowie einen Timeout, der in jedem Fall für ein definiertes Ende sorgt. Erfolgreich-Kriterien sollten immer mit Positiv-Events verbunden sein.

Hierzu wieder ein Beispiel: Im Fall der Telefonie wird nach Ablauf der vorgesehen Verbindungszeit seitens des A-Teilnehmers („calling party") aufgelegt; zuvor wird geprüft, ob die Verbindung bis dorthin noch bestanden hat. Das ist das Positivkriterium; hat die Verbindung, egal aus welchem Grund, zu diesem Zeitpunkt nicht mehr existiert, gilt sie als „dropped" und damit die Transaktion als nicht erfolgreich durchlaufen.

Das Geschehen aus Anwendersicht und die Low-Level-Abläufe müssen nicht immer eine 1:1-Beziehung zueinander haben. Um das zu verdeutlichen, betrachten wir einen klassischen Download-Testcase. Das Ziel dieses Testcase ist, ein bestimmtes Datenobjekt zu übertragen. Das kann eine Datei oder eine E-Mail oder etwas Zusammengesetztes wie eine Webseite sein. Für dieses Modell soll es jedenfalls etwas sein, bei dem der Kundennutzen erst gegeben ist, wenn die Daten vollständig übertragen worden sind.

Das Charakteristische ist hier, dass der Datentransfer nicht kontinuierlich stattfinden muss. Es kann also eine Lücke von einigen zehn Sekunden geben, in der die Datenrate Null ist; das sagt zunächst einmal nichts darüber aus, dass es nicht im nächsten Moment weitergeht. Natürlich wird es hier auch Timeouts geben, deren Dimensionierung vom modellierten Usecase abhängt; ein E-Mail-Testcase, bei dem die Annahme ist, dass die Daten im Hintergrund übertragen werden, wird anders parametriert sein als ein Webbrowsing-Testcase unter der Annahme, dass der Anwender aktiv auf das Erscheinen der Webseite auf seinem Bildschirm wartet.

Wesentlich ist aber, dass hier die Anwendersicht durchaus von dem verschieden sein kann, was „tatsächlich", also auf niedrigerer Ebene zwischen Endgerät und Netz, abläuft. Es ist sogar möglich, dass auch beim kompletten Abbruch der Verbindung das Betriebssystem oder eine andere Instanz auf dem Endgerät die Verbindung wieder herstellt. Das wird zwar durch die damit verbundene Wartezeit für den Anwender sicher nicht mit einem besonders guten Qualitätserlebnis verbunden sein. Ein Event „Abbruch der Paketdatenverbindung" ist aber, obwohl low level absolut real und sicher auch eine wichtige diagnostische Information – auf Anwenderebene bedeutungslos, solange sich das nicht im User Interface manifestiert.

Das heißt nicht, dass solche Dinge in QoS-Hinsicht „straflos" geschehen. Ein gutes KPI-Design sorgt dafür, dass derartige Effekte sich in den Indikatoren angemessen, das heißt gemäß der Qualitätswahrnehmung eines realen Kunden, niederschlagen. Hierzu mehr im nächsten Abschnitt.

7.5 KPI-Design und Auswahl

Für den Aufbau eines QoS-Reports muss eine Auswahl der dargestellten KPI getroffen werden. Man kann von Anfang an eigene Definitionen anstreben, KPI aus dem Angebot der Standardisierungsliteratur wählen oder beides kombinieren. In jedem Fall ist es wichtig, sich einige grundlegende Dinge klarzumachen.

Jeder KPI sollte eine vom Nutzer erfahrbare Eigenschaft beschreiben. Nutzt man QoS als Mittel der Ressourcensteuerung, sollte diese Eigenschaft auch – um den in Scrum gebräuchlichen Begriff zu verwenden [31], einen „Geschäftswert" besitzen.

Zu beachten ist dabei, dass der KPI-Satz den gewünschten Grad an Vollständigkeit hat und auch mögliche Überlapps verstanden sind. Ich habe diese Formulierung – anstelle einer absoluten Forderung nach Vollständigkeit und Überlapp-Freiheit – gewählt, um klarzumachen, dass dieser Auswahlprozess zielabhängig ist, es also bei der KPI-Auswahl kein striktes „Richtig" oder „Falsch" gibt. Entscheidend ist aber, dass man weiß, was man tut.

Zur Verdeutlichung zeigt Abb. 7.2 das schon bekannte Phasenmodell, diesmal mit den zugeordneten KPI. Hier wird die Transaktion aus zwei verschiedenen Perspektiven betrachtet.

Die oberste Ebene ist wieder die Ende zu Ende-Sicht. KPI 1 steht für eine der dafür üblichen Indikatoren wie die Erfolgreichrate oder die Session Time. Darunter ist als Perspektive 1 eine detailliertere Sicht in Form einer Differenzierung der Transaktion in zwei Phasen mit entsprechenden KPI gezeigt. Die danach gezeigte Perspektive 2 ist in doppelter Hinsicht unterschiedlich: Zum einen hat sie andere Phasengrenzen als die Perspektive 1, ist also keine einfache Teilmenge. Zum anderen deckt sie nur einen Teil des Gesamtablaufs ab.

Mit überlappenden KPI zu arbeiten ist wie gesagt legitim, solange man weiß, was man tut. Selbstverständlich ist es auch möglich, die KPI-Auswahl manipulativ einzusetzen. Die Erfahrung zeigt allerdings, dass dies längerfristig keine gute Idee ist, weil existierende Probleme, die man damit vielleicht eine Weile überdecken und sich in die Sicherheit „hervorragender" Kennzahlen in den ausgewählten Disziplinen wiegen kann, dazu tendieren, sich gemäß „Murphys Gesetz" zum ungünstigst-möglichen Zeitpunkt dann doch wieder bemerkbar zu machen. Insofern ist Transparenz, Begründung und Nachvollziehbarkeit solcher Entscheidungen ein wichtiges Element-

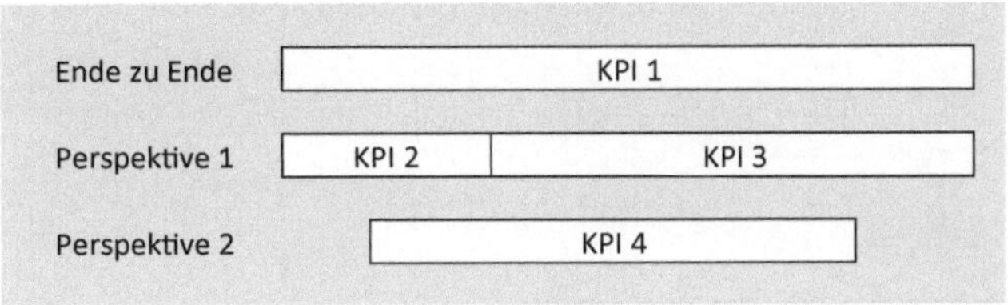

Abb. 7.2 Phasenmodell einer Transaktion mit zugeordneten KPI

Ende zu Ende	KPI 1	
Perspektive 1	KPI 2	KPI 3
Perspektive 2		KPI 4

7.6 KPI-Bedeutungsräume

Es gibt eine Vielzahl von standardisierten KPI, die sich in der Praxis bewährt haben und die weltweit verwendet werden. Kapitel 11 bietet einen Überblick dieser KPI. Sie bilden quasi die Vokabeln einer Sprache, mit der man sich im QoS- und QoE-Raum international verständigen kann und deren Kenntnis es ermöglicht, entsprechende Reports oder etwa auch in der Presse veröffentlichte Benchmarks in ihrer Bedeutung für das eigene Business zu verstehen. Diese standardisierte QoS-Sprache ist aber – wie ich noch ausführlicher darstellen werde – unvollständig und an einigen Stellen unvollkommen.

Vorsichtshalber sei gesagt, dass die folgenden Betrachtungen keine Fundamentalkritik an etablierten KPI sein sollen. Um mit dem Standard–QoS-Bezugsrahmen optimal arbeiten zu können, ist es jedoch auch notwendig, dessen Hintergründe und Grenzen zu kennen.

Ich gehe davon aus, dass es mir – unterstellt, Sie haben dieses Buch bis hierhin sequentiell gelesen – gelungen ist, Ihnen die Grundgedanken der QoS nahezubringen. Ich möchte Ihnen jetzt, mit einigen ausgewählten Beispielen zeigen, wie KPI-Definitionen Szenarien und Parameter von Messungen zusammenhängen und an welchen Stellen Vorsicht oder genaues Hinschauen notwendig ist.

Betrachten wir als erstes einen Standard-Telefonie-Usecase, der mit zwei KPI beschrieben wird: der Call Fail Rate (CFR) und der Call Drop Rate (CDR). Ich verwende bewusst die historischen Namen, weil diese zum einen „sprechend" sind und zum anderen die Betrachtung an dieser Stelle generisch bleiben soll[2].

Betrachten wir dazu ein geografisches Gebiet, das durch Abb. 7.3 symbolisiert wird; man denke sich eine Landkarte mit einem überlagerten Raster aus quadratischen Kacheln (das Konzept solcher „Kacheln" wird im Übrigen auch im Postprocessing verwendet, um Daten geografisch zu aggregieren). In einigen dieser Kacheln – deren typische Ausdehnung im Bereich einiger zehn bis einiger hundert Meter liegen kann – soll das Netz schlechte Qualität unterschiedlicher Kategorien haben.

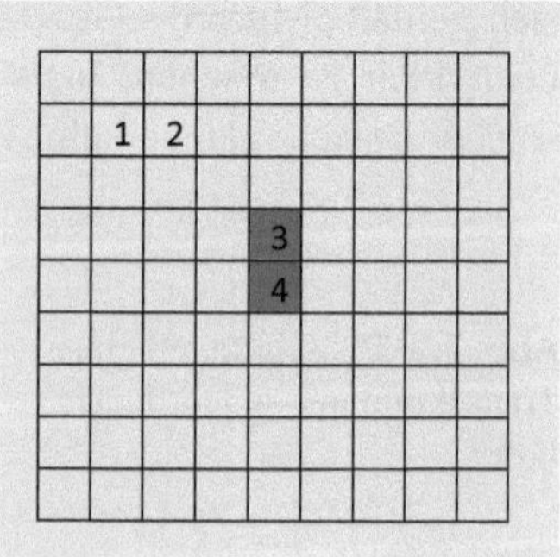

Abb. 7.3 Schematische geografische Netzversorgung. Kacheln 3/4: Unzureichende Versorgung. Kacheln 1/2: Kein Handover möglich

---

[2] Die äquivalenten ETSI-Namen wären für CFR „Telephony Service Non-Accessibility", und für CDR „Telephony Cut-off Call Ratio".

In den Kacheln 1 und 2 (in der Farbdarstellung gelb hinterlegt) soll die Netzkonfiguration ungünstig sein, so dass Handovers ab einer gewissen Bewegungsgeschwindigkeit scheitern, das stationäre Telefonieren aber einwandfrei funktioniert. Die Kacheln 3 und 4 (rot hinterlegt) sollen „Funklöcher" sein, in denen kein Verbindungsaufbau möglich ist und auch Gespräche abbrechen, wenn sie durchfahren werden.

Wie dieses Gebiet aus KPI-Sicht aussieht, hängt von der Art und Form der Bewegung ab. Stationäre Tests würden in den Kacheln 3 und 4 Call Fails ergeben. Überall sonst wären die Telefonate erfolgreich. Call Drops entstehen in diesem Beispiel in den Kacheln 3 und 4 nicht, weil ja bereits der Aufbau der Verbindung fehlschlägt und im Stationärfall eben auch keine in anderen Kacheln aufgebauten Gespräche existieren.

Aus einer Drivetest-Perspektive sieht dieses Gebiet anders aus. Falls die Gesprächsaufbauten in den Kacheln 3 und 4 stattfinden, werden zwar wieder Call Fails registriert; beim Durchfahren dieser Kacheln mit laufenden Telefonaten, die in anderen Kacheln aufgebaut worden sind, gibt es aber jetzt Call Drops. Ebenso zeigen sich jetzt Call Drops in den Kacheln 1 und 2.

Dieses Beispiel soll zweierlei zeigen. Zum einen kann das auf QoS-Ebene gleiche Ergebnis – hier der Call Drop – unterschiedliche Ursachen haben, die erst erkennbar werden, wenn weitere Informationen vorliegen. Hier wäre mindestens der Signalpegel notwendig, noch besser wäre, die mit einem Handover einhergehende Signalisierung „sehen" zu können. Zum anderen – und das ist der wichtigere Aspekt – kann ein und derselbe Sachverhalt je nach Szenario zu unterschiedlichen KPI führen.

Auch wenn dieses Beispiel konstruiert ist, um den Punkt, um den es mir geht, klar herauszuarbeiten – das dahinter stehende Problem ist real. Es entsteht mit der Ausdifferenzierung von KPI. Aus einer Ende-zu-Ende-Perspektive würde es nur einen Typ Erfolgreichrate geben. Zwar wäre hier immer noch das Ergebnis eines nacheinander für alle Kacheln durchgeführten stationären Tests ein anderes als für einen Drivetest durch das Gebiet hindurch; die Call Drop/Call Fail-Anomalie würde aber verschwinden.

Umgekehrt ließe sich dieses Beispiel auch nutzen, um für eine größere Ausdifferenzierung von KPI zu werben. Gäbe es beispielsweise verschiedene Kategorien von Call Drop Rates – eine versorgungsbezogene und eine handover-bezogene – wäre die beschriebene Anomalie auf andere Weise aufgelöst. Ebenso ließen sich für Call Fails unterschiedliche Kategorien bilden – auch hier wieder eine versorgungsbezogene und eine, die Signalisierungsfehler beim Verbindungsaufbau abdeckt. Solche Signalisierungsfehler ließen sich im übrigen auch wieder unterschiedlichen Kategorien zuordnen: solche, die durch Interferenzen verursacht werden, also letztlich geografische, örtlich reproduzierbare Effekte, und solche, die ihre Ursachen in der netzinternen Kommunikationsstruktur haben. In einem solchen Fall gäbe es eine gewisse Wahrscheinlichkeit, daß ein solches Ereignis auftritt, es wäre aber nicht an einen bestimmten Ort gebunden. Beim nächsten Test würden entsprechende Effekte dann in anderen Kacheln auftreten.

Eine solche Ausdifferenzierung – wenn sie mit Augenmaß geschieht – könnte auch relativen Laien helfen, die Art von Beeinträchtigungen im Netz genauer zu verstehen und hätte – unterstellt, es wird ausreichend gut erklärt – von daher auch einen Nutzen für Endanwender. Der einzige Nachteil einer solchen auf KPI verdichteten Sichtweise wäre, dass die geografische Ursache ein wenig unklar bleibt. Betrachtet man nur die Kacheln 3 und 4, verursachen diese sowohl Call Fails als auch Call Drops. Die gleiche KPI-Struktur hätte man – ohne eine diagnostische Ausdifferenzierung – aber auch, wenn zwei Kacheln existierten, in denen nur Call Drops auftreten, und zwei andere, in denen nur die nur Call Fails stattfinden.

Ein weiterer Aspekt möglicher Mehrdeutigkeit von KPI ist mit der Gewichtung der einzelnen KPI im Rahmen einer Gesamtbewertung verbunden. Das Beispiel hat verdeutlicht, dass ein und dieselbe geografische Netzeigenschaft sich in verschiedenen Fehlerklassen – CFR oder CDR – manifestieren kann. Generell gäbe es Gründe, diese für eine QoE-Bewertung unterschiedlich zu gewichten. Die Fragestellung wäre: welche Situation ist für den Netzkunden letztendlich die unangenehmere? Ist es besser, wenn das Telefonat gar nicht erst zustande kommt (und damit, unter anderem, auch keine Kosten verursacht)? Oder ist es besser, zumindest einen Teil des Gesprächs geführt zu haben?

Ähnliche Fragestellungen lassen sich auch für andere KPI identifizieren, etwa der Sprachqualität. Ist eine stabile Verbindung mit durchgehend schlechter (und entsprechend Stress verursachender) Sprachverständlichkeit einer im Bewegtfall weniger stabilen vorzuziehen, die dafür gute Qualität hat? Natürlich würde die Antwort bezogen auf ein und denselben Netzbetreiber lauten „am besten ist eine robuste Verbindung mit durchgehend guter Qualität". Wie ist aber ein Benchmark- Ergebnis zu werten, wenn man zwischen zwei auf unterschiedliche Art nicht-perfekten Netzen zu wählen hat? Hier muss man auf ein Score-Modell zurückgreifen, dessen Parameter eben auch die Anwender-Zielgruppe modellieren.

7.7   Auswahl der Szenarien

Wie wir schon gesehen haben, sind KPI keine physikalischen Messgrößen wie Länge oder Temperatur. Sie sind zwar hinsichtlich ihrer Triggerpunkte und auch in Bezug auf ihre Basisszenarien präzise definiert. Ein KPI-Zahlenwert hängt jedoch auch von den Parametern der Messung ab. Darüber hinaus gibt es aber noch zwei weitere Dimensionen, die für das Verständnis der Bedeutung eines KPI wichtig sind.

Die erste Dimension ist das Verhalten des Testsystems im Fall einer fehlgeschlagenen Transaktion; das hat Einfluss auf die Messdatendichte und darüber auch wieder auf die Aussage, die im Zahlenwert eines KPI steckt. Die zweite Dimension ist die geografische Interpretation der Messaussage in Bezug auf das Szenario, zu dem der KPI gehört.

7.7.1   Messdatendichte

Betrachten wir den einfachsten Fall eines Testablaufs, die fortgesetzte Ausführung eines einzelnen Testcase-Typs, also eine Abfolge gleichartiger Transaktionen mit gleich langen Pausen dazwischen.

Die Samplezahl pro Zeitintervall hängt von Transaktions- und Pausenlänge ab. Was geschieht nun aber, wenn eine Transaktion nicht erfolgreich ist? Falls die Pause entsprechend früher beginnt, ist klar, dass das Einfluss auf die Gesamt-Samplezahl hat, weil dann in der gleichen Zeit mehr Transaktionen stattfinden können. Das wiederum hat Einfluss auf die entsprechenden KPI, wie folgendes Beispiel zeigt.

Die Modellsituation ist ein Bewegttest, bei dem ein Teil der Strecke nicht oder schlecht versorgt ist oder dort Mobilitätsfunktionen (z. B. Handover) fehlschlagen. Das „stationäre" Analogon wäre eine Fehlersituation im Netz, bei der die betreffende Transaktion von Zeit zu Zeit fehlschlägt.

Im Erfolgreichfall wird die Transaktion mit der geplanten Länge ausgeführt. Im Fehlerfall wird die Ausführung vorzeitig beendet und gleich (nach der vorgesehenen Pause) die nächste Transaktion gestartet.

Die Fehlerrate ist dabei definiert als

$$R = 100\,\% * \frac{Anzahl\ Fehlschläge}{Anzahl\,Versuche}$$

Wir erinnern uns an Betrachtungen in vorigen Abschnitten. Ein Fehlschlag kann geografische Ursachen haben oder das Resultat von Fehlfunktionen im Netz sein. Im ersten Fall – das sprichwörtliche „Funkloch" infolge unzureichender Netzabdeckung oder eine Interferenzzone – hat die Störung eine zeitliche Länge, die sich aus der räumlichen Ausdehnung des betreffenden Gebiets und der Bewegungsgeschwindigkeit ergibt. Im zweiten Fall darf man davon ausgehen, dass es pro Versuch eine gewisse Wahrscheinlichkeit gibt, dass dieser fehlschlägt. Die Fehlerrate wäre in diesem Fall von der Frequenz der Versuche unabhängig (unterstellt, dass die Pause wenigstens so lang ist, dass keine „Gedächtniseffekte" auftreten).

Für die nachfolgende Betrachtung verwenden wir statt der primären Parameter „Dauer der Transaktion" und „Pause zwischen Transaktionen" eine Größe, die ich „Steigerungsfaktor" nenne. Dieser gibt an, wie viele zusätzliche Samples ein Fehlerfall gegenüber dem Erfolgreichfall maximal produziert. Der Steigerungsfaktor 2 erzeugt also im Fehlerfall 2 fehlgeschlagene Transaktionen anstelle einer erfolgreichen Transaktion.

In der Praxis sind diese Steigerungsfaktoren abhängig vom Testcase-Typ. Bei Datentests mit typischen Transaktionsdauern von maximal einigen zehn Sekunden und Pausen um zehn Sekunden liegen die Werte im Bereich bis 3 oder 4. Bei Telefonie sind Werte bis etwa 10 denkbar, was an den für solche Testcases typischen Call-Dauern von 2 min bei Pausen im Bereich 10 bis 20 s liegt. Auch bei Videostreaming sind Werte bis etwa 10 vorstellbar.

Aus dieser Überlegung folgt schon einmal, dass ein „Hagel" von Fehlversuchen eher nicht das zutreffende Bild ist. Die Wertebereiche sind aber durchaus groß genug, um einen deutlichen Einfluss auf entsprechende KPI zu haben.

Einige konkrete Werte: Für eine Pausenzeit von 10 s bei einer regulären Ausführungszeit von 20 s würde sich im Extremfall – wenn die effektive Transaktionsdauer Null wäre

Tab. 7.1 Effektive Fehlerraten bei nicht-konstanter Samplezahl, in Abhängigkeit von primärer Fehlerrate und Steigerungsfaktor

Primäre Fehlerrate %	Steigerungsfaktor			
	1	2	5	10
1	1	2,0	4,8	9,2
2	2	3,9	9,3	16,9
5	5	9,5	20,8	34,5
10	10	18,2	35,7	52,6
15	15	26,1	46,9	63,8
20	20	33,3	55,6	71,4

– ein Steigerungsfaktor von 3 (20 + 10 s zu 10 s) ergeben. Bei einem typischen Telefonie-Testcase mit 15 s Pause, 20 s Wähl-Timeout, der auch ausgeschöpft wird, und 120 s regulärer Gesprächsdauer wäre unter den entsprechenden Annahmen (sofortiger Fehlschlag) der maximale Steigerungsfaktor $(120 + 20 + 15)/(0 + 0 + 15) = 10{,}3$.

An dieser Stelle überschneiden sich QoS und QoE-Aussage. Offensichtlich kann der Effekt durch zusätzliche Wartezeiten kompensiert werden. Die Messvorschrift in Benutzersicht übertragen ist: „Wenn ein Transaktionsversuch fehlschlägt, warte X Sekunden und versuche es erneut". Beim Design des entsprechenden Tests ist einfach die Frage zu beantworten, welche Parameter den „Modell-Benutzer" am besten abbilden, also dessen Qualitätswahrnehmung des entsprechenden Netzes adäquat wiedergeben. Die darunterliegende „technische" „Netzqualität" ist dabei, ein wenig provokativ gesagt, zweitrangig.

Das bedeutet, auch hier ist es keine Frage von „richtig" oder „falsch", vielmehr geht es darum, die Effekte zu kennen und sie bewusst und kontrolliert einzusetzen (wozu auch gehört, dass sie entsprechend transparent dokumentiert und kommuniziert werden).

In Tab. 5.1 sind Ergebnisse entsprechender Modellrechnungen zusammengefasst (Tab. 7.1).

In den Zeilen stehen ausgewählte primäre Fehlerraten, die sich bei einem konstanten Messtakt ergeben würden. Die Spalten der Tabelle zeigen verschiedene Steigerungsfaktoren in einem Bereich, der durch die vorangegangenen Überlegungen bestimmt ist. In den Feldern der Tabellenmatrix stehen dann die Fehlerraten, die sich aus den entsprechenden Versuchs- und Fehlschlagszahlen ergeben.

Man erkennt, dass der Effekt eine Art „Betonung" beziehungsweise Überzeichnung der Fehlerfälle ist. Damit liegt er letztendlich in der gleichen Kategorie wie ein entsprechendes Mapping (siehe hierzu auch Kap. 8).

Ich schreibe hier „kann", weil wir bis jetzt ein vereinfachtes Modell verwendet haben, bei dem wir stillschweigend annehmen, dass die „Messauflösung" der Granularität der Effekte im getesteten Netz entspricht. Tatsächlich ist es sogar so, dass eine „variable Samplerate" – denn das ist es, was sich letztlich aus einem nicht-konstanten Zeitraster ergibt – sogar zusätzliche Informationen und damit einen Extranutzen bringt.

Betrachten wir dazu zwei stilisierte geografische Situationen (Abb. 7.4 und 7.5).

Abb. 7.4 Geobeispiel 1:
Große No Coverage-Zone

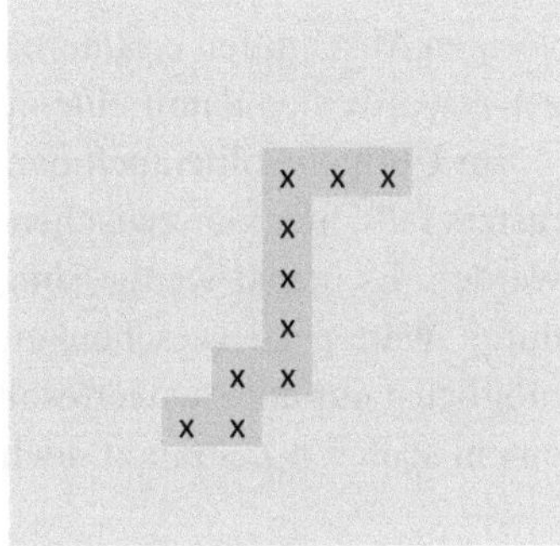

Abb. 7.5 Geobeispiel 2:
Kleine No-Coverage-Zone

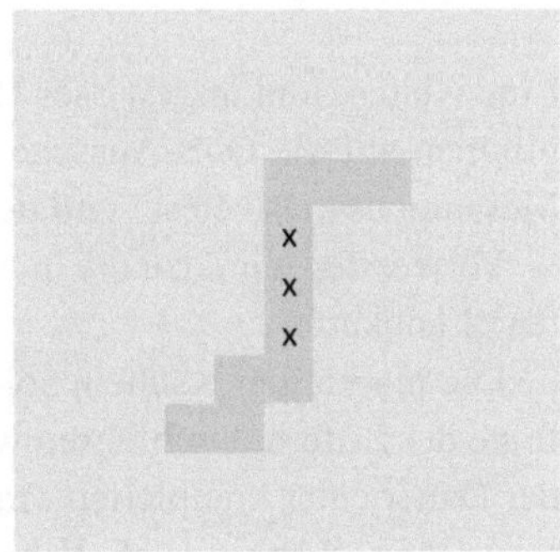

In beiden Fällen soll die markierte Fläche den Routenabschnitt repräsentieren, der –
zeitlich und damit unter der Annahme einer bestimmten Durchschnittsgeschwindigkeit
auch räumlich – von einer erfolgreichen Transaktion abgedeckt wird.

Im ersten Fall hat die „No Coverage"-Zone tatsächlich die Dimension der Transaktion;
im zweiten Fall ist sie deutlich kleiner. Es ist offensichtlich, dass in einem Testmodus, in
dem die nächste Transaktion tatsächlich erst gestartet wird, wenn der gesamte Abschnitt
durchfahren wurde, der Unterschied dieser beiden Fälle nicht sichtbar wäre.

Die räumlichen Dimensionen, um die es hier geht, sind durchaus makroskopisch; bei
einer Fahrtgeschwindigkeit von 50 km/h werden in den 15 s einer typischen Datentransak-
tion etwa 200 m zurückgelegt; eine Calldauer von 120 s, wie sie für Telefonietests typisch
ist, entspricht bei dieser Geschwindigkeit einer Streckenlänge von zirka 1.6 km.

Für Testcase-Varianten mit fester Maximaldauer (z. B. Telefonie/Videotelefonie, oder
Datentests im Timebased-Modus) hat man bei der Testausführung tatsächlich die Wahl, ob
man im Abbruchfall eine entsprechende zusätzliche Wartezeit einfügt oder ob man gleich
in die Pausenphase geht.

Bei Testcase-Typen, die mit Content fester Größe arbeiten, ist das offensichtlich sehr
viel schwieriger. Auf Basis der Annahme, dass auch hier – mit dem entsprechenden Timeout – eine effektive Obergrenze für die Dauer einer Transaktion existiert, ließe sich
zwar diese Timeout-Zeit für das entsprechende Messraster verwenden. Da ein solcher
Timeout in der Praxis nur die Funktion einer „Notbremse" hat – sonst würde man, wie in

vorigen Abschnitten erläutern, langsame Datenraten einfach nur in eine Droprate übersetzen – würde sich damit eine inakzeptabel niedrige Maßdatenausbeute ergeben.

Im Übrigen sollte auch dann, wenn die Entscheidung zugunsten eines festen Testzeitrasters fällt, hier klar zwischen einer steuerungs- und einer auswerteseitigen Wahl getrennt werden. Es macht wenig Sinn, wertvolle Messzeit und Potential an Information einfach durch Warten zu verschenken. Die Beschränkung der verwendeten Daten sollte wenn möglichst nur auf Auswerteseite stattfinden. Das hält auch die Option offen, die Daten zu einem späteren Zeitpunkt doch noch auf andere Weise zu verarbeiten.

7.7.2   Geografische Interpretation

Eine weitere und in gewisser Hinsicht noch subtilere Form des Einflusses von KPI-Definitionen auf die QoS-Aussage wird erkennbar, wenn man die Beziehung zwischen dem Messmodus „Drivetest" und der Berechnungsvorschrift „Mittelwert" genauer betrachtet.

Verwenden wir dazu die in Abb. 7.6 gezeigte Version unserer schon bekannten stilisierten „Landkarte".

Die markierten Kacheln sollen hier eine Messroute symbolisieren, die in der Reihenfolge der Ziffern durchfahren wird. Eine Kachel soll in diesem Fall eine Größe haben, die der Dauer einer kompletten Transaktion entspricht. In diesem Fall soll es um Datentransfers gehen. Wenn wir als Fahrtgeschwindigkeit 30 km/h und als Dauer der Transaktion 12 s verwenden, ergibt sich eine Kachelgröße von 100 m Kantenlänge – was nicht ganz zufällig der typischen Kachelgröße für die geografische Messwertaggregation entspricht, die in professionellen Postprocessing-Systemen verwendet wird.

Die Frage lautet nun: wofür steht „Drivetest" genau? Ist Fahren einfach nur das Mittel zum Zweck, um rasch und bequem eine größere Fläche messtechnisch abzudecken, oder ist das Durchfahren einer bestimmten Strecke tatsächlich Teil eines Usecases?

Das klingt im ersten Moment wie Haarspalterei. Tatsächlich hat es aber sehr viel damit zu tun, wie KPI interpretiert und wie QoS-Kennwerte am besten dargestellt werden.

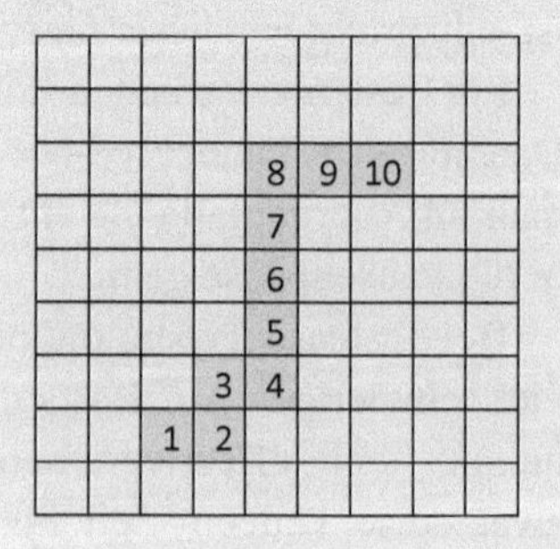

Abb. 7.6 Stilisierte Drivetest-Situation. Jedes Feld soll hier einen Routenabschnitt mit der typischen Ausdehnung „Dauer einer Transaktion" darstellen

Tab. 7.2 Kachelweise Messdaten für die Beispielroute

Kachel Nr.	Datenrate Mbit/s
1	2
2	2,5
3	3,5
4	1,8
5	20
6	24
7	19
8	4,9
9	4,8
10	3

Um das zu verdeutlichen, habe ich in Tab. 7.2 den nummerierten Kacheln von Abb. 7.6 jeweils einen gemessenen Durchsatzwert zugeordnet. Dieses Beispiel ist konstruiert, um den Gedanken klar herauszustellen. Die Situation und die Werte sind dagegen typisch für aktuelle Mobilfunknetze.

Leicht erkennbar sind in den Kacheln 5 bis 7 die Datenraten deutlich höher als auf der restlichen Route.

In einem QoS-Report, der das gesamte Gebiet abdeckt, würde man diese einzelnen Werte nicht sehen, sondern einen „MDR", der gemäß der Standard-Definition als arithmetischen Mittelwert der transaktionsweisen MDR-Werte berechnet wird. Für die Beispielzahlen ist dieser Mittelwert etwa 8,5 Mbit/s[3].

Man könnte an dieser Stelle spitzfindig feststellen, dass ein Mittelwert aus nur zehn Datenpunkten nicht allzu aussagekräftig ist. Gerne – sagen wir also einfach, dass die Route insgesamt hundertmal durchfahren wurde und die Kachelwerte jeweils schon die entsprechenden Mittelwerte sind.

Gemäß der üblichen Definition von KPI als statistische Größen dürfte man diesen KPI so interpretieren, dass man diese Datenrate im Mittel erwarten darf.

Ich enthülle nun aber, dass das Netz in diesem Gebiet so ausgebaut ist, dass in den Kacheln 1 bis 4 sowie 8 bis 10 die Maximaldatenraten bei etwa 5 Mbit/s liegen. In den Kacheln 5 bis 7 erlaubt der Ausbau 25 Mbit/s.

Ein Nutzer, der sich stationär in einer der „langsamen" Kacheln aufhält, wird also niemals die durch den KPI prognostizierte Datenrate erleben. Ein stationärer Nutzer in den „schnellen" Kacheln wäre angenehm überrascht, dauerhaft eine wesentlich höhere als die „statistisch prognostizierte" Datenrate zu erleben. In Bezug auf die Qualität der Prognose müsste man aber in beiden Fällen feststellen, dass diese schlecht ist.

---

[3] Zur Erinnerung – das Wort „Mittelwert" beziehungsweise „Average", das manchmal Teil von KPI-Namen ist, wird zwar oft mit „arithmetischer Mittelwert" gleichgesetzt. Mathematisch ist dies nicht korrekt; es handelt sich um einen Sammelbegriff, der noch nicht die Berechnungsvorschrift definiert [7].

Das bedeutet nicht, dass der KPI oder die Mathematik dahinter falsch ist. Für einen Nutzer, der genau das tut, was das Messsystem getan hat – die gesamte Strecke zu durchfahren – sind die Werte sinnvoll. Auch für den stationären Nutzer lassen sich auf Basis der vorhandenen Daten Prognosen aufstellen. Dazu müssen die Werte allerdings unter einem anderen Blickwinkel betrachtet werden. Details der Messwerte wären dafür am besten geeignet – eine farbkodierte „Durchsatzkarte" oder eine Verteilungskurve würde deutlich machen, dass es hier geografische Struktur gibt.

Etwas schwieriger wird es, wenn der verfügbare Raum oder das vorgegebene Format eines QoS-Reports zu einer hohen Verdichtung zwingt. In diesem Fall würde man versuchen, mit Hilfe weiterer Indikatoren mehr Information aus den Daten zu ziehen. Eine Möglichkeit wäre, zusätzlich zum arithmetischen Mittel noch den Medianwert zu zeigen – dieser liegt für das gewählte Beispiel bei 4,15. Ein etwas geübter QoS-Report-Leser würde in einem solchen Fall schon den Hinweis auf eine breite Verteilung der Werte erkennen. Auch Quantile, die die Verteilung grob rastern, wären eine Möglichkeit. Mir geht es hier ausdrücklich nicht um eine „bessere" Berechnungsvorschrift für eine einzelne Kennzahl. Wenn der Gesamt-MDR als Medianwert der Einzelwerte definiert wäre, würde die daraus abgeleitete Vorhersage beim gezeigten Beispiel zwar für einen größeren Prozentsatz der Kacheln zutreffen; für die „schnellen" Bereiche läge sie aber noch weiter daneben.

Genau genommen geht es hier um zwei Aspekte: Eine zu starke Verdichtung der Werte auf „single numbers" kann auch dazu führen, dass Information verlorengeht oder falsche Erwartungen geweckt werden. Und: Es ist wichtig, nicht stumpf vorgefertigte KPI anzuwenden, sondern sich bewusst zu machen, welche Modelle oder Usecases dahinter stehen, und zu überprüfen, ob diese mit den eigenen Zielen kompatibel sind.

7.8 Diagnostische vs. Kundensicht

In der Regel steigt der Aufwand, den man für die Datengewinnung treiben muss, mit dem Detailgrad der Daten deutlich an. Die Bereitschaft, diesen Aufwand tatsächlich zu leisten, setzt ein Motiv in Form eines zumindest potentiellen Vorteils voraus. Es geht also mindestens um eine Aufwands-Chancenabwägung oder direkt um eine Kosten/Nutzen-Beurteilung, die je nach Stakeholder-Gruppe unterschiedlich ausfällt.

Von sich aus hat ein Endkunde nur wenig Motivation, dem Netzbetreiber diagnostische Informationen zukommen zu lassen. Ein längerfristiges strategisches Interesse gibt es schon, denn jeder Kunde profitiert letztendlich davon, wenn das Netz besser wird. Das Problem dabei ist, dass der einzelne Kunde diesen Vorteil auch hat, ohne selbst dazu beizutragen – solange alle anderen einen Beitrag leisten.

Was die Dinge zusätzlich erschwert, ist die Zeitskala. Selbst wenn tatsächlich jede Fehlermeldung oder jedes Datensample dazu führt, dass das Netz entsprechend verbessert wird, dauert dieser Prozess eine Weile, aller Wahrscheinlichkeit nach zu lange, um als direkter Lerneffekt, dass solche Aktivitäten sich lohnen, erlebbar zu sein. Von daher müsste diese „Motivationslücke" über weitere Anreize geschlossen werden.

Firmenkunden – zumindest ab einer bestimmten Größe – haben mehr Einflussmöglichkeiten. Sind sie als Kunde interessant genug, können sie mit Netzbetreibern Service Level Agreements abschließen, die auch bestimmte QoS-Ziele definieren. Von der Interessenlage her dürfte aber auch hier die Bereitschaft für zusätzliche Datenlieferungen – über das hinaus, was zur Bestimmung der vom SLA abgedeckten QoS-Größen notwendig ist – gering sein.

Ähnliches gilt für Firmen, die zur Umsetzung ihres eigenen Geschäftsmodells bei Netzbetreibern Datentransfer-Leistungen einkaufen. Ein solcher Anbieter hat bessere Voraussetzungen, ein größeres Datenspektrum zu erfassen, da er dies ja im eigenen Front End „verstecken" kann, im Gegensatz zu einem Firmenkunden, der für seine Mitarbeiter nur einfach Verträge für die generelle Nutzung über eine Vielzahl von Apps einkauft. Die Bereitstellung solcher Informationen kann hier durchaus auch als Asset im Verhandlungsprozess mit Netzbetreibern eingesetzt werden – Preisvorteile gegen die Lieferung von Informationen, die für die Netzoptimierung nützlich sind. Da dieses Datensammeln aber auch „Nebeneffekte" hat (Akkulaufzeit, benötigte Datenrate, erforderliches Speichermanagement beim Zwischenspeichern von Daten auf dem Endgerät), wird es auch hier, im Rahmen einer Aufwands-Nutzenüberlegung oder auch einer Risikoabschätzung, Grenzen geben.

Das zum Thema der überhaupt verfügbaren Daten. Die Frage, wie umfangreich ein KPI-Portfolio sein kann beziehungswiese welche Alternativen es zu diagnostischen KPI gibt, stellt sich ja erst, wenn es überhaupt genügend Daten gibt, die man entsprechend verarbeiten könnte. Für die Endkundensicht reichen jedenfalls wenige Events aus, und bevor man über das „Wie" und das „Was" einer solchen Sammlung nachdenkt, muss eben zunächst die Motivation gegeben sein, das überhaupt anzustreben.

Zusätzliche Informationen erlauben es, den Ablauf eines Usecase mit einem höheren Detaillierungsgrad zu sehen. Hier sind zwei Arten solcher Zusatzdaten zu unterscheiden. Die erste Kategorie sind begleitende Informationen, etwa GPS-Informationen wie Position und Geschwindigkeit, Pegel, Informationen zu Funkzellen. Diese ermöglichen es, die Umstände eines Testcase genauer zu beleuchten, liefern aber keine zusätzlichen Informationen über den Ablauf selbst.

Die zweite Kategorie von Zusatzinformationen sind Details zum Ablauf. Das können Informationen aus der TCP/IP-Ebene oder darüber liegenden Protokollschichten wie FTP, HTTP sein. Für solche Daten wird der Sammelbegriff „IP Trace-Daten" verwendet. Weiter gibt es noch mobilfunkspezifische Signalisierungsdaten (Layer 2 oder Layer 3-Daten), die für Netzbetreiber von besonderem Interesse sind, weil sich daraus Fehler- und Optimierungshinweise für das Funknetz selbst ziehen lassen. Je nach Testsystem gibt es noch wesentlich detaillierte Information aus hardwarenahen Ebenen (Layer 1 und Informationen aus dem Mobilfunk-Chipset im Endgerät), die ebenfalls großen diagnostischen Wert besitzen.

Informationen der zweiten Kategorie erlauben also eine „mikroskopische" Sicht auf den Usecase. Sie liefern die Möglichkeiten zur in früheren Beispielen schon angesprochenen Zerlegung des Gesamtauflaufs in kleinere aufeinanderfolgende Phasen. Abbildung 7.7 zeigt dies nochmals schematisch.

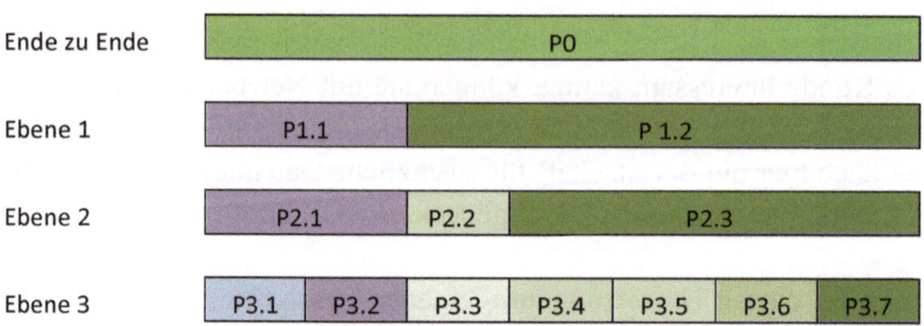

Abb. 7.7 Beispiel für die Zerlegung eines Ablaufs in Phasen

Eine Detailsicht lässt sich grundlegend auf zwei Arten bewerkstelligen: Entweder man verwendet einen (kleinen) Satz von Top-Level-KPI und eine auf die jeweilige Transaktion bezogene Fehlersignatur, oder man bildet alle Phasen auf entsprechende KPI ab. Voraussetzung sollte in beiden Fällen sein, dass ein für den jeweiligen diagnostischen Zweck ausreichend klares Bild der möglichen Ergebnisse – also der möglichen Fehlerkategorien, wenn die jeweilige Transaktion insgesamt nicht erfolgreich ist – existiert. Dieses Bild sollte begleitend zur Phasen-Modellierung der Transaktion erstellt werden; hierfür hat sich die Form eines Entscheidungsbaums bewährt. Abbildung 7.8 zeigt ein Beispiel, passend zur Phasenmodellierung der Abb. 7.7. Die Benennung der Ergebnisse folgt hier dem Standardschema, nach dem die Bezeichnung aus dem Namen der Phase gebildet wird.

Man könnte für die Benennung ein „halb-diagnostisches" Schema verwenden, das die Benennungen der untersten Ebene für alle Ebenen verwendet. Beispielsweise ist von der Modellierung her ein „P2.1 Failure" ja entweder ein „P3.1 Failure" oder ein „P3.2 Failure". Das kollidiert allerdings mit dem Schema, jede Phase nach dem ihrem Ziel oder gewünschten Ergebnis zu benennen; verwendet man dieses, müsste P2.1 und demnach auch das Negativergebnis dieser Phase einen eigenständigen Namen haben.

Beide Vorgehensweisen – die Beschränkung auf Top-Level-KPI oder die Verwendung von KPI für jedes Detail des Ablaufs – haben Stärken und Schwächen. Für die Top-Level-KPI-Methode spricht, dass die Anzahl der KPI klein bleibt und es damit einfacher wird, die Bedeutung der jeweiligen KPI für die Kundenwahrnehmung im Blick zu behalten und nach außen zu kommunizieren. Die diagnostische Anwendung verwendet dabei die transaktionsbezogenen Kategorien, womit eine größere Integrität erreicht wird – die gesamte Signatur bleibt datenmäßig mit der jeweiligen Transaktion verbunden. Damit ist gemeint, dass bis zum Ende der Transaktion – ob insgesamt erfolgreich oder nicht – ja eine Anzahl von Phasen erfolgreich durchlaufen wurde und somit für diese Phasen Zeit-Information vorhanden ist.

Im Fehlerfall gibt es damit für die entsprechende Transaktion ein „Ticket", das die gesamte Signatur dieser Transaktion enthält; somit sind die entsprechenden Informationen an den jeweiligen Fall gebunden, was die Basis für die genauere Analyse eines solchen Fehlerfalls (Drill-Down) darstellt.

Die Alternative ist die Abbildung der Phasen aller Ebenen – oder zumindest bis zu einer gewissen Tiefe des Modells – auf KPI. Um überhaupt ein technisch brauchbares Phasen-

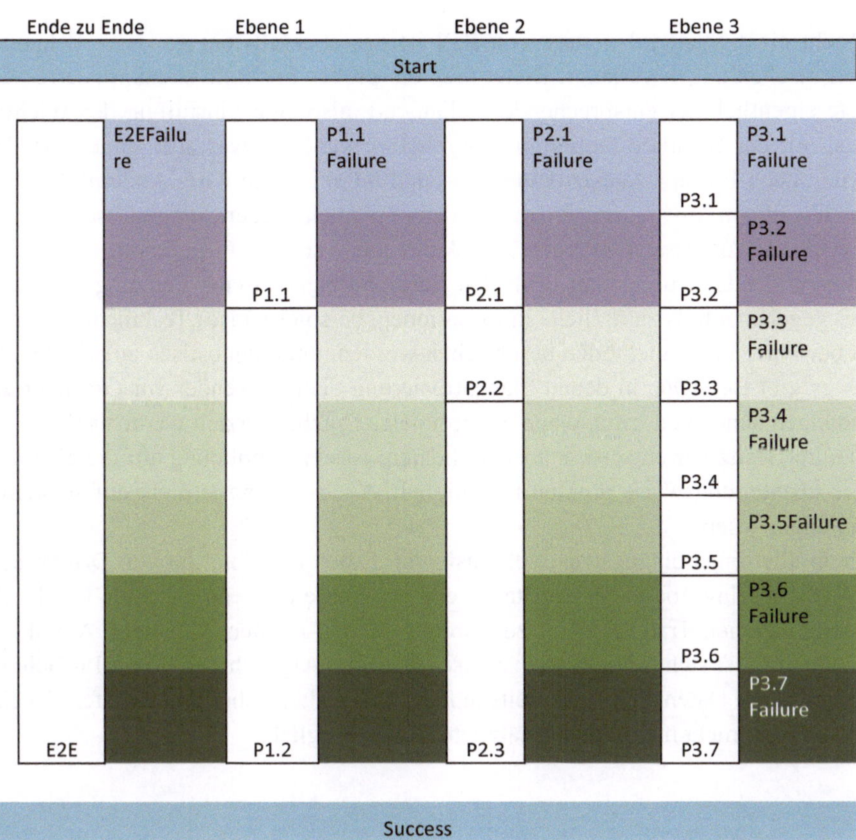

Abb. 7.8 Mögliche Ergebnisse eines Ablaufs

modell aufstellen zu können, muss es ja für jede Phase ein Start-Event und ein Event für das erfolgreiche Ende der Phase geben – das ist auch alles, was man benötigt, um ein KPI-Paar (Erfolgreichrate und Zeit für die Ausführung) zu definieren. Auf diese Weise kommt man „bequem" zu einer großen Zahl von KPI. Das kann nützlich sein, etwa wenn man in einem Benchmarking erkennt, dass Netz A (oder Endgerät A) in Phase 1 eines Ablaufs „schnell", aber in Phase 2 „langsam" ist, auch wenn in einer Ende-zu-Ende-Sicht die Gesamtzeit gleich ist. Auch erkennt man in dieser Sichtweise durch Zahlenvergleich direkt, ob und wie sich die Testobjekte hinsichtlich der Verteilung von Fehlerkategorien unterscheiden. Ein möglicher Nachteil solcher „mikroskopischer" KPI ist das Risiko, dass der Bezug zur Nutzersicht verlorengeht. Das „K" in „KPI" steht ja für „key", weist also auf eine besondere Bedeutung einer Kenngröße hin. Existieren 20 „K"PI zu einem Service, sind bei der Ergebnispräsentation in Reports also mindestens zusätzliche Erläuterungen notwendig – oder in Top-Level-Reports werden eben nur die Top-Level-KPI dargestellt, während die diagnostisch orientierten KPI nur für Diagnose oder Detailbetrachtungen genutzt werden.

Aus Sicht einer Standardisierung von KPI ist das ebenfalls ein gewisses Dilemma, das klare Entscheidungen verlangt. Bietet man ein großes Portfolio standardisierter KPI an, müsste eigentlich der entsprechende Stellenwert, also eine Einstufung des Wichtigkeitsgrads, mit der Standard-Definition mitgeliefert werden - was aber ohne eine Differenzierung nach Einsatzzwecken kaum pauschal möglich sein wird. Andernfalls ist es Sache des jeweiligen Anwenders, zu entscheiden, was auch wieder eine gewisse Expertise und Souveränität voraussetzt. Werden umgekehrt nur wenige KPI geliefert, möchte die Standard-erzeugende Gruppe aber auch den Bereich diagnostischer Nutzung abdecken, braucht es gegebenenfalls zusätzliche Informationen, beispielsweise „Technical Reports", in denen bewährte Praxismethoden beschrieben werden, um diagnostisch zu arbeiten. So oder so – es gibt Bereiche, in denen Standardisierung dem Anwender vor Ort nicht alle Entscheidungen abnehmen kann, wenn ein optimales Ergebnis erzielt werden soll.

Ist man im Besitz der entsprechenden Rohdaten, ist eine Abbildung auf die eine oder die andere Darstellungsweise problemlos möglich. Auch ist man ja nicht auf standardisierte KPI angewiesen.

Will man allerdings diagnostisch auf Basis von Daten arbeiten, die von Dritten oder durch Post-Processing-Tools von der Stange erzeugt werden, ist eine Struktur, bei der die Daten noch einzelnen Transaktionen zugeordnet werden können, günstiger. Aus dieser Datengrundlage lässt sich mit vergleichsweise einfachen Algorithmen eine KPI-Sicht erzeugen. Werden die Daten dagegen bereits in Form mikroskopischer KPI geliefert, ist eine „Drilldown"-Sicht nicht mehr ohne zusätzliche Daten möglich.

Das Thema „QoE-Skalen" wurde bereits qualitativ angesprochen. In diesem Kapitel geht es um die konkrete Umsetzung einer Gruppe von QoS-KPI in ein Punktesystem, aus dem beispielsweise, in Benchmarking-Kontexten, dann auch Ranglisten erzeugt werden.

Definieren wir zunächst den Ausgangspunkt: Messungen haben einen Satz von QoS-KPI geliefert, deren physikalische Dimensionen sehr unterschiedlich sein können; in der Regel werden das Zeiten, Erfolgreich- oder Fehlerraten, Datendurchsatzraten und im Fall, dass auch Telefonie gemessen wurde, Kenngrößen der subjektiven Sprachqualität (MOS-Scores) sein, dazu noch davon abgeleitete Werte wie etwa Kategorienstärken (z. B. „Breitband"-Anteil, „Bad Speech Calls").

Unser letztendliches Ziel ist, diese Werte weiter zu verdichten. In der Regel wird man speziell beim Benchmarking anstreben, auf eine einzige Kenngröße (Score) mit der Bedeutung einer Gesamtnote oder eines Gesamt-Qualitätsindex zu kommen.

Die Verarbeitung beginnt mit dem Mapping. Dabei wird jeder KPI auf eine einheitliche Skala abgebildet. Der entstehende Score-Wert ist noch 1:1 dem jeweiligen KPI zugeordnet, liegt aber bereits in einem für alle KPI gleichen Zahlenbereich.

Anschließend werde diese Einzelscores aggregiert, also schrittweise mit Hilfe von Gewichtungsfaktoren zu Sektor-Scores zusammengefasst. Meist ist dieser Prozess mehrstufig, wenn vielleicht auch nicht alle Stufen in einem finalen Report dargestellt werden. Es empfiehlt sich aber auf jeden Fall, auch diejenigen Indikatoren sauber zu dokumentieren, die nur Zwischenschritte darstellen.

Dass all dies mit Sorgfalt geschehen sollte, versteht sich von selbst. Damit ist allerdings nicht die Selbstverständlichkeit einer fehlerfreien Datenverarbeitung gemeint (obwohl auch das, wenn die Rohdaten-Tabellen nur groß genug sind, schon eine Herausforderung darstellt). Vielmehr geht es darum, dass nicht nur die Einzelbedeutung der ausgewählten KPI und ihre Überlappung (wie in Abschn. 7.6 dargestellt) klar verstanden sein muss, sondern auch die zusätzlichen Querbeziehungen, die sich durch die Verarbeitungsschritte hin zu diesem Gesamtscore ergeben.

© Springer-Verlag Berlin Heidelberg 2015   101
W. Balzer, *Quality of Experience und Quality of Service im Mobilkommunikationsbereich*,
Xpert.press, DOI 10.1007/978-3-642-55348-6_8

Dieser Verdichtungsprozess wird bei typischen Mobilfunkmessungen in der Regel mindestens zweidimensional sein, also in geografischer und Bewegungstyp-Hinsicht. Kategorien einer räumlichen Zuordnung wären beispielsweise Großstadt, Metropolregion/ stadtnaher Raum, kleinere Ortschaften, ländlicher Raum.

Kategorien, die den Bewegungstyp beschreiben, sind etwa Drive/PKW, Bahn beziehungsweise ÖPNV, Walk.

Dazu kommen die Basiskategorien der Services (z. B. Web Browsing, HTTP Download, FTP Download, Ping) oder Service-Familien (Data/Telefonie).

Insgesamt ergibt sich (inklusive der Servicetypen) eine Matrix mit drei oder mehr Dimensionen. Diese wird in der Regel nicht vollständig gefüllt sein (ein Überland-Walktest wäre schon ein bemerkenswertes Novum). Auch so kann sich aber schon eine relativ große Menge von Score-Gruppen ergeben.

Der mögliche Detailgrad dieses Score-Systems wird von der verfügbaren Datenmenge begrenzt. Das ergibt sich einfach daraus, dass sinnvoll vergleichbare Daten eine gewisse Mindestmenge an Samples erfordern. Details hierzu werde ich in den Kap. 8.3 und 12.1.7 beschreiben. Hier nur so viel: Je kleiner die Samplezahlen sind, desto größer müssen die zahlenmäßigen Wertunterschiede der KPI sein, um eine belastbare Rangfolge zu erhalten.

Es ist offensichtlich, dass Gewichtungsfaktoren, die den Anteil einzelner Nutzungstypen beschreiben, zielgruppenabhängig sind. Zwar läuft das Ziel eines einzelnen, für eine Rangfolge genutzten Gesamtscore genau darauf hinaus, dass man am Ende doch alles in einen Topf wirft; ein gut gestalteter QoS-Report sollte aber eben nicht nur diesen Gesamtscore präsentieren, sondern auch ausreichend detaillierte Teilscores, um beurteilen zu können, wie sich die Gesamtperformance eines Netzes zusammensetzt und wo dessen Stärken und Schwächen liegen.

Daraus folgt ganz direkt, dass jeder aussagekräftige Benchmark eine Mindestmenge an Samples erfordert, um diese Auflösung überhaupt zu erreichen.

Eine jeweils ausreichende Datenmenge vorausgesetzt, können Reports auch interaktiv/ dynamisch sein, indem Sektorscores in einem entsprechenden Datenbanksystem hinterlegt werden. Damit könnten sich Nutzer dann ad hoc einen für ihre Region oder ihren Nutzungstyp „personalisierten" Score beziehungsweise eine Rangliste erzeugen.

Soweit die Übersicht. In den folgenden Abschnitten beschreibe ich die Verarbeitungsstufen im Detail.

8.1 Mapping

Primäre KPI haben – siehe auch Abschn. 4.1 – typspezifische Dimensionen und unterschiedliche Werteräume. Das Mapping bildet diese KPI auf eine einheitliche „*Score*"-Skala ab, wobei auch *Zoom* und *Clipping* stattfinden kann. Was diese Begriffe genau bedeuten, wird im weiteren Text erklärt.

Betrachten wir das an einigen Beispielen und beginnen mit einem KPI vom Typ „Erfolgreichrate". Annahme ist, dass wir als Ausgangsgröße des Mapping einen Wertebereich

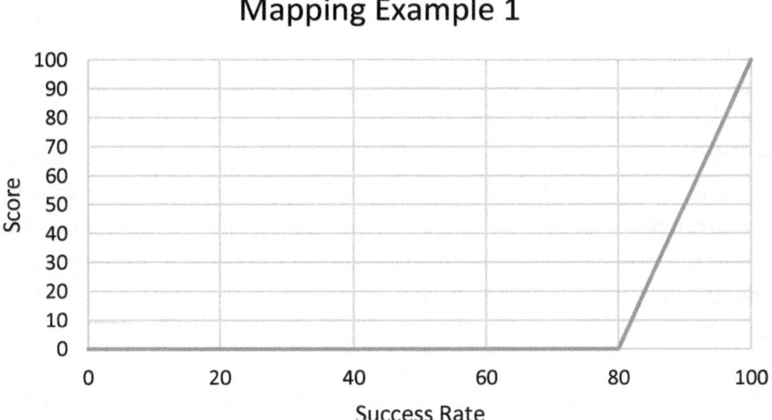

Abb. 8.1 Beispiel für ein Mapping mit Zoom- und Clippingkomponente

von 0 bis 100 wählen, bei dem 100 für den Bestwert steht. Für andere Bereiche, etwa eine Schulnotenskala, ist die Vorgehensweise analog.

Die Skala dieses KPI geht bereits von 0 bis 100, so dass eine Umskalierung nicht notwendig ist. Allerdings gibt es vermutlich im Jahr 2014 wenige Orte auf der Welt, an denen – das wäre die Konsequenz einer linearen Abbildung auf deutsche Schulnoten – ein Endanwender eine Fehlerrate zwischen 20 und 40 % noch als „gut" bezeichnen würde.

Um den KPI-Wert auf die Punkteskala 0 bis 100 abzubilden, muss also auch eine Transformation stattfinden, bei dem – beispielsweise – das Intervall von 90 bis 100 % Erfolgreichrate auf die Punkteskala 0 bis 100 abgebildet wird; das bezeichne ich mit Zoom, weil es eben einen bestimmten Wertebereich herausvergrößert.

Das Clipping, also die Begrenzung auf die Grenzen des Score-Bereichs, ergibt sich damit automatisch. Ich gehe hier der Einfachheit halber von einer Begrenzung auf die Wertegrenzen des Score-Raums aus. Negative Scores – wie auch „Abwertungs"-Verfahren für Scores höherer Ebene – als Malus für besonders schlechte Teilleistungen sind auch denkbar, erfordern aber eine sorgfältige Analyse hinsichtlich möglicher Quer- und Nebeneffekte.

Ein Beispiel für eine solche Abbildungskurve zeigt Abb. 8.1.

Die Frage ist, wie die Bereichsgrenzen beziehungsweise die Steilheit der Abbildung gewählt werden. Hier sollten folgende Überlegungen einfließen:

- Was sind zeitgemäße Erwartungen für eine Mindestqualität?
- Wie ist die geplante Nutzungsdauer der KPI-Skala?

Die erste Frage ist offensichtlich. Eine Antwort wird immer die Bedürfnisse der Rezipienten des QoS-Reports berücksichtigen und von daher eine gewisse Willkür enthalten. Die verwendeten Werte bestimmen dabei auch den „Schärfegrad" des QoS-Reports. Rein zahlentechnisch ist es möglich – und zu verstehen sei das für statistisch valide Unterschiede – durch Wahl des „Zoomfaktors", den die Mappingparameter ja letzten Endes darstellen, einen Unterschied von einen oder zwei Prozentpunkten in entsprechenden KPI auf ein Delta von ein oder zwei Schulnoten zu bringen und auch in der begleitenden Prosa eines Benchmarks entsprechend kräftige Worte zu finden.

Aus der Erfahrung würde ich hier allerdings immer dafür plädieren, die vielleicht kurzfristigen Vorteile eines solchen Vorgehens – etwa die Chance, einen höheren Aufmerksamkeitsgrad zu erreichen – gegen die längerfristig möglichen Nachteile abzuwägen. Übersteigerte Dramatik nimmt Spielraum für nachfolgende Aktionen. Erzeugt man beim Rezipienten durch „relative Superlative" zum nächstfolgenden Benchmarkteilnehmer eine Qualitätserwartung, die dieser in der Praxis nicht erfüllen kann, hat man zudem selbst dem Testsieger noch einen Bärendienst erwiesen.

Die geplante Lebensdauer der QoS-Metrik ist ebenfalls ein wichtiger Aspekt bei der Planung des Mappings. In der Annahme, dass die Qualität der Mobilnetze insgesamt steigt, stellt sich die Frage, wie ein solcher Anstieg im Mehrperiodenvergleich sichtbar wird. Das ist wohlgemerkt kein Plädoyer für eine übersteigerte Zurückhaltung, bei der die aktuelle Netzleistung mit Blick auf die Zukunft absichtlich herunterbewertet wird. Auch darf man damit rechnen, dass die rein technische Leistungssteigerung der Netze zu einem Gutteil durch entsprechend anspruchsvollere Anwendungen absorbiert wird. „Augenmaß und Bedacht" ist also auch hier eine gute Leitregel.

Bei alldem spielt auch die generelle Evolution von Technik und Bewertungskriterien eine Rolle. Hier sollte man auch bereit sein, eigene Positionen zu überdenken, wenn sich die Voraussetzungen ändern – gemäß des John Maynard Keynes zugeschriebenen Satzes „Wenn sich die Fakten ändern, ändere ich meine Meinung – und Sie?". Vor einiger Zeit habe ich ein Bewertungssystem für einen nationalen Pressebenchmark entworfen, bei dem ein Malus für aggressive verlustbehaftete Kompression vergeben wurde. Grund war, dass das damals noch zugrunde gelegte ETSI-KPI-Portfolio keinen adäquaten KPI für „lossy compression" bot und mit einer solchen Inhaltskompression dieses Netz Vorteile bei der Ladezeit hatte, die aber mit einer teils signifikanten Verschlechterung der Bildqualität erkauft wurden. Bei der Abwägung wurde durchaus auch berücksichtigt, dass eine Reduktion der Datenmengen auch Vorteile für den Anwender haben kann, weil dadurch die Volumengrenze seines Mobilfunkvertrags später erreicht ist. Nach eingehender Diskussion hatten wir – die Projektgruppe, in der das Pressemedium und der ausführende Messdienstleister vertreten war – damals entschieden, den Nettoeffekt trotzdem negativ zu werten und „mildernden Umstände" dadurch zu berücksichtigen, dass der Malus insgesamt recht moderat gestaltet wurde.

Nun kam der Übergang zu Smartphones mit ihren gegenüber PC deutlich kleineren Bildschirmen, bei denen Qualitätsverschlechterungen also nicht mehr so drastisch sichtbar waren wie im PC-Fall. Zudem zeigten die Messdaten, dass die Stärke solcher bildverschlechternden Kompressionen deutlich zurückgegangen war. Ob das nun eine Folge unserer Bewertung war – dieser Benchmark gehört ja zu den meistbeachteten seiner Art – oder ob der Algorithmus aus anderen Gründen angepasst wurde, lässt sich nicht sagen. Auf jeden Fall wurde in den Folgejahren dieser Malus dann nicht mehr angewendet – wobei die Veränderung der Bildqualität durch Geschwindigkeitsoptimierung zu den Elementen gehört, die trotz alldem jetzt in solchen Benchmarks routinemäßig überwacht werden.

Zurück zum Mapping-Beispiel. Hier möchte ich noch einen technisch-praktischen Hinweis geben. Bei der Wahl guter Mappingparametern kann man sich Unterstützung holen. Dazu muss man sich nur in Erinnerung rufen, dass eine Komponente der Qualitätswahrnehmung aus Erwartungen besteht, die durch Erfahrungen geprägt werden. Diese Information steckt in den Messwerten selbst – jedenfalls, wenn diese nicht aus Spezialmessungen an besonders guten oder besonders schlechten Stellen der Netze stammen. Sofern man annehmen darf, dass diese Messwerte einen Querschnitt des aktuellen Netzerlebens repräsentieren, kann man die verwendeten Eckpunkte für Mapping aus ihnen ableiten (sofern man mit einem solchen Mapping keine „Botschaft" in Form eines Anspruchs oder einer Vorgabe senden möchte).

Liegt beispielsweise für einen soliden Teil der Messungen die Erfolgreichrate in einem Bereich von 95 bis 100 %, ist eine Grenze des linearen Mappingbereichs bei 90 % sicher realistisch und fair. Erlebt der Anwender in der täglichen Praxis, dass die typische Erfolgreichrate eher bei 85 % beginnt, wäre eine Grenze bei 80 % wohl angemessener.

Diese Überlegungen sollten sich wohlgemerkt auf die „best in class"-Werte beziehen, also auf Werte, die aus einem Bereich stammen, die für den Ziel-Nutzer auch – und sei es durch Providerwechsel – erreichbar sind. Ebenso sollten diese Parameter nicht ein Vorwand sein, um schlechte Performance in Teildisziplinen „schönzubewerten", also auch die – in einem angemessenen Spektrum – jeweils bestmöglichen Usecases abbilden. Wenn ein Nutzer beispielsweise in seinem PKW auf Autobahnen mit Erfolgreichraten von 95 % aufwärts rechnen darf, sollte diese Messlatte auch für die Bewertung von Landstraßen- oder Bahnmessungen gelten. Das ist einfach die Konsequenz daraus, dass die Erwartung des Durchschnittsanwenders hautsächlich durch den erlebten „state of the art" der Netztechnologie geprägt wird, die ja auch für die Versorgung solcher Strecken zur Verfügung steht.

Beim nächsten Beispiel geht es um das Mapping eines KPI vom Typ „Setup Time"; Ähnliches gilt auch für KPI vom Typ „Session Time". Abbildung 8.2 zeigt die Mapping-Kurve dazu.

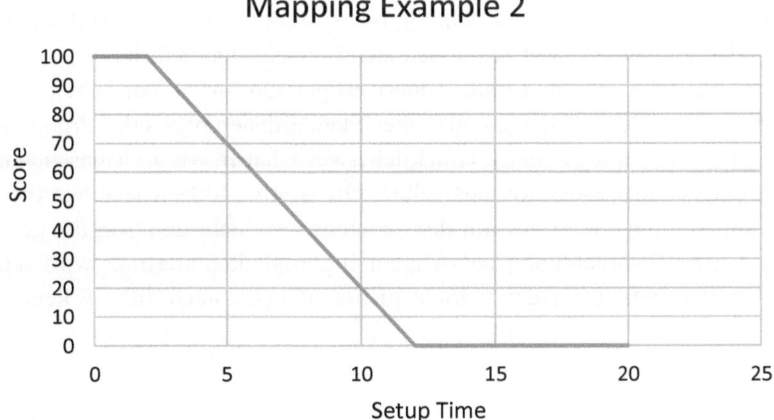

Abb. 8.2 Mapping für einen KPI des Typs „Setup Time"

Hier haben wir es mit einem KPI des „negativen" Typs zu tun, das bedeutet, je niedriger der Wert, desto besser die entsprechende Netzperformance. Zudem ist in diese Mappingkurve noch die Annahme eingebaut, dass der Nutzer ab einem gewissen Wert subjektiv keine Qualitätssteigerung mehr wahrnimmt beziehungsweise, dass wir annehmen, dass es eine längerfristige Obergrenze für die erreichbare Qualitätskenngröße gibt.

Auch hier gilt, dass bei der Wahl von Eckwerten für das Mapping sowohl aktuelle Designüberlegungen, Langzeitaspekte und eben auch relevante Messdaten einfließen sollten. Speziell bei Setup-Zeiten ist anzuraten, auch andere Erlebnisräume, etwa den jeweiligen Kunden zugängliche Erfahrungen bei Festnetz-Nutzungen, einzubeziehen, da angenommen werden sollte, dass Erwartungshaltungen auch dort geprägt werden (ich kann der Versuchung nicht widerstehen, an dieser Stelle darauf hinzuweisen, welche großartigen Call Setup Times bei Film-Telefonaten erreicht werden).

Neben den gezeigten linearen Mappings sind auch komplexere, nichtlineare Verfahren denkbar. Technisch gesehen ist es nicht schwer, so etwas umzusetzen. Das höchste Gut einer QoS-Metrik ist aber Nachvollziehbarkeit und Plausibilität; von daher brauchen gerade solche Entscheidungen eine solide Basis.

Ich erinnere mich in diesem Zusammenhang an ein Studienergebnis, bei dem es um den Zusammenhang zwischen subjektiv empfundener Wartezeit und tatsächlich verstrichener Zeit ging. Dabei wurde eine quadratische Beziehung postuliert; bei Verdopplung der Wartezeit wurde also dieses Warten als viermal so lang empfunden. Solche Überlegungen ließen sich beispielsweise bei Setup Times, Session Times und in übertragener Weise auch bei Mean Data Rates anwenden.

Es ist relativ leicht, über solche Zusammenhänge qualitativ zu schreiben. Viel schwieriger ist es, quantitative und im technischen Maßstab einsetzbare Verfahren zu finden. In der Standardisierung wird an vielen Stellen an solchen Verfahren gearbeitet. Die Komplexität wird oft erst deutlich, wenn man sich auf dieser Ebene mit dem Thema befasst. So wäre für das oben genannte Beispiel der Skalierungsregeln bei „gefühlter Wartezeit" etwa anzumerken, dass ein Warten ohne Indikation des Fortschritts – etwa das Warten auf einen Bus ohne irgendeine Anzeige der voraussichtlichen Ankunftszeit – subjektiv sicher anders wahrgenommen wird als ein Warten, bei dem regelmäßig Statusinformation angezeigt wird oder bei dem andere Ereignisse einen Fortschritt signalisieren

Es kann also beim Design gerade höherwertiger QoE-Metriken Bereiche geben, in denen nicht einfach Fertiglösungen aus einer Standardisierungs- oder Produktangebots-Schublade gezogen werden können. Glücklicherweise haben wir als Menschen hier einen wertvollen eingebauten Ratgeber: uns selbst. Oft ist eine hilfreiche Frage die nach der eigenen Wahrnehmung. Wird das mit der gebotenen Vorsicht und Sorgfalt getan – etwa indem die eigene Wahrnehmung auf Allgemeingültigkeit hinterfragt wird oder indem mehrere Personen befragt werden, spricht nichts dagegen, auch diese Erkenntnisse einzusetzen.

8.2   Gewichtung und Gesamtbewertung

Nachdem per Mapping jeder KPI auf einen im gleichen Wertebereich liegenden Score-Wert gebracht wurde, ist der nächste Schritt das Aggregieren mehrerer KPI zu einem Gesamtwert.

Genauer gesagt ist das meist ein mehrstufiger Prozess. Die genaue Stufenaufteilung ergibt sich aus dem Ziel der Untersuchung, der Art der Messung und auch der verfügbaren Datenmenge. Dass der Grad der Detaillierung auch von der Zahl der jeweils zur Verfügung stehenden Samples begrenzt wird, wurde schon gesagt. Am besten ist, wenn der QoS-Report auch eine Abschätzung der zu erwartenden Genauigkeit enthält, entweder in numerischer Form oder zumindest in Prosa.

Die Gruppen, in denen aggregiert wird, werden meist „Module" genannt. Bei der Modulaufteilung – dies wird an anderer Stelle noch ausführlicher beschrieben – kommen mehrere Dimensionen in Frage; zum einen geografische Kategorien wie „Innenstadt", „städtisches Umland", „ländliche Gebiete". Ich nenne diese Kategorie nachfolgend auch „Terraintyp".

Eine weitere Kategorie ist die Bewegungscharakteristik, also etwa „Drive", „Walk", „Bahn". Gängig ist auch der Typ „Stationär", etwa, um das Kundenerleben an Hotspots oder, in Annäherung, an räumlich nicht allzu ausgedehnten, stark frequentierten Orten wie Einkaufszentren, Bahnhöfe oder Flughäfen zu beschreiben.

Meist wird für jedes dieser Module das gleiche Testszenario verwendet, also eine Abfolge verschiedener Servicetests. Es ist aber auch üblich, modulweise verschiedene Szenarien zu verwenden. Die Testcase-Typen werden in der Regel ebenfalls gruppiert, etwa nach „Telefonie" und „Internetbasierte Services".

Die Teilergebnisse werden mit Hilfe von Gewichtungsfaktoren verdichtet. Aggregiert wird meist mit den Servicetypen als unterster Ebene. Damit lassen sich dann auch bewegungstyp-abhängige Szenarien beschreiben.

Wie in der Übersicht schon beschrieben, wird nicht in jeder möglichen Kombination von Terrain- und Bewegungstyp gemessen.

Auch für diese Gewichte gilt, dass sie sich an der Zielgruppe der Untersuchung orientieren, also letztlich – auch hier wieder unter der Prämisse der Nachvollziehbarkeit – festgelegt werden. Das bedeutet, dass dem Designer eines QoE-Metriksystems bewusst sein sollte, dass Perfektion oder Unangreifbarkeit nicht erwartet werden darf. Zu den Grundeigenschaften eines Benchmark-Tests gehört, dass es nur einen Sieger gibt und es für die verbliebenen Teilnehmer des Rennens letztlich immer Motive geben wird, die Ergebnisse in Frage zu stellen. Ein Infrage stellen der Methoden ist dazu der „beste" Weg, und es wird immer Standpunkte geben, von denen aus getroffene Entscheidungen kritisiert werden können.

Abbildung 8.3 zeigt beispielhaft ein System aus Mappings und Gewichtungen.

Im Kontext eines Benchmarks sind die wichtigsten Elemente Akzeptanz und Vertrauen in die Objektivität der Tests. Ein Mittel hierzu ist, die für die Bewertung verwendeten

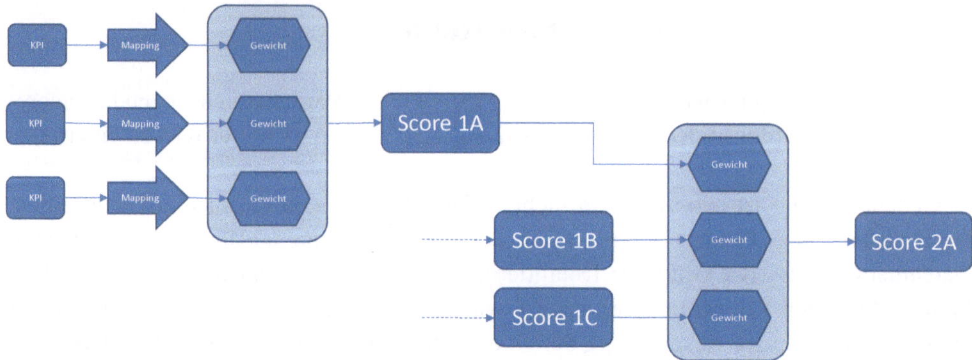

Abb. 8.3 Beispiel (Ausschnitt) eines Mapping/Gewichtungs-Systems

Mappings und Gewichtungen frühzeitig zu kommunizieren, oder, je nach Konstellation – diese auch mit den beteiligten Parteien abzustimmen. Es liegt in der Natur der Sache, dass die in einem Benchmark bewerteten Parteien versuchen, das Ergebnis zu ihren Gunsten zu beeinflussen, also eigene Stärken zu betonen und Schwächen herunterzuspielen – wofür gerade Gewichtungsfaktoren ein Mittel zum Zweck sein können. Es ist von daher günstiger, diese Parameter bereits vor Beginn der Messungen in transparenter, nachvollziehbarer Weise festzulegen.

8.3 Signifikanz der Rangfolge

Bei einem Netzvergleich geht es um die relative Position. Liegen die KPI-Werte der einzelnen Netze nahe beieinander, können schon kleine Variationen im Design der QoS-Gesamtbewertung Änderungen in der Rangfolge bewirken. Betrachten wir, welche Einflussgrößen sich wie auswirken.

Das Mapping der KPI auf Scores ist in dieser Hinsicht noch unkritisch, da es im linearen Bereich einen Zoomeffekt bewirkt, aber die Rangfolge nicht verändert. Im „Clipping"-Bereich kann es zwar dazu führen, dass Unterschiede verschwinden; bei einer Null-Punkte-Schwelle für die Setup Time von 15 s würden beispielsweise zwei Netze mit 15 beziehungsweise 20 s Setup Time „gleich" aussehen. Das kann aber eine Rangfolge nicht umkehren.

Die Primärwerte, also die gemessenen KPI, können aber so nah beieinanderliegen, dass die Rangfolge im Zufallsbereich liegt. Wo sich Konfidenzintervalle berechnen lassen, kann man das direkt anhand der entsprechenden Zahlenwerte überprüfen. Das pflanzt sich dann über Mapping und Gewichtung bis zu den für die Rangfolge verwendeten Scores fort. Es gehört, wie an anderer Stelle noch ausführlicher beschrieben, zu einem professionellen Reporting, auch entsprechende Fehlergrenzen anzugeben und gegebenenfalls auch deutlich darauf hinzuweisen, dass im Rahmen der statistischen Genauigkeit keine eindeutige Rangfolge angegeben werden kann. In einem Benchmark würde man dann beispielsweise zwei erste Plätze vergeben.

Dass es bei einer Änderung der Gewichtung einzelner Kategorien ebenfalls Änderungen in der Rangfolge geben kann, liegt auf der Hand. Hier sind verschiedene Fälle zu betrachten.

Gewichtungen können Nutzungsschwerpunkte (Anwenderprofile) ausdrücken. So können manche Nutzergruppen vor allem auf gute Telefonie-Eigenschaften Wert legen, anderen ist eine gute Performance im Bereich mobiler Daten am wichtigsten. Gewichtungsabhängige Effekte sind also zwar nicht gewollt, aber – wenn die Netze nicht strukturell alle gleich sind – unvermeidlich.

Ebenso ist bei Gewichtungsänderungen für Kategorien, die den Terraintyp betreffen, eine Abhängigkeit zu erwarten, wenn Netzbetreiber sich hier unterschiedlich aufstellen. Auch hier kann ein Gewichtungssystem verwendet werden, um verschiedene Modellnutzer zu definieren – etwa einen „urbanen" Nutzer gegenüber jemandem, der viel in ländlichen Bereichen unterwegs ist.

Auch die Zusammensetzung eines Scores innerhalb einer einzelnen Servicetest-Kategorie kann Einfluss auf die Rangfolge haben. Hierzu ein Beispiel, das auf den generischen KPI basiert, die in Abschn. 4.1 vorgestellt wurden: Ein einfaches QoS-System für Telefonie möge die KPI Setup Time, Fail Rate und Drop Rate umfassen. Ein Netz kann nun einen sehr schnellen Verbindungsaufbau liefern, aber eine hohe Drop-Rate; ein zweites kann umgekehrt Verbindungen langsamer aufbauen, aber dafür stabiler halten. Es ist offensichtlich, dass je nach Gewichtung das eine oder das andere Netz „Sieger" werden kann.

Man kann zwar immer noch davon sprechen, dass es unterschiedliche Nutzertypen geben kann, es wird aber schwer sein zu argumentieren, dass jemand – ich verwende hier „typische" Werte – bereit ist, wegen zwei Sekunden Zeitersparnis beim Verbindungsaufbau in Kauf zu nehmen, dass in 5 % der Fälle die Verbindung nach der Hälfte des Gespräches abbricht.

Zumal – auf Basis des gleichen Beispiels – der KPI „Verbindungsaufbauzeit" nur für die zustande gekommenen Verbindungen berechnet wird. – ein Netz, bei dem die Hälfte der Verbindungen gar nicht zustande kommt, der Rest dafür aber blitzschnell, könnte also in dieser Disziplin – ohne näheren Blick auf die einzelnen Werte – optisch hervorragend aussehen.

An dieser Stelle sei auch noch einmal auf die Überlegungen zum Thema Orthogonalität von KPI verwiesen. Ein Beispiel wäre ein KPI vom Typ „Anteil Breitband-Internet", der zusammen mit einem KPI der Bedeutung „Datenrate" verwendet wird. Ist der erste KPI als Anteil der Transaktionen definiert, bei dem eine gewisse Mindest-MDR erreicht wird, und der zweite ein Mittelwert aller MDR, ist klar, dass eine Korrelation besteht. Der Zusammenhang kann je nach Verteilung der MDR-Werte unterschiedlich sein; klar ist aber, dass diese beiden KPI nicht unabhängig voneinander sind und somit in der Gesamtbalance aller KPI der Aspekt „Datenrate" mehrfaches Gewicht hat.

8.4 Stabilitätsanalyse

Will man sich weitergehend absichern, kann man eine Stabilitätsanalyse der Daten durchführen. Das Prinzip ist einfach – ein stabiles System liegt vor, wenn kleine Änderungen von Inputgrößen auch nur kleine Änderungen des Outputs ergeben. Es ist instabil, wenn man mit einer kleinen Variation im Input große Output-Änderung bekommt, also beispielsweise eine Rangfolgenänderung.

Hier geht es also nicht darum, den Effekt einer Variation eines einzelnen Werts durch die Mapping- und Gewichtungskaskade zu verfolgen; man variiert alle Größen, also beispielsweise alle Gewichtungsfaktoren und/oder alle KPI, um einen gewissen Prozentsatz und beobachtet, welche Output-Kategorien sich dabei ergeben und mit welcher Häufigkeit über die Variationen hinweg diese auftreten.

Bei nicht zu komplexen Systemen kann man das noch „manuell" durchführen. Es ist aber auch denkbar und hinsichtlich der Zuverlässigkeit auch vorteilhaft, dass man – vor allem bei mehrfacher Nutzung des gleichen Systems – entsprechende Analysen automatisiert. Bei den heute verfügbaren Rechenleistungen ist auch das Durchrastern eines größeren Koeffizientensystems keine zeitaufwendige Sache mehr.

Abbildung 8.4 zeigt hierfür ein Beispiel. Die Buchstabenfolgen sollen die Benchmarking-Rangfolgen von drei Netzen (A, B und C) darstellen. ABC bedeutet also, dass Netz A der Testsieger ist und Netze B und C auf den Rängen 2 und 3 folgen. Variiert man nun die Koeffizienten der Gewichtung, ergeben sich im gewählten Beispiel in insgesamt 3 von 100 Fällen andere Rangfolgen (Tausch der Ränge 2 und 3 in zwei Fällen; Tausch von Rang 1 und 2 in einem Fall. Extremere Rangwechsel (hier ist nur der Fall CBA gezeigt) treten gar nicht auf.

Abb. 8.4 Schematisches Beispiel für Rangfolgen-Häufigkeiten bei Variation von Koeffizienten

Es ist zu erwarten, dass bei jedem Gewichtungskoeffizienten-System solche Rangfolgenwechsel auftreten, wenn die Variationen groß genug werden. Ziel der Stabilitätsanalyse ist es, abzuklären, dass dies tatsächlich erst bei großen Änderungen geschieht und eventuell auch, die Plausibilität der Gewichtungen in Werteregionen zu überprüfen, in denen sich eine gesteigerte Empfindlichkeit gegenüber solchen Variationen zeigt.

Automatisiertes Messen von QoS-Kenngrößen

Vorbemerkung: Für einen bequemen Lesefluss habe ich einige Aspekte der Audio- und Video-Qualitätsbewertung, die in Kap. 4.1.4 beziehungsweise 4.1.5 ausführlicher behandelt werden, hier nochmals wiederholt.

9.1 Abbildung von Qualitätswahrnehmung: KPI-Kategorien

Bisher sind wir stillschweigend davon ausgegangen, dass die QoS-Messgrößen, die wir definiert haben, auch messbar sind.

Wir könnten die Abläufe von menschlichen Testpersonen durchführen lassen und ihre Erfahrungen mittels Fragebogen oder deren Software-Äquivalenten bewerten. So etwas wird tatsächlich getan, etwa in der Marktforschung, und bei einer Reihe von Elementen ist es schwer vorstellbar, dass sie maschinell durchgeführt werden können – vor allem dann, wenn es um Interaktion zwischen Menschen geht, also beispielsweise die Messung der Qualität einer Hotline.

Für die praktische Durchführung wird die Frage aber in der Regel lauten: Können diese Messungen auch maschinell und automatisiert durchgeführt werden, wie wird das umgesetzt, und was ist dabei zu beachten?

Das hat zwei Aspekte. Zum einen geht es darum, wie die Aktivitäten umgesetzt werden; zum anderen darum, wie die Vorgänge und Ergebnisse dieser Aktivitäten in technisch verwendbare Größen umgesetzt werden.

Genau genommen könnte man einige Qualitätsaspekte einer Hotline durchaus automatisch testen. Offensichtlich ist die Wartezeit vom Wählen der Rufnummer bis zum Kontakt mit einem Hotline-Mitarbeiter durch eine einfache Zeitmessung feststellbar. Das würde prinzipiell – mit etwas mehr technischem Aufwand auf Seiten des Testsystems – sogar

© Springer-Verlag Berlin Heidelberg 2015
W. Balzer, *Quality of Experience und Quality of Service im Mobilkommunikationsbereich*,
Xpert.press, DOI 10.1007/978-3-642-55348-6_9

dann noch funktionieren, wenn für diesen Kontakt Interaktionen wie das Drücken einer Taste oder das Beantworten von Fragen zur Kategorie des Anliegens notwendig sind.

„Manuelle" Methoden sind allerdings sehr aufwendig und damit auch teuer. Zudem zeigt die Erfahrung, dass menschliche Testpersonen bei Routineaufgaben ermüden und anfangen, Fehler zu machen, also etwa von vorgegebenen Abläufen abweichen. Dazu kommt, dass sich durch Gewohnheit auch Verschiebungen in subjektiven Bewertungen ergeben können. Solche Effekte lassen sich zwar durch das Testdesign erfassen und in der Auswertung (zumindest teilweise) kompensieren, doch macht das solche Tests noch aufwendiger, als sie ohnehin schon sind.

Es gibt also ausreichend Motive, nach adäquaten maschinellen Methoden zu suchen. Ein Beispiel ist die automatisierte Sprachqualitätsmessung. Auch solche Methoden sind aber keine Selbstläufer und müssen ständig an neue veränderte Umgebungsbedingungen angepasst werden (siehe Kap. 4.1.4 und speziell die Anmerkungen zu POLQA vs PESQ).

Das nur der Vollständigkeit halber; glücklicherweise sind die meisten Dinge, bei denen es im Mobilfunk geht, gut automatisierbar. Daher werden wir im Folgenden von automatisierten Messungen und auch von maschineller Bewertung sprechen.

Grob kann man drei Kategorien von QoS- und QoE-Messgrößen unterscheiden. Diese Sichtweise korrespondiert mit den in Abschn. 4.1. beschriebenen Basistypen; hier haben wir es jedoch mit einer anderen Perspektive zu tun, so dass es keine 1:1-Abbildung gibt.

Diese Kategorien sind:

- Direkte Korrespondenz; die Messgröße ist auch die von Menschen wahrnehmbare Größe.
- Technische Nachbildung eines menschlichen Wahrnehmungsvorgangs.
- Parametrische Modelle, bei denen technische Primärgrößen auf eine subjektive Wahrnehmung abgebildet werden, der Wahrnehmungsprozess jedoch nicht direkt modelliert wird.

Der einfachste Fall sind rein technische, direkt messbare Größen. Beispiele sind Datendurchsätze oder Session Times. Um solche Größen zu messen, wird, schematisch gesehen, eine definierte Aktion ausgelöst und das Ergebnis dieser Aktion bewertet; alle beteiligten Größen sind bereits „maschinell" und die Berechnungsvorschrift für den oder die entsprechenden KPI arbeitet mit Input, der ebenfalls vollständig auf maschineller Ebene verfügbar ist.

Im Fall der „Session Time" wird etwa der Usecase „Aufruf einer Webseite" über die entsprechende Schnittstelle eines Webbrowsers – oder dessen Äquivalent – in das Absenden eines TCP- beziehungsweise HTTP-Kommandos an einen bestimmten Server übersetzt. Die dadurch ausgelöste Sequenz von Ereignissen zieht sich durch den Protokollstack (das OSI-Schichtmodell wird hier als bekannt vorausgesetzt) und kann an der TCP-Schnittstelle, aber prinzipiell auch in darüber- oder darunterliegenden Schichten, die letztendlich deterministisch miteinander verbunden sind, beobachtet und in die entsprechenden Inputgrößen für die KPI-Erzeugung umgesetzt werden.

Es gibt also keine Elemente, die von einer Wahrnehmungsebene auf eine andere übersetzt werden müssten. Eine „Übersetzung" in Größen, die subjektive Qualitätswahrnehmung ausdrücken – etwa eine Bewertung, ob eine bestimmte Session Time nun „gut" oder „schlecht" ist, findet, wenn überhaupt, erst in der letzten Stufe der Verarbeitung, also beim Mapping auf einen Punktewert statt (siehe dazu Kap. 8). Mit „wenn überhaupt" ist gemeint, dass man in einem Benchmark solche KPI auch einfach nur als Original-Messwert präsentieren kann; die Bewertung findet dann über die Rangfolge statt, die sich durch Vergleich der Werte für die jeweiligen Objekte dieses Benchmarks ergibt (meist Mobilfunknetze, es können aber durchaus auch aber auch Endgeräte verglichen werden).

Zur zweiten Kategorie zählen Messgrößen, in deren Entstehungsprozess die Abbildung einer subjektiven Wahrnehmung „eingearbeitet" ist. Paradebeispiele sind die bereits beschriebenen MOS-Größen für Audio- oder Videoqualität. Aus solchen Werten werden entweder direkt KPI berechnet, oder sie werden zunächst zu Indikatoren verdichtet, die dann zu KPI aggregiert werden. Dies wäre dann etwa die Mittelung aller MOS-Werte oder Algorithmen, die aus mehreren MOS-Werten einer Telefonie-Transaktion einen „MOS per call" bilden.

Die dritte Kategorie, „parametrische" Messgrößen, kann auch als Hybrid der beiden ersten Kategorien verstanden werden. Damit sind Verfahren gemeint, die versuchen, einen subjektiven Wert mit Hilfe von technisch erfassbaren Hilfsgrößen nachzubilden. Während also ein Audio-MOS-Verfahren wie PESQ oder POLQA mit dem originalen Audiosignal arbeitet, verwendet ein parametrisches Verfahren technische „Nebenindikatoren", die mit dem entsprechenden Primärwert korreliert sind.

Im Fall der Sprachqualität wurde – in den frühen Jahren von GSM – beispielsweise ein im Kern auf einem technischen Messwert namens RxQual basierender Sprachqualitätsindikator verwendet. RxQual ist im Prinzip ein Maß für die Bitfehlerrate bei der Übertragung von Daten, die Audiosignale repräsentieren. Dieses Verfahren mag aus heutiger Sicht im Vergleich zu PESQ oder POLQA ungenau gewesen sein; es hatte seinen Platz im Markt, weil der technische Aufwand um Größenordnungen geringer war.

Im Idealfall kommen parametrische Verfahren ganz ohne Referenz aus. Damit kann man sie auf beliebigen Content anwenden, was die technische Umsetzung enorm vereinfacht.

Eine Variante sind Verfahren, die zwar eine Referenz benötigen, die aber vorverarbeitet wird, so dass für die eigentliche Auswertung nur noch strukturelle Parameter, aber nicht mehr die tatsächlichen Inhalte verwendet werden. Das ist in der praktischen Umsetzung immer noch attraktiv, weil dadurch die Anforderungen an die Rechenleistung zum Zeitpunkt der Auswertung deutlich niedriger liegen.

Solche Verfahren stehen und fallen allerdings damit, dass es tatsächlich eine Abbildung gibt, die verfügbare technische Messgrößen mit dem gewünschten Qualitätskennwert verbindet. Im Fall des genannten Sprachqualitätsindikators war die Evolution zu 3G das Ende des Verfahrens, weil es dem Markt dort nicht gelang, eine ausreichend zuverlässige Abbildung zu finden – zumindest keine, die im Preis/Leistungsverhältnis mit direkten Verfahren konkurrieren konnte.

Das heißt aber nicht, dass parametrische Verfahren heute generell nicht mehr funktionieren. Mit dem sogenannten E-Modell (ITU-T G.107; siehe [32]) gibt es ein im ITU-T-Kontext standardisiertes parametrisches Verfahren, das kontinuierlich weiterentwickelt und verfeinert wird. Ein weiteres Beispiel für ein aktuelles Verfahren dieses Typs findet sich im Bereich Video-Qualitätsbewertung mit dem PEVQ-S-Verfahren [25].

Letztlich ist die Bewertung von Freezing als einziges Artefakt von TCP-basiertem Videostreaming auch eine Art von parametrischem Verfahren, wobei hier nicht eine letztendliche Abbildung auf einen MOS-Wert stattfindet, sondern nur die Zahl und Dauer von Freezing-Ereignissen gemessen wird (siehe Kap. 4.1.5).

9.2 Steuerung und Beobachtung

Um QoS-KPI maschinell messen zu können, muss man erst einmal die entsprechenden Vorgänge auslösen und dann die Reaktionen des Systems beobachten. Betrachten wir diese Vorgange etwas genauer.

Die Servicenutzungen, deren Qualität wir messen wollen, werden durch menschliche Aktionen ausgelöst. Lassen wir den „machine to machine"-Sektor beiseite; die hier relevanten KPI sind eine Teilmenge der QoS-Kenngrößen, die Qualität bei Nutzung durch Menschen beschreiben. Der Input wird heute meist eine Tasten- oder Touchscreen-Berührung sein; morgen sind es vielleicht Sprach- oder Gestensteuerungen. Das Ergebnis der Aktion sind in der Regel dann akustische oder optische Ereignisse, auch hier ist es im vorliegenden Kontext bedeutungslos, wenn eines Tages auch andere Outputmethoden dazukommen.

Für die Nutzung selbst sind die primären „human interfaces" meist akustischer oder optischer Natur. Hier gibt es in der Praxis einen weiten Bereich von Testzielen, die verlangen, dass auch genau diese Schnittstellen verwendet werden. Ein Beispiel wäre die Nebengeräuschunterdrückung von Handy-Mikrofonen, die mit Hilfe von Audioszenarien bewertet wird, die über Lautsprecheranordnungen erzeugt werden.

In den meisten Fällen werden aber die in automatisierten Tests verwendeten Schnittstellen elektronisch sein, also weiter „innen" in der Ein- und Ausgabekette ansetzen. Das setzt entsprechende Zugangsmöglichkeiten voraus; von daher haben auch komplexere und aufwendigere Anordnungen ihren Platz und ihre Berechtigung. Etwa solche, bei denen Aktionsschnittstellen durch einen schrittmotor-gesteuerten „Roboterfinger" nachgebildet werden. Eine noch relativ einfache Lösung der Prä-Touchscreen-Ära waren Tastaturen von Mobilfunkgeräten, die durch angelötete Drähte für eine Fernsteuerung zugänglich gemacht wurden. Ebenso kann man das visuelle Ergebnis einer Aktion mit Hilfe von Kameras, soweit vorhanden über Videoschnittstellen oder zur Not auch durch elektrische Signalabnahme vom Display erfassen und über Bildverarbeitung in eine weiterverarbeitbare Größe umwandeln.

Abbildung 9.1 zeigt das Schema der gesamten Wirkungs- und Signalkette in einem typischen QoS-Test.

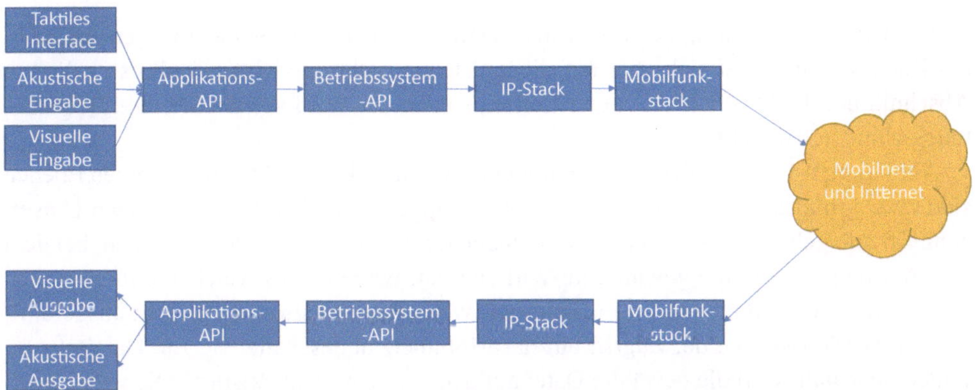

Abb. 9.1 Signalkette und Schnittstellen von taktilem UI über App-Schnittstelle und Protokollstack zu visueller Ausgabe

Prinzipiell kann man an jeder Stelle in der Kette Funktionen auslösen beziehungsweise Reaktionen registrieren. Im vorliegenden Kontext geht es darum, das Mobilnetz oder dessen Umgang mit bestimmten Funktionen eines Mobilfunk-Endgeräts zu testen. Welche Schnittstellen man dafür wählt, wird letztendlich vom Aufwand bestimmt, der mit dem Zugriff auf diese Schnittstellen verbunden ist, oder genauer gesagt, vom Verhältnis zwischen Nutzen und Aufwand.

Aus der Wahl dieser Schnittstellen – grundsätzlich können wir das für beide Richtungen unabhängig tun – ergeben sich bestimmte Eigenschaften, aber auch Grenzen unserer Möglichkeiten. Wie bereits im Kontext von Triggerpunkten gezeigt wurde, erfordert das Herankommen an Low-Level-Schnittstellen meist Modifikationen an den Endgeräten. Beim Auslösen von Aktionen müssen wir ebenfalls entscheiden, wie „generisch" es sein soll – immer vorausgesetzt, wir haben tatsächlich die Wahl, was entsprechende Schnittstellen voraussetzt. Beispielsweise könnten wir für Webbrowsing entweder den geräteeigenen Browser nutzen oder einen „selbstgebauten" Browser verwenden.

Verwendet man generische Elemente – was durchaus einige Vorteile hinsichtlich der Kontrollierbarkeit und der Zugänglichkeit von Informationen bietet – stellt sich immer die Frage, ob das noch Benutzersicht ist. Browser sind hier ein Paradebeispiel. Jede Browser-Implementierung hat spezifische Eigenschaften. Das beginnt bei der Art und Weise, wie beim Herunterladen einer Webseite die einzelnen Webelemente angefordert werden, und geht bis zur visuellen Darstellung der Inhalte.

Man könnte schnittstellenmäßig auch noch näher an den Protokollstack herangehen oder gar den Stack modifizieren oder ersetzen. Wofür man sich entscheidet, hat jedenfalls Auswirkungen auf den Aufwand, den man treiben muss – bevor man mit der eigentliche Messung beginnen kann – um die Umsetzung der Funktion hinreichend gut zu testen. Dazu kommt noch, dass die Wahl der Schnittstellen auch von der jeweiligen Plattform begrenzt wird. Ein notorisches Beispiel ist die iOS-Entwicklungsumgebung, bei der nicht alle Funktionen, die dem Entwickler zur Verfügung stehen, auch in Apps enthalten sein dürfen, wenn diese über den Appstore vertrieben werden sollen.

So interessant es wäre, hier weiter ins Detail zu gehen – das ist nicht Gegenstand dieses Buches. Ganz lässt sich aber auf dieses Thema nicht verzichten, weil es in diesem Abschnitt um die Möglichkeiten und Konsequenzen der Wahl von Steuer- und Beobachtungsschnittstellen geht.

Abbildung 9.1 verdeutlicht, dass es um eine Wirkungskette geht. Die einzelnen Ebenen sind zwar grundsätzlich kausal miteinander gekoppelt; trotzdem kann es je nach Umsetzung Effekte geben, die von Zeitschwankungen (Jitter) bis zu dem Punkt reichen, bei dem eine Aktion gar nicht die gewünschte Wirkung hat, weil sie, aus welchen Gründen auch immer, nicht ausgeführt wird. Beispiele: ein Webseitendownload wird nicht ausgeführt, weil im Betriebssystem der Zugriff auf das Mobilnetz abgeschaltet ist. Ein Dateitransfer findet nicht statt, weil die gewählte Datei auf dem System nicht existiert. Die wären noch freundliche Fälle, die relativ einfach festzustellen sind; in der messtechnischen Realität ist es zuweilen noch wesentlich komplexer.

Man ist also gut beraten, bei der Umsetzung auch Kontrollfunktionen einzuplanen, die sicherstellen, dass die gewünschte Aktion auch tatsächlich ausgeführt wurde. Falls das nicht geschieht, kann die Folge schlicht sein, dass die QoS-Bewertung falsche Ergebnisse produziert. Eine solche Kontrolle wird entweder über Rückmeldungen der jeweiligen Steuerschnittstelle oder durch Beobachtung anderer Schnittstellen auf Signaturen hin umgesetzt, die bei der Ausführung der gewünschten Aktion entstehen. Man hat es also schon auf dem „Hinweg" einer Aktion mit dem Beobachten bestimmter Wirkungen dieser Aktion zu tun. Das gilt erst recht auf dem Empfangsweg, also der unteren Signalkette in Abb. 9.1.

Beim Beobachten von Ereignissen hat man zunächst mehr Auswahl bei der Stelle, an der man das tun möchte, als beim Auslösen von Aktionen. Trivial ist die Auswahl der möglichen „points of observation" (dieser Begriff, abgekürzt PoO, wird auch in der Standardisierung verwendet) damit aber noch lange nicht. Die Aspekte, die hier in einer Aufwands-Nutzen-Bewertung berücksichtigt werden müssen sind: Wie aufwendig ist es, an die entsprechende Schnittstelle heranzukommen, und welche systematischen Eigenschaften hat diese?

Dieses Thema habe ich in Kap. 5 bereits aus einer pragmatischen Sichtweise heraus angesprochen. Um den Lesefluss nicht zu unterbrechen, wiederhole hier noch einmal die Kurzversion: In der QoS-Standardisierung wird oft die Layer 3- beziehungsweise IP-Ebene als PoO verwendet. Der Ansatz dahinter ist plausibel: Der Gegenstand des Tests ist das Mobilfunknetz, und je näher man in der Signalkette an dieses herankommt, desto weniger Einfluss haben Endgeräte-Eigenschaften. Allerdings muss dafür das verwendete Gerät modifiziert werden, was diverse Nachteile mit sich bringen kann: Höherer Aufwand und deutlich längere „time to market", weil diese Modifikationen erst einmal durchgeführt und validiert werden müssen; massive Einschränkung des für Tests verwendbaren Endgerätespektrums, weil solche Modifikationen auf vielen Plattformen de facto unmöglich sind; oder, wenn auf Standard-Geräten andere PoO verwendet werden, eine Barriere bei der Vergleichbarkeit von Ergebnissen, die ebenfalls wieder zusätzlichen Aufwand erfordert.

Glücklicherweise gibt es – wegen der letztendlich kausalen Kopplung aller Schichten sowohl im Hin- als auch im Rückweg – fast immer Alternativen zum Bezug von Daten aus „tiefen" und teils schwer zugänglichen Protokollschichten. So kann man die wesentlichen Elemente des Geschehens auf IP-Ebene auch an den entsprechenden Schnittstellen des Betriebssystems oder von darauf aufsetzenden Funktionsbibliotheken – oder sogar noch näher an der Benutzerschnittstelle – beobachten. Dort ist zwar die Detailtiefe nicht mehr so groß – man sieht also beispielsweise nicht mehr jedes einzelne IP-Paket. Das ist aber für eine QoS-Bewertung in aller Regel auch gar nicht notwendig. Detailinformationen sind zwar immer noch für diagnostische Zwecke wertvoll, doch werden diese längst nicht von allen Anwender- oder Stakeholdergruppen benötigt.

Aktive vs. passive Messungen 10

Bisher haben wir eine QoS-Messung als technische Umsetzung von Usecases betrachtet – eine Aktivität wird gezielt und kontrolliert durchgeführt, und das Ergebnis wird bewertet.

Man kann aber auch passiv messen, also vorhandene Aktivitäten beobachten und daraus QoS-Kenngrößen ableiten.

Eine solche Passivmessung ist auf verschiedene Weise möglich. Sie kann einerseits – mit Zustimmung des Gerätebesitzers – auf dem Endgerät stattfinden. Das wird meist „Tracking" genannt und ist im Grunde eine Spielart des Crowdsourcing; Stakeholder und die Interessenlage der Beteiligten sind ähnlich. Insofern verweise ich für diese Variante auf die Kap. 6 und 15.2.

Worum es in diesem Kapitel geht, sind passive Messungen in der Domäne der Mobilfunknetze, also in der Netzinfrastruktur. Eine zusätzliche Messdaten-Erfassung auf Endgeräten wäre hier eine Ergänzung.

Netzintern sind – weil im Prinzip nahezu alle Signalisierungsvorgänge sichtbar sind – wesentlich umfangreichere Messungen möglich als auf unmodifizierten Endgeräten. Allerdings ist diese Ebene zunächst nur den Netzbetreibern selbst zugänglich. Damit andere Stakeholder von diesen Daten profitieren können, müssten erst entsprechende Strukturen geschaffen werden. Nach Lage der Dinge wäre wohl nur der Gesetzgeber – beispielsweise im regulatorischen Kontext – in einer Position, das umzusetzen, also dafür zu sorgen, dass KPI veröffentlicht oder Dritten bei Nachweis entsprechender Interessenlage bereitgestellt werden müssen.

Innerhalb der Netzinfrastruktur ist potentiell die gesamte Kommunikation der Nutzer sichtbar. Daher spielen auch politische Aspekte eine sehr wichtige Rolle. Hiermit meine ich zum einen gesetzliche Vorgaben, insbesondere aus dem Bereich Datenschutz, zum anderen aber auch die öffentliche Meinung und die gesellschaftliche Akzeptanz solcher Vorgänge, die ja durchaus mit dem Begriff „Überwachung" beschrieben werden können, auch wenn ihr technischer Zweck ein anderer ist. Hierauf näher einzugehen ist nicht mein

© Springer-Verlag Berlin Heidelberg 2015121
W. Balzer, *Quality of Experience und Quality of Service im Mobilkommunikationsbereich*,
Xpert.press, DOI 10.1007/978-3-642-55348-6_10

Ziel. Im Folgenden werde ich mich also auf eine Betrachtung der technischen Aspekte beschränken und auch nicht in jeder Formulierung erneut darauf hinweisen, dass es um die technische Sicht geht.

Das Thema netzbasierter Messungen ist auch Gegenstand der Standardisierung. Ich verweise hier auf Kap. 12.1.7, das sich mit der ETSI TS 102 250-7 [33] befasst, die genau diesen Bereich zum Thema hat.

Das Prinzip netzbasierter QoS-Messungen ist zunächst simpel: Man beobachtet die Aktivitäten der Nutzer und zieht daraus Schlüsse auf ihr Qualitätserleben. Ein positives Nutzungserlebnis entsteht, wenn die Ziele des Nutzers erfüllt werden. Hier beginnt allerdings die Komplexität: Wie erkennt man diese Ziele?

Es gibt einige Pauschalannahmen, die man gefahrlos treffen kann – ein Telefonat wird mit der Absicht verbunden, die Verbindung aufgebaut zu bekommen, das Gespräch ohne Abbruch zu führen und dabei eine gute Sprachqualität zu haben. Ein Datenzugriff soll das Gewünschte in möglichst kurzer Zeit auf den Bildschirm bringen.

Bei „klassischer" Telefonie ist das Gewinnen von Basisinformation relativ einfach. Beim Verbindungsaufbau gibt es Signalisierung, die man auswerten kann, ebenso bei Datennutzung. Ebenso lassen sich Verbindungsabbrüche relativ einfach detektieren. Da während einer Verbindung das Endgerät kontinuierliche Pegelmessungen – auch von Nachbarzellen – durchführt, sind sogar Bewertungen möglich, wie robust oder „prekär" eine Verbindung ist, wie hoch also das Risiko eines Verbindungsabbruchs ist, wären die Bedingungen nur etwas schlechter.

Die Frage ist aber, ob das allein für eine wirklich aussagekräftige QoS-Bewertung ausreicht – meiner Ansicht nach ist das nicht der Fall. Wie sich spezifische Gegebenheiten auf die Zufriedenheit auswirken, erfordert eine genauere Kenntnis des jeweiligen Anwendungsfalls, die bei Passivmessungen aus den verfügbaren Aktivitätsinformationen generiert werden muss.

Hier gibt es zunächst Fälle, wo der Ablauf gar nicht so weit kommt, dass netzintern meßbare Spuren entstehen – ein mangels Versorgung oder durch Interferenz fehlgeschlagener Anrufversuch wäre ein Klassiker. Ein weniger offensichtliches Beispiel: Stellen Sie sich ein Telefonat vor, dessen Gesprächsqualität so schlecht ist, dass die Teilnehmer vereinbaren, es abzubrechen und zu einem späteren Zeitpunkt fortzusetzen – aus Netzsicht wäre das einfach ein ordnungsgemäß beendeter Anruf, obwohl die Teilnehmer sicherlich eine negative Bewertung dieses Telefonats abgeben würden.

Ebenso ist etwa eine Bewertung der Kundenzufriedenheit bei Internetnutzung nur auf Basis der Durchsätze nicht zuverlässig möglich. Ein Durchsatz von 2 Mbit/s wäre bei Webbrowsing ein durchaus passabler Wert, beim Download einer E-Mail oder anderer größerer Dateien jedoch nach heutigen Maßstäben unbefriedigend.

Man benötigt also zusätzliche Informationen. Bei den genannten Beispielen wäre das die Sprachqualität während einer Verbindung beziehungsweise die Art der Datennutzung.

Nach dem mir bekannten aktuellen technischen Stand gibt es derzeit keine als hinreichend zuverlässig angesehene Methode einer „nichtintrusiven" Sprachqualitätsbewertung auf Basis „echter" Audiobewertung. Eine Alternative können sogenannte parametrische

Verfahren sein, die eine Vorhersage der Qualität aus zugänglichen technischen Größen zum Ziel haben. Das in der Fachwelt sicher bekannteste Verfahren ist das E-Modell der ITU-T (G.107[1]). Ich bin auf diesem Gebiet nicht selbst in der Tiefe aktiv; daher steht es mir nicht zu, hier eine eigene Bewertung abzugeben. Mein Eindruck ist jedoch, dass diese Verfahren als den intrusiven Verfahren wie PESQ oder POLQA nicht ebenbürtig angesehen werden. Ein Indiz dafür ist, dass trotz des deutlich höheren technischen Aufwands und der Lizenzkosten im professionellen Umfeld auf solche intrusive Methoden gesetzt wird.

Der Vollständigkeit halber möchte ich – ohne ins Detail zu gehen – noch erwähnen, dass es für die nicht-intrusive Prädiktion der Qualität von TCP-basiertem Video/Audio-Streaming noch ein unter P.NATS bekanntes Verfahren gibt. Für eine vollständige Übersicht sei auf die Webseite der ITU-T beziehungsweise auf die Unterseiten der entsprechenden Study Groups (vor allem SG 12) verwiesen.

Der Fall paketbasierter Dienste ist etwas anders gelagert. Hier genügt es nicht, einzelne Pakete zu betrachten; man muss wissen, zu welcher Transaktion diese gehören, also „tiefer" in die Pakete hineinblicken. Entsprechende Techniken sind unter dem Sammelbegriff DPI (Deep Packet Inspection) bekannt.

Sowohl bei maschineller Sprachqualitätsbewertung als auch bei DPI bewegt man sich allerdings – vorausgesetzt, die Methoden wären zuverlässig genug und auch vom technischen Aufwand her kosteneffizient genug – hinsichtlich der politischen und Datenschutz-Aspekte auf schon recht dünnem Eis (siehe dazu auch Kap. 15.4).

Das gilt auch im Fall eines anderen Aspekts von passiven Messungen: Die Ortsinformation ist in der Regel nicht oder nur ungenau vorhanden. Solche Information bekommt man zwar aus der Zellzuordnung oder etwa aus Pegeldaten für Nachbarzellen, die vom Endgerät im Rahmen des „mobility management" ans Netz gesendet werden. Oft reicht das aber – gerade wenn es auch um Troubleshooting und Netzoptimierung geht – nicht aus. Auch solche Mängel ließen sich beheben, indem man die auf Smartphones vorhandenen Sensoren, insbesondere GPS, nutzt. Damit kommen wir aber schon auf technischer Ebene in den Bereich, in dem der Nutzer – hier etwa durch höheren Akkuverbrauch beim Betrieb des GPS-Subsystems oder beim Übertragen entsprechender Daten ins Netz – beeinträchtigt wird; von der Problematik der Ortbarkeit gar nicht erst zu sprechen. Wie eingangs gesagt fällt das aber in den Bereich der Datenerhebung auf dem Endgerät und wird an anderer Stelle genauer betrachtet.

Alles in allem ist die netzbasierte QoS ein relativ altes Thema, und entsprechende Lösungen und Leistungsversprechen finden sich im Angebotsspektrum aller Netzausrüster. Auch in der Standardisierung gibt es entsprechende Spezifikationen [33].

Es wäre naiv anzunehmen, dass es automatisch Kostenvorteile gibt, nur weil man auf aufwendige Aktivmessungen verzichten kann. Datenmengen und Intensität der Datenströme innerhalb der Netze sind so groß, dass entsprechend leistungsfähige und damit auch

---

[1] Aktuell, Stand 28.11.14, sind lt. Website der ITU-T (HTTP://www.itu.int/rec/T-REC-G.107) alle Versionen bis einschließlich der 12/17 als „superseded" gekennzeichnet. Die neue Version 02/14 trägt den Vermerk „in force/prepublished", sie ist also (noch) nicht öffentlich zugänglich.

kostenintensive Hardware eingesetzt werden muss. Aus der Tatsache, dass es immer noch umfangreiche „Drivetests" gibt, lässt sich – unter der Annahme, dass Netzbetreiber nicht Geld für Unnötiges ausgeben – schlussfolgern, dass die Leistung solcher Systeme entweder für die gegebenen Ziele nicht ausreichend ist oder das Preis-Leistungsverhältnis zumindest nicht besser als das aktiver Messungen ist.

Hinzu kommt, dass sich abzeichnet, dass in Zukunft QoS generell aufwendiger – eventuell sogar in Teilen unmöglich – werden könnte, weil eine zunehmende Zahl von Anwendungen über https oder andere Formen von Verschlüsselung läuft. Damit sind viele der heute verwendeten Triggerpunkte nicht mehr zugänglich. Bei netzbasierter QoS fehlt die Beobachtungsebene „Aktivität an der Benutzerschnittstelle"; man ist also stark auf eben die IP-Trace-Triggerpunkte angewiesen. Möglich ist, dass damit – weil eben die notwendigen Informationen nicht mehr verfügbar sind – die infrastrukturbasierte QoS ihren Anspruch auf Äquivalenz mit der Ende zu Ende-QoS aufgeben muss und sich auf die „Bitpipe"-Sicht des Netzes fokussiert. Ebenfalls denkbar ist, dass neue Techniken entwickelt werden, um die mangelnde Sichtbarkeit zu kompensieren, etwa solche, die auf einer Art Mustererkennung basieren.

Die internationale Standardisierung befasst sich auf verschiedenen Ebenen mit QoS und QoE. Dieses Kapitel gibt zunächst eine Übersicht der entsprechenden Organisationen und thematisch relevanten Arbeitsgruppen. Im Anschluss werden die jeweiligen Arbeitsschwerpunkte dieser Gruppierungen beschrieben.

Die folgende Tabelle zeigt eine Auswahl von Organisationen, die im Mobilfunkumfeld aktiv sind, und deren Aktivitäten im Bereich QoS und QoE.

Diese Organisationen kooperieren untereinander, angefangen von fall- oder themenweiser Zusammenarbeit auf Gruppenebene (Liaisons) bis hin zu gemeinsamen Dokumenten. Dies kann auch die Form von „Code Sharing" wie bei Fluggesellschaften annehmen: So sind etwa viele 3GPP-Dokumente auch unter ETSI-Nummern verfügbar.

Dazu kommt, dass viele Experten in Gruppen verschiedener Organisationen mitarbeiten.

Die in Tab. 11.1 genannten Organisationen haben unterschiedliche Themenfelder und auch unterschiedliche geografische Aktionsbereiche. Auch sind sie teilweise hierarchisch organisiert, wodurch sich weitere Querbezüge ergeben.

Auf globaler Ebene ist die ITU für alles zuständig, was den Staaten und speziell deren Regulierungsorganisationen wichtig ist. Dazu kommt die 3GPP als die auf die Umsetzung im Bereich Mobilfunk fokussierte Dachorganisation.

Eine Ebene tiefer liegen die Organisationen, die geografische und/oder wirtschaftliche Regionen abdecken. Die ETSI ist die für die EU relevante Organisation (die Pendants für andere Kontinente habe ich hier nicht aufgeführt, sie werden aber teilweise in den folgenden Abschnitten noch genannt). Andere Organisationen arbeiten dann wieder global, aber themenbereichsbezogen.

Für diejenigen, die im QoS-Umfeld arbeiten, stellt sich mitunter die Frage, ob eigene „Hausstandards" entwickelt werden oder ob man besser auf internationale Standards warten sollte. Das ist eine Frage des Aufwands, aber auch der Geschwindigkeit – ein internationaler Standard erfordert eine gewisse Reife und auch formale Sorgfalt, die sich auch

© Springer-Verlag Berlin Heidelberg 2015   125
W. Balzer, *Quality of Experience und Quality of Service im Mobilkommunikationsbereich*,
Xpert.press, DOI 10.1007/978-3-642-55348-6_11

Tab. 11.1 Übersicht Standard-entwickelnder Organisationen (SDO, standard-developing organizations) und anderer im QoS-Kontext wichtiger Organisationen

Name	Aktionsradius und Mitgliederstruktur	QoS- und QoE-Aktivitäten
ITU-T	Weltweit	Normative Empfehlungen (de facto Standards) für alle Bereiche
International Telecom Union, Sector T	Staaten, staatliche Institutionen, Industrie, Forschung	
ETSI	Europa, zunehmend Öffnung weltweit	Standards für alle Bereiche
European Telecommunications Standards Institute		
3GPP	SDO's (formale Partner); inhaltliche Arbeit durch Hersteller und Service-Provider	Spezifikationen für Basis-Services (z. B. Access Level)
3rd Generation Partnership Project		
GSMA	Netzbetreiber (full members)	Organisation der Einführung/Umsetzung von QoS-Standards
GSM Association		
VQEG	„All interested parties"	Reports an relevante ITU-T Study Groups und andere SDO's
Video Quality Expert Group		

im Zeitbedarf manifestiert. Auch kann sich die Frage der Mitarbeit in solchen Gruppen stellen. Aus meiner Sicht spricht einiges dafür, sich – wenn die übrigen Rahmenbedingungen passen – hier zu betätigen.

11.1 ITU-T

Die ITU-T ist einer der Sektoren der ITU (International Telecommunication Union) und koordiniert Standards für die Telekommunikation [34]. Mitglieder sind sowohl (aktuell 191 *Member States*) Staaten als auch Unternehmen und Organisationen aus dem privaten und öffentlichen Sektor, also beispielsweise Regulierungsbehörden, Universitäten und Forschungseinrichtungen und natürlich Firmen aus der Branche.

Die inhaltliche Arbeit wird von Abgesandten der Mitglieder in diversen Gruppen geleistet. Speziell wären hier die *Study Groups* zu nennen, die jeweils thematische Schwerpunkte haben; die Themen sind in sogenannten *Questions* gebündelt. QoS- und QoE-Themen werden in der Study Group 12 (SG12) behandelt.

Der organisatorische Rahmen wird von einer permanenten Struktur innerhalb der ITU geliefert, dem Telecommunication Standardization Bureau (TSB), angesiedelt am Sitz der Organisation in Genf.

Weitere Details zu Struktur, Gruppen und Inhalten finden sich auf der Webseite der ITU-T [35].

Die ITU-T produziert zum einen Standards, die als „normative recommendations" bezeichnet werden. Die Webseite führt dazu sinngemäß aus, dass diese Recommendations nicht tatsächlich bindend sind, dass sie aber in der Regel ungesetzt beziehungsweise befolgt werden, zum einen wegen ihrer hohen Qualität, vor allem aber, weil sie Interkonnektivität von Netzen sicherstellen und damit dafür sorgen, dass Telekommunikationsdienste weltweit genutzt werden können. Mit den Worten eines der führenden Experten auf diesem Gebiet:

> Da die ITU eine specialized agency der UNO ist, sind die Mitglieder (also die Staaten) eigentlich an die Recommendations gebunden, wenn sie in dem jeweiligen Bereich etwas regulieren wollen. Niemand ist zum Regulieren gezwungen, aber wenn er es tun will, sind die entsprechenden Recommendations anzuwenden (und nicht etwa „regionale" Standards). [36]

Außerdem produziert die ITU-T weitere nicht-normative Inhalte, etwa entsprechende Anhänge in Recommendations, ITU-T-Handbücher, Implementierungsleitfäden und ergänzende Dokumente, zusammengefasst unter dem Begriff „Technical Papers".

11.2   3GPP

Die 3GPP (3rd Generation Partnership Project) wurde – 1998, im Kontext von UMTS, worauf auch der Namensbestandteil 3G hindeutet – als weltweite Kooperation von Standardisierungsgremien gegründet [37].

Die 3GPP befasst sich heute sowohl mit der technologischen Pflege älterer Technologien (2G- und 3G,) mit der aktuellen 4G-Technologie (LTE) und ihren Ausbaustufen (LTE Advanced) und wird sicherlich auch nachfolgende Technologiestufen betreuen.

Der oben schon zitierte Experte drückt es prägnant so aus: Experten in „3GPP bestimmt, wie Mobilfunk funktioniert" [36].

Die Gründungsmitglieder der 3GPP waren

- ARIB und TTC (Japan)
- ETSI (EU)
- ATIS (früher T1; USA)
- TTA (Korea)

Dazu kam später noch die CCSA (China).

Diese jeweils eine Region des Planeten repräsentierende Organisationen werden als Organizational Partners bezeichnet, über die dann – in der Formulierung der deutschsprachigen Wikipedia-Seite – „weltweit ein Großteil aller Mobilfunknetzbetreiber, Hersteller und Regulierungsbehörden in 3GPP organisiert sind".

Neben den Organizational Partners gibt es noch die „Market Representation Partners" (ich kürze das für den nachfolgenden Abschnitt mit MRP ab). Diese Bezeichnung weist darauf hin, dass solche Partner einen bestimmten Teilmarkt oder Sektor der Mobilfunkwelt repräsentieren. MRP werden auf Einladung eines Organizational Partners in 3GPP aufgenommen, wenn sie bestimmte Kriterien erfüllen. In der freien Übersetzung des Autors (auf der deutschsprachigen Wikipedia-Seite fehlen, Stand Juli 2014, entsprechende Details):

- MRP sollen der 3GPP Ratschläge bezogen auf den jeweiligen Marktsektor geben und eine „Konsens-Ansicht" der Bedürfnisse dieses Marktsektors innerhalb des 3GPP-Arbeitsrahmens liefern können.
- MRP sollen *nicht* die Kapazität und Autorität zur Standardsetzung im Rahmen des 3GPP-Arbeitsgebiets haben (das ist eine interessante Formulierung; sie dient offenbar zur Abgrenzung zu Organizational Partners, die ja genau durch solche Fähigkeiten gekennzeichnet sind).
- Des Weiteren wird von MRP (wenig überraschend) erwartet, das Arbeitsgebiet der 3GPP zu unterstützen und entsprechende Vereinbarungen mit der 3GPP abzuschließen.

Laut Wikipedia [37] gibt es mit Stand November 2013 insgesamt 14 Market Representation Partners; diese Zahl stimmt auch mit der Anzahl der MRP auf der Homepage der 3GPP (HTTP://www.3gpp.org/, Stand Juli 2014) überein. Zum MRP-Kreis gehören ganz unterschiedliche Organisationen. Das Spektrum reicht von der GSM Association, in der ein Großteil der weltweit existierenden Mobilnetzbetreiber vertreten ist, über das IPV6 Forum bis hin zu Organisationen wie dem „Small Cell Forum", dessen Gebiet eine bestimmte Klasse von Netztechnologie ist[1]. Man kann also sagen, dass die MRP sowohl horizontale als auch vertikale Sektoren der Mobilfunkwelt repräsentieren.

Dazu gibt es noch „Observers", die gemäß der Definition auf der 3GPP-Hauptseite standard-entwickelnde Organisationen (Standard Development Organizations, SDO's) sind, also die Qualifikation haben, zukünftige Organizational Partners zu werden.

Aufgabe der 3GPP ist es, dafür zu sorgen, dass Mobilkommunikationsdienste weltweit genutzt werden können. Das wird durch entsprechende Standards umgesetzt, die sicherstellen sollen, dass Mobilfunkgeräte, die diese Standards nutzen, weltweit funktionieren.

3GPP befasst sich mit Protokollen und Architekturen ab der Luftschnittstelle bis hin zu Core- und Serviceschichten von Netzen. Dazu gehört auch die Standardisierung des „IP Multimedia Subsystems" (IMS), das Bestandteil von „NGN" (Next Generation Network)-Architekturen ist, also im LTE-Kontext steht. Dabei ist IMS deutlich älter; seine

---

[1] Natürlich ist die Einstufung der relativen Größe oder Wichtigkeit einer solchen Gruppe in der 3GPP auch eine Sache der eigenen Position in der Mobilfunkwelt.

historischen Wurzeln liegen, als Element zur Koordination von Multimediadiensten, in der GPRS-Ära.

Die inhaltliche Arbeit in der 3GPP wird von „Specifications Groups" geleistet, die als „Working Groups" (WG) in verschiedenen Kategorien (Technical Specification Groups, TSG's) zusammengefasst sind. Der Name einer Working Group setzt sich aus dem Namen seiner TSG und einem numerischen Index zusammen.

Derzeit gibt es vier aktive TSG's. Die TSG GERAN befasst sich mit GSM/EDGE, also mit der Weiterentwicklung älterer Standards, was wichtig für das Interworking mit neueren Technologien ist. Das Gebiet der TSG RAN ist das „Radio Access Network", also die „Luftschnittstelle", über die die Endgeräte letztlich an das Core-Netz^2 angebunden sind, dessen Spezifikationen wiederum in der TSG CT weiterentwickelt werden.

Schließlich gibt es noch die TSG SA, die sich mit den Service- und Systemaspekten befasst, wozu auch Dinge wie Services (SA WG1), Architektur (SA WG2), Sicherheit (SA WG3), Codecs (SA WG4) und Telekom-Management (SA WG5) gehören.

Als – analog zur ITU-T – quasi höchste planetarische Ebene der Standardisierung geht es in der 3GPP nicht nur um technische, sondern auch um wirtschaftliche und politische Dinge. Die hier erarbeiteten Standards sind also auch das Ergebnis von entsprechenden Interessenausgleichsprozessen. Ein 3GPP-Standard wird dann in der Regel von den regionalen Standardisierungsorganisationen (den Organizational Partners) in deren jeweiliges Benennungssystem übernommen. So hat dann beispielsweise ein 3GPP-Standard auch eine ETSI TS-Bezeichnung.

11.3   ETSI

ETSI steht für European Telecommunications Standards Institute, eine gemeinnützige Organisation mit Hauptsitz in Sophia Antipolis (in der Nähe von Nizza). Die ETSI ist von der EU als Europäische Organisation für Normung mit Zuständigkeit für den Bereich Telekommunikation anerkannt. Ihr Ziel ist, weltweit anwendbare Standards für die Informations- und Kommunikationstechnologien zu schaffen [38].

Mehr zu Struktur und Aufgaben der ETSI findet sich auf der offiziellen Homepage www.etsi.org.

Mitglieder der ETSI sind Staaten beziehungsweise staatliche Institutionen, Industriefirmen sowie Forschungseinrichtungen. Die ETSI hat spezielle Mitgliedschaftsangebote auch für sehr kleine Unternehmen sowie für KMU. Für den Staat Deutschland ist das Bundeswirtschaftsministerium das nominale Mitglied, in dessen Rahmen dann beispielsweise die Bundesnetzagentur agiert; diese wiederum arbeitet inhaltlich mit Experten aus

---

^{2} Der Begriff „Kern-Netz" findet sich zwar auf einschlägigen Übersetzungsseiten nicht nur als wörtliche Übersetzung, sondern auch im Kontext von Beispielsätzen etwa bei Linguee.de. Er wird aber in der „Mobilfunkszene", deren Jargon in weiten Teilen aus englischen Begriffen besteht, nicht wirklich verwendet.

Forschung und Industrie zusammen. In anderen Ländern gibt es ähnliche Strukturen. Daneben gibt es noch Associate Members aus allen Kontinenten.

Die Mobilfunk-Netzbetreiber sind mehrheitlich in der ETSI vertreten, wobei das nicht unbedingt auf nationaler Ebene stattfinden muss. In Deutschland sind (ETSI-Mitgliederliste Stand 8. Juli 2014) beispielsweise die Deutsche Telekom AG sowie die Vodafone GmbH direktes Mitglied, während etwa O2 durch die Mitgliedschaft der spanischen Muttergesellschaft Telefonica und E-Plus (noch) durch die Mitgliedschaft der holländischen KPN Zugang hat.

Die Mitglieder kommen – entsprechend des auch in der Namensgebung erkennbaren ursprünglichen Ansatzes – weit überwiegend aus dem europäischen Raum, es finden sich aber auch Mitglieder aus außereuropäischen Ländern, etwa Ausrüstungshersteller aus China, aber auch Beratungsunternehmen. Es gibt verschiedene Ebenen der Mitgliedschaft, von „Full member" bis zu „Observer".

Die ETSI war maßgeblich an der „Geburt" vieler Standards im Mobilfunk beteiligt, darunter GSM, UMTS, DECT und TETRA. Beginnend mit UMTS und aktuell bei LTE arbeitet die ETSI mit anderen Standardisierungsorganisationen im Rahmen des „3rd Generation Partnership Project" (3GPP) zusammen; zur 3GPP siehe auch den entsprechenden Abschnitt dieses Kapitels.

ETSI produziert Dokumente verschiedener Art. Die Dokumentbezeichnung beginnt mit zwei Buchstaben, die diesen Typ repräsentieren. Zur Übersicht habe ich die nachfolgende Tab. 11.2 aus der Wikipedia-Seite [38] zusammengestellt. Ein Element dieser Nomenklatur ist die Ebene der Freigabe (Approval). Einige Dokumenttypen benötigen Approval durch das ETSI-Plenum, das die Gesamtheit der Mitglieder repräsentiert. Andere werden durch die Gruppe freigegeben, die – oder eine deren Untergruppen – das Dokument auch erstellt hat.

Zur Präzisierung – ich hatte eingangs gesagt, ETSI sei für den Bereich Normung zuständig. Strenggenommen gilt dies nur für „harmonized standards" und EN's [36]. Soweit ich es für meinen engeren operativen Bereich sagen kann, wird jedoch in der Praxis nicht zwischen beispielsweise TS- und EN- oder ES-Dokumenten unterschieden.

Eine spezielle Art Gruppe mit einem eigenen zugeordneten Dokumenttyp sind die „Industry Specification Groups" (ISG). Diese sind um bestimmte Themenpunkte (work items) herum organisierte Organisationseinheiten, die fallweise von Arbeitsgruppen unterstützt werden [39].

Diese Dokumente werden in Gruppen (auch „committee" genannt, was ich in der Tabelle „Komitee" nenne) erarbeitet. Diese sind mit Angehörigen der Mitgliedsorganisationen oder mit von diesen entsandten Experten besetzt. Die ETSI-Kernorganisation liefert den strukturellen Gesamtrahmen, etwa bei der Dokument-Nomenklatur, den Konventionen für die Namensgebung, beim Versionsmanagement, zentralen Stichwortsammlungen und dergleichen. Konkrete Unterstützung bei der Finalisierung von Dokumenten liefert etwa die „EditHelp" Gruppe, die sich um Dinge wie einheitliche Strukturen und auch korrekte Begriffsverwendungen kümmert. Beispielsweise gibt es strikte Regeln für die Verwendung oder Nicht-Verwendung bestimmter englischer Worte, die unterschiedliche

Tab. 11.2 Übersicht der ETSI-Dokumentpräfixe

Präfix	Langname	Beschreibung
EN	European Standard, telecommunications series	Verwendet, wenn das Dokument für spezifisch europäische Bedürfnisse gedacht ist und Übertragung in nationale Standards erfordert, oder wenn das Erstellen des Dokuments unter einem EC/EFTA-Mandat erforderlich ist
ES	ETSI Standard	Normativ; Freigabe (Approval) durch ETSI-Plenum (alle Mitglieder)
EG	ETSI Guide	Nicht-normative technische Anleitung zur Nutzung von Standardisierungsaktivitäten (guidance on handling of technical standardization activities). Approval durch ETSI-Plenum
SR	Special Report	Für verschiedene Zwecke verwendet; stellt Informationen bereit, die nicht von einem technischen Komitee produziert wurden. Wird auch für dynamisch generierte Inhalte verwendet, also solche, die etwa via Web aus einer Datenbasis generiert wurden
TS	ETSI Technical Specification	Normativ; wird verwendet, wenn ein Dokument in kurzer Zeit bereitgestellt werden soll. Freigabe (approval) durch das technische Komitee, das dieses Dokument produziert hat
TR	ETSI Technical Report	Nicht-normative (informative) Inhalte. Freigabe durch das erzeugende Komitee
GS	ETSI Group Specification	Verwendet für Dokumente, die von Industry Specification Groups erzeugt wurden, und von der erzeugenden Gruppe freigegeben

Niveaus von Normativität ausdrücken, also etwa „shall", „must", oder „should". Es wird zum Beispiel sorgfältig darauf geachtet, dass in nicht-normativen Dokumenten keine Begriffe verwendet werden, die Normativität suggerieren könnten.

Innerhalb der ETSI wird das Thema QoS im Mobilfunk vor allem in der Gruppe STQ MOBILE (STQM) behandelt (in der ich auch mitarbeite). Diese Gruppe ist eine Untergruppe von STQ; diese Abkürzung steht für „Speech and multimedia Transmission Quality" steht.

Die STQM ist historisch unter anderem aus der IREG-Gruppe der GSMA hervorgegangen. Die Grundidee war, Messsystemhersteller und Netzbetreiber zusammenzubringen und auf der Basis gemeinsam erarbeiteter Standards für Einheitlichkeit und damit auch bessere Vergleichbarkeit der Ergebnisse verschiedener Systeme zu sorgen. Mehr als zehn Jahre nach Gründung dieser Gruppe kann man sagen, dass aus diesem Gedanken etwas Größeres entstanden ist. Von STQ beziehungsweise STQM erarbeitete Standards werden heute weltweit genutzt und begleiten die besonders nach dem Aufkommen der Smartphones rasante Entwicklung der mobilen Kommunikation durch eine solide Grundlage für Qualitätsmetriken.

Der „Hauptstandard" der ETSI im Bereich QoS ist die von der STQ MOBILE betreute TS 102 250, ein (momentan) siebenteiliges Werk (multipart document), das sich mit Messmethodik, KPI-Definitionen und Berechnungsvorschriften, „best practices" für den Aufbau von Messsystemen und die Messdurchführung, statistischen Aspekten sowie infrastrukturbasierten QoS-Messungen befasst.

Daneben gibt es noch die Dokumentserie EG 202 057 [40], ebenfalls aus der STQ stammend, in der allgemeine Regeln für den Umgang mit KPI (in dieser Dokumentreihe als „QoS Parameters" bezeichnet) beschrieben werden. Das umfasst auch KPI etwa aus dem Bereich Billing oder Customer Care. Von daher würde ich diese Dokumentserie als grob mit der ITU-T-E.800 Dokumentserie korrespondierend ansehen.

Dazu kommen diverse „Technical Reports" zu Einzelthemen. Siehe hierzu auch die Liste von für die Vertiefung empfohlenen Dokumenten in Kap. 18 sowie die themenbezogenen Webseiten der ETSI „Quality of Service" [41] und „Testing" [42].

Historisch hat sich STQ, wie der Name schon andeutet, vor allem mit Aspekten der Sprachqualität, hier auch solchen im Bereich der akustischen Interfaces, beschäftigt. Durch die „Digitalisierung" von Telefonie-Services sind die früheren Grenzen – hier Datenübertragung, dort Telefonie – aufgehoben oder zumindest sehr viel unschärfer geworden. Entsprechend sind auch die Abgrenzungen in den Themengebieten einzelner Gruppen in Bewegung und werden es sicher auch noch eine Weile sein.

Über die Veröffentlichung von Standards und technischen Papieren hinaus veranstaltet die ETSI zahlreiche themenbezogene Workshops und andere Veranstaltungen, unter denen hier exemplarisch die „Plugtest"-Events genannt werden sollen (siehe auch HTTP://www.etsi.org/services/plugtests). Hierbei werden Produkte verschiedener Hersteller zu funktionalen Testlandschaften kombiniert; es wird also die Interoperabilität dieser Komponenten unter realitätsnahen Bedingungen getestet.

11.4 VQEG

VQEG steht für „Video Quality Experts Group". Dies ist eine internationale Organisation unter dem Dach der NTIA/ITS.

Die NTIA (National Telecommunication & Information Administration) ist eine zum US-Department of Commerce gehörende Behörde, deren grundlegende Aufgabe die Beratung des Präsidenten bei Themen im Bereich Telekommunikation und der Informationstechnologien ist („The National Telecommunications and Information Administration (NTIA), located within the Department of Commerce, is the Executive Branch agency that is principally responsible by law for advising the President on telecommunications and information policy issues" [43]. Das ITS (Institute for Telecommunication Sciences) ist der Forschungs- und Technik-Arm der NTIA [44].

In der VQEG arbeiten Spezialisten für Videoqualität aus Industrie und Forschung im öffentlichen und privaten Sektor zusammen, um Standard-Vorschläge für diesen Bereich zu erarbeiten beziehungsweise um auf diesem Gebiet mit entsprechenden Standardisierungsgremien zusammenzuarbeiten.

Das Spektrum der VQEG deckt alle Aspekte audiovisueller Medien ab; mobilfunkrelevante Themen sind zwar vertreten, der Schwerpunkt liegt jedoch eher bei höherauflösenden Medien und Technologien.

Mehr zu der Arbeit und der Zusammensetzung dieser Gruppe findet sich auf ihrer Webseite HTTP://www.its.bldrdoc.gov/vqeg/vqeg-home.aspx, eine Übersicht aktiver Projekte und Gruppen unter HTTP://www.its.bldrdoc.gov/vqeg/projects.aspx.

In den folgenden Abschnitten beschreibe ich die Inhalte der wichtigsten QoS-Standard-Dokumente. Primär soll das als eine Art „Reiseführer", dienen, also mit Fokus auf die im Kontext dieses Buchs interessanten Aspekte und als Vorbereitung für die intensivere Arbeit mit solchen Standards. An manchen Stellen befasse ich mich aber auch kritisch mit bestimmten inhaltlichen Elementen.

Wer sich tief in das Gebiet begibt, vor allem im diagnostischen Rahmen, sollte diese Dokumente im Original lesen. Den übrigen Lesern empfehle ich, zumindest ein oder zwei davon einmal „querzulesen", um einen Eindruck von Duktus und Atmosphäre zu bekommen.

Außer den nachfolgenden, auf QoS aus Anwendersicht fokussierten Standards gibt es noch eine Reihe von Dokumenten, die funktionale KPI auf Netzzugangs- und Basisressourcenebene behandeln. Diese spreche ich hier nicht explizit an. In den hier genannten Dokumente finden sich aber entsprechende Verweise.

12.1 Die ETSI TS 102 250-Dokumentserie

Hierbei handelt es sich um eine aktuell siebenteilige Dokumentserie, von der Arbeitsgruppe STQ MOBILE (nachfolgend kurz STQM genannt) betreut wird.

Jedes der Teildokumente besitzt im Abschnitt „Foreword" einen Block, in dem alle Dokumente der Serie kurz beschrieben sind.

12.1.1 TS 102 250-1

Dies [45] ist das Leitdokument, das den grundlegenden Begriffsrahmen vermittelt.

© Springer-Verlag Berlin Heidelberg 2015
W. Balzer, *Quality of Experience und Quality of Service im Mobilkommunikationsbereich*,
Xpert.press, DOI 10.1007/978-3-642-55348-6_12

In „Introduction" wird der Begriff „QoS" umrissen; eingangs wird bereits festgestellt

> ...however, the term QoS is usually not well-defined, is used loosely or, worst of all, misused. Therefore, guidance is needed on how to understand and apply the term QoS. ([45], Introduction)

In weiteren Text desselben Abschnitts wird der Begriffsraum von QoS allerdings auch auf Aspekte ausgedehnt, die nach meinem Verständnis – auch anderer Standards wie der ITU-T E.800, die im Dokument auch als Quelle angegeben ist – eher der QoE zuzurechnen sind; hier heißt es

> Depending on the role of the user, his expectations may vary: Considering service quality he might have other expectations compared with situations that are oriented more commercially, e.g. when he is in contractual discussions with his service provider.

> Not only service usage is relevant to the user. The overall impression of all touch points with his provider is influencing his personal quality reception. ([45], "Introduction")

Im letzten Bullet Point heißt es dann allerdings wieder

> Furthermore, the user compares his expectations with the reached level of fulfilment. Future decisions will be based on his personal perception of the achieved level of quality. In this case, subjective components get an increased weight and importance. Taking these aspects also into account, the term "Quality of Service" has to be extended to "Quality of Experience" with a more subjective meaning. [45], "Introduction")

Hier wird also keine klare Begriffsdefinition im Sinne auch einer Abgrenzung zwischen QoS und QoE gegeben, sondern nur festgestellt, dass es einen Übergang gibt.

Wie schon in den Eingangskapiteln dieses Buchs gesagt, ist die Definition der Begriffe QoS und QoE und speziell ihre Abgrenzung voneinander schwierig, was auch an der Uneinheitlichkeit dieser Definitionen in der Literatur deutlich wird. Aus diesem Grund wird ja auch für die Zwecke dieses Buchs eine Arbeitsdefinition verwendet, die nicht den Anspruch auf universelle oder normative Gültigkeit erhebt. Im Übrigen wird aktuell sowohl auf ETSI- als auch auf ITU-T-Ebene daran gearbeitet, diese Begriffsdefinitionen weiterzuentwickeln und zu harmonisieren.

Zurück zu TS 102 250-1. Nach den einleitenden Kapiteln beginnt in Kap. 4 dann mit Begriffs- und Abkürzungsdefinitionen der eigentliche Inhalt. Hier sei insbesondere auf die Definition von Datenmengen verwiesen; in der Dokumentserie wird kByte als 1024 Byte und Mbyte als 1024 kByte definiert[1].

Ansonsten bietet das Definitionskapitel eine recht vollständige Sammlung der in der QoS-Welt verwendeten Begriffe. Auch wenn der Text kein fortlaufender Prosatext ist,

---

[1] Siehe auch die Betrachtungen zum Thema Mengenpräfixe in Kap. 19.

liefert das sorgfältige Lesen dieser wenigen Seiten schon einen sehr guten Einstieg in das gesamte Thema.

Als abschliessende Anmerkung zum Definitionskapitel sei nur noch erwähnt, dass hier noch der Begriff „A-party" anzutreffen ist. Dieser und sein Pendant „B-party" werden in der QoS-Literatur häufig für die beiden Teilnehmer einer Punkt-zu-Punkt-Verbindung verwendet. Zumindest soweit es die Arbeit bei STQM angeht, ist die Bestrebung im Rahmen von Dokumentüberarbeitungen, hier (wieder) in ITU-T [1] definierten Begriffe „calling party" und „called party" zu verwenden. Diese sind „sprechender", weil sie nicht nur eine Entität, sondern auch schon die Aktivität beschreiben.

12.1.2   TS 102 250-2

Dieses Dokument [4] enthält die technischen Definitionen der vom Standard abgedeckten Services und ist somit so etwas wie das zentrale Element der Dokumentserie.

Die KPI sind in drei Kategorien eingeteilt:

- Service-unabhängige KPI („service independent QoS parameters"), also solche KPI, die sich auf die Netzbereitstellung und Grundfunktionen der Konnektivität beziehen;
- Direkte Services. Das sind Funktionen, bei denen der Anwender eine direkt, also in Echtzeit oder enger Zeitnähe zur auslösenden Aktion stattfindendes Ergebnis erwartet. Ein typisches Beispiel wäre ein Webseitenabruf oder ein Telefonat.
- Store-and-forward (S&F)-Services. Das sind Services, bei denen die Funktion typischerweise zeitverzögert stattfindet beziehungsweise eine Echtzeit-Aktion vom Anwender nicht unbedingt erwartet wird. Ein typisches Beispiel wäre SMS oder MMS. Auch E-Mail gehört zu dieser Kategorie.

Eine Anmerkung hierzu: Diese Einteilung hat historische Wurzeln. Ziel war, eine gewisse Grundstruktur in die KPI zu bringen. Derartige Kategoriensysteme unterliegen natürlich einem permanenten Evolutionsprozess, der sowohl der technischen Entwicklung als auch Änderungen im Nutzerverhalten folgt. Einen heute populären Dienst wie WhatsApp würde man – wenn er denn Objekt von Standardisierung wäre – von seinen Merkmalen her der Kategorie Store-and-forward zuordnen. In der realen Nutzung wird er aber im Chat eingesetzt, mit der Erwartungshaltung echtzeitnahen Verhaltens, was ihn aus dieser Perspektive wieder näher an die Kategorie „direct services" brächte. Da mit WhatsApp auch Audioclips übertragen werden können, ergeben sich übrigens hier weitere interessante Parallelen zu dem (inzwischen nahezu in Vergessenheit geratenen) Push To Talk.

Von ihrer Historie her sind die service-independent KPI dafür geeignet, in isolierter Form gemessen werden zu können. Dahinter stand auch das Konzept, KPI in „Bausteinform" messen zu können, also durch Zusammensetzen von generischen Funktionsabschnitten.

De facto sind aber viele dieser Größen auf Smartphones nur mit unverhältnismäßig hohem Aufwand messbar. In den alten Modemzeiten musste beispielsweise zur Nutzung eines internetbasierten Dienstes in der Regel erst explizit die Konnektivität hergestellt werden („PDP context activation"), was technisch ohne weiteres als Einzelaktion umsetzbar war. In der heutigen Smartphonewelt, charakterisiert durch immer vorhandene Konnektivität („always on") wäre, um den Vorgang einer PDP-Kontextaktivierung auszulösen, beispielsweise erst der „Flugmodus" zu aktivieren, dann wieder zu deaktivieren – ein Vorgang, der auch dann, wenn er überhaupt steuerungsseitig von „out of the box"-Geräten unterstützt wird, relativ lange dauert und daher aus Sicht der Messdatenausbeute bei Drivetests ineffizient ist. Zudem gehört der entsprechende Vorgang wegen des „always on"-Paradigmas gar nicht mehr zum „Erlebnisraum" von realen Nutzern. Insofern werden die service-unabhängigen KPI heute eher als Teil eines nutzerbezogenen Szenarios mitgemessen, indem sie aus den Daten erzeugt werden, die bei Nutzerszenarien entstehen. Finden die entsprechenden Low-Level-Abläufe im konkreten Szenario nicht statt, gibt es demzufolge auch keine Samples für diese KPI.

Für die KPI der paketorientierten Services (HTTP, ftp und E-Mail) gibt es ebenfalls aus historischen Gründen zwei Methoden, die unterschiedliche Sichtweisen repräsentieren.

Im Originaltext des Standards liest sich das so:

Method A defines trigger points which are as independent as possible from the service used, therefore representing a more generic view (payload throughput).

- Method B defines trigger points on application layer, therefore representing a more service oriented view (transaction throughput). [4], (Kap. 4.2)

Sieht man sich allerdings die tatsächlich definierten Triggerpunkte an, findet man für die Triggerpunkte der Methode B genauso Events des TCP/IP-Layers und nicht solche applikationsnäherer Schichten. Die verwendeten Events liegen dabei sogar eher im vorgelagerten Bereich, also beim Herstellen der Konnektivität. Die Orientierung auf den jeweiligen Service gibt es insoweit, als der genaue Ablauf hierbei service-spezifisch ist. Die Methode A-Events stehen eher mit dem tatsächlichen Ergebnis solcher Aktionen in Verbindung. Insofern sind sie „generischer", weil sie sich auf das Eintreffen der ersten Nutzdaten beziehen – das ist mit „payload throughput" gemeint, das ja ein Element eines jeden Servicetyps ist.

Ein konkretes Beispiel, das als repräsentativ gelten kann: Bei der FTP Service Non-Accessibility ([4], Kap. 6.1.1.3) ist das Erfolgreichkriterium bei Methode A

Reception of first data packet containing content,

während der entsprechende Methode B-Trigger definiert wird als

Reception of the [ACK] from the [SYN, ACK] for active mode connections, sending of the [ACK] for the [SYN, ACK] for passive mode connections on the data socket.

Da die Phasen Servicezugang und Servicenutzung aufeinander folgen, ist die Konsequenz der unterschiedlichen Sichtweisen der Methoden A und B auch ein Unterschied der für die Durchsatzbestimmung verwendeten Zeitfenster und der Datenmengen (das Thema Durchsatzmessung wird ausführlich in Kap. 5 behandelt). Bei Methode A beginnt das Zeitfenster mit dem Eintreffen des ersten Datenpakets. Der Transfer dieses Pakets, der ja vorher stattfindet, liegt also außerhalb dieses Zeitfensters. Infolge des Ramp-Up-Verhaltens beim Durchsatz liefert Methode A einen etwas größeren Zahlenwert für den Durchsatz als Methode B. Die Größe dieser Differenz hängt davon ab, wie groß dieses erste Paket ist. Betrachtet man die IP-Ebene, auf der die Paketgröße ja im Bereich von 1500 Byte liegt, ist der Effekt vernachlässigbar. Auf Applikationsebene kann das erste Paket deutlich größer sein, doch auch hier wird der Effekt bei den heute als Minimum für aussagekräftige Durchsatzmessungen angesehenen 3–5 Mbyte nicht allzu groß sein. Es gehört jedoch zu handwerklich sauberer Arbeit, diesen Aspekt zu beachten und gegebenenfalls zu validieren.

Mit dem Übergang zu Smartphones hat sich in puncto Verfügbarkeit von Events übrigens hier ein interessanter Wechsel vollzogen: Während die IP Trace-Trigger weiterhin verfügbar sind, hat sich die Zugänglichkeit von Events aus applikationsnäheren Schichten verschoben. Indikatoren, die vom Typ her zu Methode B passen, liegen meist – das lässt sich durch direkten Vergleich mit IP Trace-Informationen überprüfen – zeitlich sehr früh; sie drücken oft die Absicht einer Aktion aus, man kann aus ihnen also noch nicht ableiten, ob die Aktion auch tatsächlich stattgefunden hat. Das bedeutet, es gibt weniger Äquivalente zum „SYN, ACK" der IP-Ebene, das die Herstellung einer Socketverbindung und nicht schon deren Nutzung repräsentiert. Dagegen gibt es Events, die vollzogenen Datentransfer repräsentieren, auf verschiedenen Ebenen. Das bedeutet, dass die praktische Nutzung von Events aus applikationsnäheren Schichten – die also nicht die Modifikation des Endgeräts für IP-Trace-Datengewinnung erfordern – eher in Richtung der Method A-Systematik führt, allerdings mit einer stärkeren Gewichtung des tatsächlichen Usecase.

Ein anderer Punkt sind die in TS 102 250-2 *nicht* enthaltenen Services. Die Begrenzung liegt hier darin, dass Standards nur wiederum standardisierte Protokolle in ihren Definitionen nutzen sollten beziehungsweise dass proprietäre Produkte nicht Gegenstand von Standardisierung sein können. Dieser Standpunkt ist aus politisch-juristischer Sicht – auch wegen der in der Regel mit proprietären Protokollen verbundenen IPR-Problematik – nachvollziehbar. Auch aus technischer Sicht, jedenfalls wenn man „mikroskopische" Triggerpunkte, also solche tieferliegender Protokollschichten, verwenden möchte, ist klar, dass dazu das entsprechende Protokoll bekannt sein muss – genau das ist aber bei proprietären Produkten meist nicht der Fall. Es ergibt sich dabei aber eine Art Definitions-Vakuum, wenn Produkte wie YouTube®, WhatsApp® oder Skype® zwar weitverbreitet sind (und in diesem Sinn sicher das Attribut „popular" wie in „popular services" verdienen), sie aber aus QoS-Standardisierungssicht unsichtbar sein müssen.

Dass es zu etwas keinen internationalen Standard gibt, heißt nicht, dass man dafür nicht auf einer pragmatischen Ebene trotzdem KPI „im Geist von ETSI" definieren kann. Oft lassen sich dafür sogar im ETSI-Portfolio analoge Services finden, die man als Startpunkt nutzen kann – wobei ich wie an anderer Stelle ausgeführt dafür plädiere, die Gesamtzahl der KPI zu einem Service klein zu halten, um ihre Bedeutung für die Anwendersicht nicht zu verwässern.

Ein wichtiges strukturelles Element der Triggerpunktdefinitionen sind die symbolischen Eventnamen, die in den Definitionen verwendet werden und über eine Referenztabelle, die gesondert bezogen werden kann, auf tatsächliche Protokoll-Messages und andere Events verweisen. Die symbolischen Namen haben dabei die Funktion, die tatsächlichen Events aus den Definitionsgleichungen „herauszufaktorisieren", sind aber wie Definitionsmakros direkt mit diesen Originalevents verbunden. Es würde den Rahmen dieses Buches bei weitem sprengen, auf diese Details weiter einzugehen. Wer selbst die in TS 102 250 definierten KPI umsetzen oder intensiv in die QoS-Messtechnik einsteigen möchte, wird sich ohnehin mit der Primärliteratur befassen müssen.

Nachfolgend habe ich die aus meiner Sicht heute wichtigsten Services und ihre KPI mit entsprechenden Kapitelverweisen aufgeführt. Standards sind in der Regel additiv; es kommt selten vor, dass Inhalte entfernt werden. Im Dokument finden sich einige Services, die aus heutiger Sicht nicht mehr von großem Interesse sind. Im Anhang (Kap. 17) findet sich dann eine vollständige Tabelle aller derzeit in der TS 102 250 definierten KPI.

In Kap. 13 befasse ich mich ausführlich mit den zentralen Testcases für QoS-Messungen. In diesem Kontext gehe ich dann auch nochmals auf einige ETSI-KPI ein.

12.1.3   TS 102 250-3

Teil 3 der Dokumentserie [46] befasst sich wie es der Originaltitel sagt, mit typischen Prozeduren für QoS-Messsysteme („Typical procedures for Quality of Service measurement equipment"). Damit sind Regeln und Verfahrensweisen gemeint, die sicherstellen sollen, dass die entsprechenden Messungen valide Daten liefern und reproduzierbar sind.

In Summe enthält die TS 102 250-3 eine nützliche Sammlung von „best practices" für die gängigsten Services, die auch für andere Bereiche nützliche Inspiration liefern können. Entsprechende Praxistipps, die teilweise über die Inhalte dieses Standards hinausgehen, finden sich zwar auch im gesamten vorliegenden Buch. Speziell möchte ich hier noch einmal auf die Themen „Reproduzierbarkeit" (siehe Kap. 7.1) und „Pausen" (Kap. 7.2) hinweisen. Trotzdem sei das Originaldokument als zusätzliche Lektüre für diejenigen empfohlen, die sich eingehender mit dem Thema befassen möchten.

In Tab. 12.1 sind die in der aktuellen Version der TS 102 250-3 [46] behandelten Services mit ihren Kapitelnummern aufgelistet. Die entsprechenden Kapitel enthalten dann jeweils eine Beschreibung für die KPI-Definitionen in TS 102 250-2 betrachteten Usecases für den entsprechenden Service sowie die Parameter, die für die Testdurchführung wichtig sind und zum Sicherstellen der Reproduzierbarkeit dokumentiert sein müssen (Tab. 12.2).

12.1.4   TS 102 250-4

Teil 4 der Dokumentserie [47] befasst sich mit den Anforderungen an QoS-Messsysteme („Requirements for Quality of Service measurement equipment").

Tab. 12.1 Zentrale in ETSI TS 102 250-2 definierte Services und ihre KPI. Die Referenz gilt ab der Version 1.7.1 und bis einschließlich V 2.3.1. In Spalte Anm. Ist vermerkt, wen nein KPI erst nach V 1.7.1 enthalten ist

Direct Services QoS Parameters	Kapitel	Anm.
File Transfer (FTP)	6.1	
FTP {Download|Upload} Service Non-Accessibility [%]	6.1.1	
FTP {Download|Upload} Setup Time [s]	6.1.2	
FTP {Download|Upload} IP-Service Access Failure Ratio [%]	6.1.3	
FTP {Download|Upload} IP-Service Setup Time [s]	6.1.4	
FTP {Download|Upload} Session Failure Ratio [%]	6.1.5	
FTP {Download|Upload} Session Time [s]	6.1.6	
FTP {Download|Upload} Mean Data Rate [kbit/s]	6.1.7	
FTP {Download|Upload} Data Transfer Cut-off Ratio [%]	6.1.8	
Ping	6.3	
Ping Round Trip Time [ms]	6.3.1	
Streaming Video	6.5	
Streaming Service Non-Accessibility [%]	6.5.4	
Streaming Service Access Time [s]	6.5.5	
Streaming Reproduction Cut-off Ratio [%]	6.5.6	
Streaming Audio Quality	6.5.7	
Streaming Video Quality	6.5.8	
Streaming Audio/Video De-Synchronization	6.5.9	
Streaming Reproduction Start Failure Ratio [%]	6.5.10	
Streaming Reproduction Start Delay [s]	6.5.11	
Streaming Teardown Failure Ratio [%]	6.5.12	
Streaming Teardown Time [s]	6.5.13	
Streaming Rebuffering Failure Ratio [%]	6.5.14	
Streaming Rebuffering Time [s]	6.5.15	
Telephony	6.6	
Telephony Service Non-Accessibility [%]	6.6.1	
Telephony Setup Time [s]	6.6.2	
Telephony Speech Quality on Call Basis	6.6.3	
Telephony Speech Quality on Sample Basis	6.6.4	
Telephony Cut-off Call Ratio [%]	6.6.5	
Telephony CLIP Failure Ratio [%]	6.6.6	
Web Browsing (HTTP)	6.8	
HTTP Service Non-Accessibility [%]	6.8.1	
HTTP Setup Time [s]	6.8.2	
HTTP IP-Service Access Failure Ratio [%]	6.8.3	
HTTP IP-Service Setup Time [s]	6.8.4	
HTTP Session Failure Ratio [%]	6.8.5	
HTTP Session Time [s]	6.8.6	

Tab. 12.1 (Fortsetzung)

Direct Services QoS Parameters	Kapitel	Anm.
HTTP Mean Data Rate [kbit/s]	6.8.7	
HTTP Data Transfer Cut-off Ratio [%]	6.8.8	
HTTP Content Compression Ratio [%]	6.8.9	V 2.3.1
Storeandforward (S&F) Services QoS Parameters	7	
E-mail	7.2	
E-Mail {Download|Upload} Service NonAccessibility [%]	7.2.2	
E-Mail {Download|Upload} Setup Time [s]	7.2.3	
E-Mail {Download|Upload} IP-Service Access Failure Ratio [%]	7.2.4	
E-Mail {Download|Upload} IP-Service Setup Time [s]	7.2.5	
E-mail {Upload|Download} Session Failure Ratio [%]	7.2.6	
E-mail {Upload|Header Download|Download} Session Time [s]	7.2.7	
E-mail {Upload|Header Download|Download} Mean Data Rate [kbit/s]	7.2.8	
E-mail {Upload|Header Download|Download} Data Transfer Cut-off Ratio [%]	7.2.9	
E-mail {Upload|Header Download|Download} Data Transfer Time [s]	7.2.10	
E-mail Login Non-Accessibility [%]	7.2.11	
E-mail Login Access Time [s]	7.2.12	
E-mail Notification Push Failure Ratio [%]	7.2.13	
E-mail Notification Push Transfer Time [s]	7.2.14	
E-mail End-to-End Failure Ratio [%]	7.2.15	

Tab. 12.2 In ETSI TS 102 250-3 behandelte Services mit Kapitelnummern

Service	Kapitel
Telefonie-allgemeine Aspekte	7.1
Sprachtelefonie	7.2
Videotelefonie	7.3
Gruppenruf	7.4
Store and Forward-allgemeine Aspekte	8.1
SMS	8.2
MMS	8.3
E-Mail	8.4
SDS	8.5
Datenmessungen-Gemeinsame Aspekte	9.1
FTP	9.2
HTTP	9.3
E-mail	9.4
WAP	9.5
Streaming Video	9.6
(OMA-basierter) Media Download	9.7

Naturgemäß gibt eine einige Überschneidungen mit anderen Teildokumenten, etwa mit Teil 3 beim Thema Parameterinformationen für die Reproduzierbarkeit von Messungen. Auch sind die Messsystem-Beschreibungen erkennbar noch recht weitgehend an der Vor-Smartphone-Ära orientiert. Man sollte also von diesem Dokument keine Beschreibung von „state of the art"-Messsystemen erwarten; es liefert eher eine solide Grundlage allgemeiner Architektur- und Systemprinzipien.

Dieses Dokument enthält in einem recht umfangreichen Annex auch die Definitionen eines XML-basierten Messdaten-Exportformats. Dieses nimmt wiederum Bezug auf die in Kap. 12.1.2 angesprochenen formalen Trigger-Event-Namen.

12.1.5   TS 102 250-5

Teil 5 der Dokumentserie [48] ist eine Sammlung typischer Profile, also Parametersätze für Messungen („Definition of typical measurement profiles").

Die Problematik beim Verwenden des Worts „Parameter" in „QoS Parameter" hatte ich dieses Buches schon angesprochen. Insofern ist es konsequent, daß im Text vermieden wird, die Elemente eines „Profils", zu benennen (man könnte es beispielsweise „setting" nennen); ganz lässt sich, wie eine Textsuche zeigt, die Verwendung des Worts „Parameter" für Elemente der Steuerungsseite aber nicht verhindern. So heißt es etwa in Kap. 4.3

> Furthermore, such client application might optimize operating system parameters, including tuning of e.g. TCP settings, with respect to the connection type and technology to be used. ([48], Kap. 4.3, dritter Absatz)

oder

> The use of different operating systems as well as the use of operating systems with different TCP parameter settings in general ([48], Kap. 4.3, Note 2)

Für einige heute oft eingesetzte Servicetypen gibt es aus verschiedenen Gründen in der TS 102 250-5 keine Profile. Zu nennen sind hier vor allem die heute oft (anstelle des früher verwendeten FTP) zur Durchsatzmessung verwendeten HTTP Download und Upload-Szenarien. Hier kann man sich aber an den entsprechenden FTP-Szenarien orientieren. Ansonsten fehlt – aus den bereits in früheren Kapiteln genannten Gründen – bei den „populären" Anwendungen das TCP-basierte Videostreaming, für das YouTube ein prominentes Beispiel ist.

Die Kategorisierung nach Servicetyp weicht etwas von der Struktur der anderen Dokumentteile ab. In Tab. 12.3 sind die Kapitelnummern für die im Dokument vorhandenen Profile nach Servicetypen gezeigt („Service Profiles"). Die internetbasierten Dienste sind hier allerdings unter dem Sammelbegriff „PS-Datendienste" („Data Services/Packet switched") gelistet. Für Services dieser Kategorie sind – siehe Tab. 12.4 – dann in einem

Tab. 12.3 Die in ETSI TS 102 250-5 definierten Profile nach Servicetyp

Service	Kapitel
Sprachtelefonie	4.2.1.1
Videotelefonie	4.2.1.2
Gruppenruf	4.2.1.3
SMS/SDS	4.2.2.1
Zusammengesetzte („Concatenated") SMS/SDS	4.2.2.2
MMS	4.2.2.3
CS-Datendienste	4.2.3.1
PS-Datendienste	4.2.3.2

Tab. 12.4 In ETSI TS 102 250-5 definierte Usage Profiles für paketbasierte Servicetypen mit Kapitelnummern

Service	Kapitel
HTTP-basiertes Web Browsing	4.3.1
E-Mail	4.3.2
FTP	4.3.3
UDP-basiertes File Sharing	4.3.4
Synthetische Tests	4.3.5

eigenen Kapitel entsprechende „Usage Profiles" definiert. Teilweise gibt es für einen Servicetyp mehrere Profile mit unterschiedlichen Schwerpunkten bei den Messzielen.

In TS 102 250-5 findet sich auch ein Abschnitt zum Thema „Synthetische Tests" („synthetic tests"). Dabei handelt es sich allerdings momentan um Platzhalter („to be decided"). Dahinter steckt ein Konzept, nicht KPI für die spezielle Ausprägung eines IP-basierten Service, sondern dessen Basisprotokoll, also beispielsweise TCP für HTTP, FTP und E-Mail, als Testobjekt anzusehen und daraus dann KPI-„Vorhersagen" für die einzelnen Anwendungsfälle zu generieren. Eine solche Vorgehensweise war jedoch, soweit ich den Markt kenne, eher der exotische Sonderfall. Im Zeitalter zunehmend „intelligenter" Ressourcenoptimierung, Stichwort „content awareness", erscheint es mir eher wahrscheinlich, dass die Relevanz solcher Methoden weiter zurückgehen wird.

Im Anhang des Dokuments findet sich abschließend noch ein informativer Abschnitt ([48] Annex B), in dem ein Verfahren beschrieben wird, um Struktur- und Größeninformation zu HTML-Webseitenelementen in den Textelementen der Site selbst unterzubringen. Das adressiert das mögliche Problem, dass die von einem Browser empfangene Webseite durch Optimierungsfunktionen (oder Fehler) im Netz in Größe oder Struktur verändert wird. Die gängige Methode zur Konsistenzprüfung besteht darin, die im Browser erhaltene Struktur gegen lokal zu dieser Webseite hinterlegte Information zu prüfen. Mit der beschriebenen Methode wird die zur Prüfung notwendige Information dynamisch mit der Webseite selbst geliefert. Voraussetzung ist natürlich, dass man eine entsprechende Kontrolle über den Inhalt der Webseite hat[2].

12.1.6   TS 102 250-6

Teil 6 der Dokumentserie [49] befasst sich mit mathematisch-statistischen Aspekten im Kontext der QoS-Datenverarbeitung („Post processing and statistical methods").

Dieses Dokument vermittelt einen Überblick grundlegender statistischer Methoden und Elemente und ihre Anwendung auf QoS-KPI. Dabei geht es vor allem um die Fragestellung der statistischen Zuverlässigkeit von Messdaten, also darum, wie sicher eine Aussage, die auf Basis einer begrenzten Zahl von Messungen getroffen wird, auf ein Mobilfunknetz als Ganzes anwendbar ist. Ebenfalls enthalten ist ein Kapitel, in dem entsprechende Visualisierungstechniken für Verteilungen und Häufigkeiten beschrieben werden.

Weiter findet sich in diesem Dokument ein Abschnitt zum Thema „Aggregation von Messwerten". Sehr nützlich sind auch die in den Anhängen dargestellten Tabellen, aus denen sich basierend auf der Samplezahl die Konfidenzintervalle und Fehlerkorridore für KPI vom Typ „Erfolgreichrate" ablesen lassen.

Insgesamt ist TS 102 250-6 sicher keine leichte Lesekost; Lesern mit etwas mathematischem Hintergrund, die noch kein spezielles Statistik-Wissen besitzen, bietet es aber einen guten Einstieg in dieses Gebiet.

Hinsichtlich der statistischen Modelle beschränkt sich das Dokument allerdings auf einfache, zusammenhängende Verteilungen, also „glockenförmige" Verteilungskurven wie Normal- Poisson- oder Binomialverteilungen und anderer mehr oder weniger „verzerrter" Glockenkurven, die aber allesamt ein einzelnes Maximum haben. Komplexere Zusammenhänge, wie sie etwa in Kap. 7.7.2 dieses Buches angesprochen werden, sind dabei nicht abgedeckt. Das möge nicht als Kritik am Inhalt der TS 102 250-6 verstanden werden. Wie ich aus diversen Gesprächen in Fachkreisen weiß, ist das Thema, wie man im QoS-Kontext mit dem Thema mehrerer überlagerter „glockenartiger" Verteilungskurven umgehen könnte, derzeit hochaktuell, denn es ist unwahrscheinlich, dass sich in der Zukunft am geografischen Nebeneinander von RAT mit sehr unterschiedlichen Leistungseigenschaften etwas wesentliches ändern wird. Soweit mir bekannt ist, wurde diese Frage auf statistischer Ebene im QoS-Kontext bisher noch gar nicht angegangen. Insofern weise ich auf Grenzen der Anwendbarkeit gängiger Methoden hin – vor allem darauf, dass Kon-

---

[2] Als Anmerkung hierzu: die aktuelle Kepler-Seite enthält solche Tags nicht (mehr); sie ist aber von ihrem Aufbau her auch in gewisser Weise auf eine Weise selbstreferentiell, die ich durchaus „hintergründig" nennen möchte – ich mag diese Seite, und dies nicht nur, weil ich zwar nicht Vater, aber doch so etwas wie Geburtshelfer all dieser ETSI-Referenzseiten angefangen von der ersten, „Copernicus" genannten Seite war. Mehr möchte ich an dieser Stelle nicht verraten, um den Leser zu motivieren, sich diese Seite einmal anzusehen.

zepte wie eine aus Stichproben berechnete Standardabweichung in solchen Fällen nicht funktionieren, stelle aber auch fest, dass eine wirklich „saubere" mathematische Behandlung nicht nur weit über die Grenzen dieses Buchs hinausgehen müsste, sondern dass es auch im Bestfall sicher noch eine Weile dauern wird, bis entsprechende praxisgerechte Lösungen verfügbar sind.

12.1.7   TS 102 250-7

Teil 7 der Dokumentserie [33] befasst sich mit QoS-Messungen, die ihre Daten aus der Netzwerkinfrastruktur beziehen („Network based Quality of Service measurements"); ich werde im Folgenden den Kurzbegriff „netzbasierte Messungen" verwenden.

Nach den üblichen Definitionsabschnitten beginnt der inhaltliche Teil mit einer Vorstellung des „point of control and observation/point of recording"-Konzepts (Kap. 4), das eine Übersicht der Punkte gibt, an denen QoS-relevante Messdaten beobachtbar sind beziehungsweise an denen sie aufgezeichnet werden können.

Eine Anmerkung: Im Zuge der Evolution anderer Dokumente der TS 102 250-Serie wurde dort das Wording zu „point of observation" geändert. Das trägt der Tatsache Rechnung, dass die als Triggerpunkte verwendeten Events fast immer Ergebnis von Aktionen an anderer Stelle sind, also am Punkt der Beobachtung („observation") gar nicht die Option einer Steuerung („control") besteht.

Es folgt dann eine in Kategorien eingeteilte Übersicht verschiedener KPI-Typen, die bei netzbasierten Messungen verfügbar sind. Gleich zu Beginn des Kap. 5.2 („Service Accessibility Parameters") wird eine wichtige, für netzbasierte Messungen charakteristische Eigenschaft angesprochen:

> For mobile originated (MO) cases the network might sometimes be unaware of some of the attempts, and network-based parameters can be expected to give a slightly more positive view of the network condition, as compared to the corresponding endpoint-test parameters. ([33], Kap. 5.2)

Das ist der technische Aspekt eines Punktes, den ich bereits an anderer Stelle hervorgehoben habe. Ich wiederhole ihn hier noch einmal zur Verstärkung: Eine vollständige QoS-Bewertung eines Ergebnisses setzt die Kenntnis der dahinterstehenden Absicht voraus.

Vor einiger Zeit habe ich auf einer Konferenz ein Beispiel gehört, das mich sicher in meiner Sichtweise dieses Themas beeinflusst hat. Es ging dabei um eine bestimmte Stelle eines britischen Motorway, an der es Probleme beim Handover gab – Gespräche brachen an dieser Stelle häufig ab. Das war auch in entsprechenden netz-internen „Performance Counters" sichtbar. Allerdings nur einige Tage lang. Dann hatten die Nutzer gelernt, dass Telefonieren in diesem Bereich nicht sehr sinnvoll war. Insofern ist die Formulierung „slightly more positive" des obigen Zitats möglicherweise „slightly too optimistic". Sicher könnte man sich mit diesen Informationen einen Algorithmus überlegen, der so etwas finden kann – der springende Punkt ist jedoch, dass man, vertraut man diesen Performance

Counters blind, gar nicht erkennen würde, dass man einen solchen Algorithmus suchen muss.

Zur Klarstellung: Es geht nicht darum, netzbasierte Messungen in pauschaler Form abzuwerten; wie bei jedem anderen Werkzeug ist es aber für eine sinnvolle Nutzung wichtig, sowohl Vor- als auch Nachteile zu kennen. Diese Nicht-Kenntnis der Absicht stellt definitiv – zusammen mit Einschränkungen bei der Positionsbestimmung des beteiligten Endgeräts – die Haupt-Einschränkung netzbasierter Messungen dar (Aspekte des Datenschutzes einmal beiseitegelassen).

Des Weiteren wird hier die Frage der Übereinstimmung zwischen netz- und endgerätebasierten Werten diskutiert. Ich stimme mit der Sichtweise der TS 1102 250-7 überein, dass dies ein zwar ernstzunehmendes, aber nicht wirklich dramatisches Problem ist, das sich durch Kalibrierung in den Griff bekommen lässt.

Die QoS-Kategorie „Service Retainability" wird- in Kap. 5.3   nur kurz angesprochen, im Wesentlichen mit der Feststellung, dass die Messwerte, die für KPI dieser Kategorie benötigt werden, im Netz prinzipiell genauso verfügbar sind wie an den Endstellen. Ergänzend wäre auch hier die Anmerkung zu machen, dass sich eventuell hier Grenzen aus dem „nicht-technischen" Bereich Datenschutz ergeben können. Das Gleiche gilt sinngemäß auch für die Kategorie „Service Integrity", die im nachfolgenden Kap. 5.4 von Part 7 in den Unterkategorien Media Quality, Response Time und Data Rate behandelt wird.

Der Hauptteil von Part 7 schließt mit einer allgemeinen Betrachtung zur Vergleichbarkeit (und wechselseitigen Ersetzbarkeit) von endpunkt- und netzbasierten Messungen. Das Fazit ist, dass beide Messmethoden ihre Berechtigung haben, wobei netzbasierte Messungen durchaus Vorteile bieten, aber für eine exakte Fehlerdiagnose auch Unterstützung durch endpunktseitige Methoden benötigen.

Das ist besonders dann der Fall, wenn es um die Reproduktion von Effekten zu diagnostischen Zwecken geht. Das wäre dann auch das andere spezielle Merkmal netzbasierter Messungen: Es wird eine Aktion von außen benötigt, um Daten zu produzieren. Zwar darf man angesichts der großen Zahl von Nutzeraktivitäten davon ausgehen, dass eine bestimmte Aktivität in einem vernünftigen Zeitrahmen „geliefert" wird; eine Garantie dafür gibt es jedoch nicht. Gerade bei der Diagnose komplexerer Probleme, die ganz bestimmte Abläufe benötigen, kann dies ein deutliches Manko sein.

Das Dokument wird mit drei ebenfalls nützlichen und lesenswerten Annexes abgeschlossen. Annex A zum Thema QoE Reporting bezieht sich auf einen durch 3GGP standardisierten Mechanismus (der allerdings als „optional" definiert ist, dessen Implementierung also der Entscheidung des jeweiligen Endgeräteherstellers abhängt) um von Endgeräten QoS-relevante Informationen aus der Nutzung bestimmter Services zu bekommen (ich bleibe hier bewusst bei der Bezeichnung QoS, weil aus meiner Sicht diese Daten noch der technischen Sphäre angehören).

Annex B gibt einige Beispiele für netzbasierte QoS. Annex B ist eine kurze Information über die 3GPP-Arbeitsgruppe SA5, die das Thema „UE Management" bearbeitet.

Eine generelle Anmerkung zum Thema „netzbasierte Messungen" wäre im Übrigen noch aus dem „Stakeholder"-Blickwinkel zu machen. Netzbasierte Messungen finden vollständig in der Domäne des jeweiligen Netzbetreibers statt. Ein Datenaustausch auf dem Wege der Kooperation ist allerdings denkbar. Netzbetreiber geben heute teilweise, um Kosten zu sparen, auch gemeinsame Benchmarks in Auftrag; dieses Konzept ließe sich sicherlich erweitern. Auf Reguliererseite gibt es im Rahmen des Themas „Transparenz" (siehe dazu auch Kap. 6.3) ebenfalls Überlegungen, Netzbetreiber zur Bereitstellung netzbasierter QoS-Informationen zu verpflichten. Ebenso wäre vorstellbar, dass sehr große Kunden ihre Marktmacht nutzen, um solche Informationen zu erlangen. Man sollte aber nicht vergessen, dass die Stellen, an denen Daten für netzbasierte QoS gewonnen werden müssten, im Innern der Netze liegen und dabei sowohl aus Netzbetriebs- als auch aus Datenschutzsicht äußerst sensibel sind. Damit ist in den genannten Grenzen vorstellbar, dass verarbeitete Daten – eben auf QoS-Niveau – einem breiteren Nutzerkreis zugänglich gemacht werden könnten. Es erscheint mir aber äußerst unwahrscheinlich, dass das auch für Rohdaten gilt, so dass keine unabhängige Berechnung solcher QoS-Werte möglich ist. Generell lässt sich damit sagen, dass für Stakeholder außerhalb dieser Gruppen die Zugänglichkeit von Informationen, die für netzbasierte QoS benötigt wird, gegenüber „Ende zu Ende"-Messungen stark eingeschränkt oder gar nicht gegeben ist.

12.2   ITU-T E.800-Dokumentserie

Diese Dokumentserie ist eine Teilmenge der gesamten E-Serie der ITU-T, die ihren Bereich definiert als „Overall network operation, telephone service, service operation and human factors"[3]. Sie deckt den gesamten Bereich von QoS-und QoE-Definitionen für Telekommunikationsdienste ab.

Als Kurzbeschreibung verwende ich hier die englischen Originaltitel der entsprechenden Dokumente. Einen expliziten Literaturverweis habe ich nur dort angegeben, wo ich an anderer Stelle Bezug auf konkrete Inhalte nehme.

Die ITU-T Recommendation E.800 [1] liefert die „Definitions of terms related to quality of service", also das Rahmenwerk (Framework) von Begriffsdefinitionen. Darauf aufbauend enthält die E.801 eine Definition des „Framework for Service Quality Agreement". Die E.802 definiert das „Framework and methodologies for the determination and application of QoS parameters" [3]. In der E.803 finden sich „Quality of service parameters for supporting service aspects".

Vergleicht man die Definitionen der E.800 mit den äquivalenten Definitionen der TS 102 250, ergeben sich teils subtile, teils deutliche Unterschiede. Man muss sich klarmachen, dass solche Begriffe ein wenig wie Vokabeln einer Sprache sind. Eine effiziente Kommunikation ist erst möglich, wenn ein gemeinsames Verständnis der Bedeutung relevanter Begriffe existiert. Eine gewisse Unschärfe kann dabei toleriert werden – auch die Suche nach perfekten Definitionen kann zum Selbstzweck werden. Wer dieses Buch

---

[3] Insofern gibt es auch Überschneidungen beziehungsweise Querbezüge zu ETSI-Dokumenten, die sich mit dem Thema Human Factors befassen.

sequentiell bis hierhin gelesen hat, weiß bereits, dass ich solche Unterschiede jeweils themenbezogen aufgreife, aber nur soweit, wie es mir aus einer pragmatischen Perspektive für das jeweilige Themenverständnis notwendig erscheint; eine akribische Detailauseinandersetzung ist nicht mein Ziel. Es lässt sich aber prognostizieren, dass beim Zusammenwachsen verschiedener „Standard-Räume" wie hier der ITU-T und der ETSI, noch diverse Feinjustagen stattfinden müssen, bis die Begriffsräume wirklich harmonisiert sind.

Die Recommendation E.804 [50], „QoS aspects for popular services in mobile networks", ist thematisch das Pendant der ETSI TS 102 250 und entspricht inhaltlich weitgehend dieser Dokumentserie.

Die Recommendation E.807 [51] hat den Titel „Definitions, associated measurement methods and guidance targets of user-centric parameters for call handling in cellular mobile voice service". Sie definiert KPI und Methodologie für Telefonie und stellt auch „guidance targets" bereit. Erwähnenswert ist, daß diese KPI hier als „QoE parameters" bezeichnet werden, wobei die Unterüberschrift der Liste dieser KPI „Key performance indicators for mobile voice service" lautet.

Auf diese Recommendation möchte ich aus zwei Gründen hier etwas genauer eingehen. Zum einen ist sie noch relativ neu; die derzeit vorliegende Fassung wurde – wie die E.804 – im Februar 2014 verabschiedet, während die aktuellen Fassungen der E.800 bis E.803 aus den Zeiträumen 1996 bis 2011 stammen. Der zweite Grund hat etwas mit dem Eindruck zu tun, den ich beim Lesen hatte: Die E.807 enthält eine Mischung aus sehr detaillierten, mikroskopischen Elementen, weit gefassten Begriffsräumen (teilweise werden keine eindeutigen Begriffe definiert, sondern „oder"-Alternativen angeboten), und sie enthält auch quantitative Elemente im Form von Ziel-Wertebereichen für bestimmte KPI.

Die E.807 richtet sich, wie es auch explizit in der Zusammenfassung ausgedrückt wird, sowohl an Netzbetreiber als auch an Regulierer, indem sie einen quantitativen Rahmen liefert, spricht aber auch vom Nutzen für andere Stakeholder und sonstige interessierte Parteien, den dieser Rahmen bietet.

In der vorliegenden Fassung werden insgesamt fünf KPI definiert.

Der erste beschreibt die Verbindungsaufbauzeit: Nr 1, „call set-up time or voice service access time".

Die nächsten beiden KPI beziehen sich auf die Verfügbarkeit des Dienstes in verschiedenen Phasen des Verbindungsaufbaus: Nr. 2, „stand-alone dedicated control channel (SDCCH)/radio resource control (RRC) congestion rate" und Nr. 3 „traffic channel congestion rate or voice service non-accessibility ratio".

Die letzten beiden KPI stellen aus Endkundensicht ein Paar aus einem positiven und dem zugeordneten negativen KPI der gleichen Netzeigenschaft dar: Nr. 4 „call drop rate or voice service cut-off ratio" versus Nr. 5 „call completion rate or voice service retainability ratio".

Man hat es also hier mit den elementaren KPI für Telefonie zu tun, wobei Parameter 2 und 3 zusammen die Verfügbarkeit des Dienstes aus Nutzersicht beschreiben, entsprechend der generischen „Call Fail Rate". Parameter 1 entspricht der Telephony Setup Time. Die Parameter 4 beziehungsweise 5 sind technisch gesehen mehrdeutig definiert, weil sie zwei Varianten zulassen. In der ersten Variante steht im Nenner die Zahl der Verbindungs-versuche insgesamt, also inklusive der fehlgeschlagenen Versuche, während in der zweiten Variante hier die Zahl der erfolgreich aufgebauten Versuche steht.

Daraus wie auch aus den Benennungen der KPI, die wie gesagt ein „oder" enthalten und jeweils mehrere der gebräuchlichen KPI-Namen aufführen, lässt sich interpretieren, dass das Dokument eine Art Integration oder Übersicht verschiedener KPI-Definitionen anstrebt.

Bei den Definitionen der Parameter wird explizit auf die Signalisierung in GSM bezie-hungsweise UMTS sowie zusätzlich in CDMA Bezug genommen; eine Definition für LTE fehlt in dieser Dokumentversion; Von daher darf angenommen werden, dass es bald eine neue Version dieses Dokuments gibt.

Das Dokument enthält über den Definitionsteil hinaus noch einen Abschnitt, der auf netzbedingte Faktoren eingeht, die zu schlechten Werten der betrachteten KPI eingeht. Auffallend ist noch, dass bei den Referenzen Verweise auf Definitionen gleicher oder ver-wandter ETSI- oder ITU-T-KPI fehlen.

Dieses Kapitel kombiniert eine bewusst auf ein Minimum reduzierte Übersicht der wichtigsten aktuell im Mobilfunk verwendeten Testcases und KPI mit Verweisen auf die Definitionen dieser KPI in internationalen Standards.

Ich habe bewusst ein wenig Überlapp mit anderen Kapiteln in Kauf genommen, damit dieses Kapitel auch „stand alone" gelesen werden kann.

In der Übersicht werden die KPI zunächst im Kontext ihrer Usecases in einer „umgangssprachlichen", generischen Form beschrieben, gefolgt von Verweisen auf die jeweiligen Standards.

Naturgemäß kann hier nur der Stand zum Zeitpunkt des Schreibens wiedergegeben werden. Standards – jedenfalls die, die sich mit derzeit aktuellen Themen befassen – sind lebende Objekte; je nach Themenbereich und Quelle (und der Dynamik des Themas) ändern sie sich auf einer Zeitskala, die von einem halben Jahr bis zu einigen Jahren reicht. Naturgemäß sollte man immer die neueste verfügbare Version eines Standards verwenden, woraus sich ein „caveat" ergibt: In der Regel achten die Gruppen, die diese Standards betreuen und weiterentwickeln, auf Kompatibilität hinsichtlich der Objektnummerierung, so dass ein Verweis auf eine bestimmte Kapitel- Abbildungs- oder Tabellennummer auch in Folgeversionen gültig bleibt. Das kann jedoch nicht garantiert werden. Ich habe aber beim Schreiben darauf geachtet, die entsprechenden Verweise so robust gegen solche Änderungen zu gestalten wie möglich.

Timeouts gehören zur Grundausstattung eines jeden Testcases; diese wurden in Kap. 7.1 umfassend behandelt. Hier nur die für das Verständnis des vorliegenden Kapitels ausreichende Kurzversion: Jede Phase einer Transaktion, der ein KPI vom Typ „Erfolgreichrate" zugeordnet ist, sollte einen geeignet dimensionierten Timeout besitzen. Das ist ein Sicherheitsmechanismus, damit nicht bei einem Verlauf außerhalb der erwarteten Szenarien das Testsystem in einen undefinierten Zustand gerät.

© Springer-Verlag Berlin Heidelberg 2015
W. Balzer, *Quality of Experience und Quality of Service im Mobilkommunikationsbereich*,
Xpert.press, DOI 10.1007/978-3-642-55348-6_13

13.1 Referenztabelle

Jeder der nachfolgenden Abschnitte befasst sich mit einem Service oder einer Gruppe eng verwandter Services und beginnt mit einer Referenztabelle, die als Übersicht wie auch als Navigationshilfe zu entsprechenden Standards dient. Ein Beispiel ist in Tab. 13.1 gezeigt.

Die Tabelle hat 4 Spalten für die Hauptkategorien:

- Ende zu Ende: Das sind die „Top-Level"-KPI zum jeweiligen Service, die die Benutzersicht repräsentieren.
- Zugang: Diese KPI beschreiben den Zugang zum jeweiligen Service
- Nutzung: Diese KPI beschreiben die Integrität der Nutzungsphase
- Qualität: Diese KPI beschreiben die Servicequalität.

In jedem Feld sind zugehörige KPI in zwei Ebenen angegeben: ein (grün hinterlegter) generischer Name beziehungsweise eine Beschreibung der Funktion des KPI und – falls existent – blau hinterlegt die Namen des standardisierten KPI mit Referenz auf die Kapitelnummer der entsprechenden Quelle. Dort, wo sich der generische Name mit dem Standard-Namen deckt, ist nur der Standard-Name gezeigt. Wenn nichts anderes angegeben ist, beziehen sich die Kapitelnummern auf TS 102 250-2 [4].

Sicherheitshalber – es sind dabei nicht alle Standard-KPI für den jeweiligen Service genannt, sondern nur die aus meiner Sicht essentiellen. Eine vollständige Übersicht aller in ETSI TS 102 250 definierten KPI mit entsprechenden Verweisen findet sich in Kap. 17.

Meist treten die KPI paarweise auf. Das ergibt sich aus dem Modell eines phasenweisen Ablaufs. Ist eine Phase erfolgreich absolviert – tritt also der Erfolgreich-Event auf – ergibt sich aus dessen Zeitpunkt und dem Zeitpunkt des Start-Events dieser Phase die entsprechende Zeit.

In Fällen, bei denen die Dauer der Phase im Erfolgreichfall vorgegeben ist, etwa bei Telefonie; entfällt der Zeit-KPI.

Die Erfolgsbewertung kann durch einen Positiv-KPI (Erfolgreichrate/Success Rate oder durch einen Negativ-KPI (Fehlerrate/Failure Rate) ausgedrückt werden, die bei Bedarf leicht ineinander umgerechnet werden können.

Tab. 13.1 Strukturbeispiel für eine KPI-Referenztabelle

Telefonie			
Ende zu Ende	Zugang	Nutzung	Qualität
E2E Call Success Rate	Call Fail Rate	Call Drop Rate	Sprachqualität
	Call Set-up time		
	Telephony Setup Time ([4] Kap. 6.6.2)		PESQ/POLQA MOS ([12]/ [11])

Viele strukturelle Elemente, Eigenschaften und Philosophien die in diesem Standard definiert oder informativ beschrieben sind, sind für eine Mehrzahl von KPI gültig. Da ich davon ausgehe, dass dieses Kapitel sequentiell gelesen wird, gehe ich im ersten Abschnitt (Telefonie) explizit darauf ein; das Gesagte gilt dann sinngemäß auch für die anderen KPI-Kategorien.

Leser, die tief im QoS-Thema arbeiten, vor allem solche, die an professionellen Messsystemen arbeiten oder sich anderweitig intensiv mit den Daten solcher Systeme befassen, werden sicher entsprechende ETSI-Standards oder zumindest die Teile, die mit dem eigenen Teil-Arbeitsgebiet (z. B. Telefonie oder Paketdaten) zu tun haben, inhaltlich kennen. Als Mitglied der Gruppe, die diesen Standard betreut, kann ich sagen, dass wir uns große Mühe geben, den Text so kompakt wie möglich zu halten – eine Nacherzählung für diesen Leserkreis würde also kaum kürzer ausfallen und insofern keinen Zusatznutzen bieten. Ich werde also nachfolgend versuchen, die Grundideen, den „Geist" der entsprechenden Standard-Definitionen zu beschreiben, für eine wirklich detaillierte Beschäftigung aber auf die Originalliteratur verweisen.

13.2   Telefonie (Tab. 13.2)

Mit „Telefonie" sind alle Varianten gemeint, das umfasst also

- „klassische" leitungsvermittelte Telefonie (das wird oft auch mit dem Attribut CS für „circuit switched" bezeichnet), bei denen eine dedizierte Ressource (Kanal) für das Telefonat zugewiesen wird;

Tab. 13.2 KPI-Referenztabelle für Telefonie

Telefonie			
Ende zu Ende	Zugang	Nutzung	Qualität
E2E Call Success Rate	Call Fail Rate	Call Drop Rate	Sprachqualität
	Netzzugang: Radio network Unavailability ([4] 5.1) Wählphase: Telephony Service Non-Accessibility ([4] Kap. 6.6.1)	Telephony Cut-off Call Ratio ([4] Kap. 6.6.5)	Speech Quality on Call Basis ([4] Kap. 6.6.3) Speech Quality on Sample Basis ([4] Kap. 6.6.4)
	Call Set-up time		
	Telephony Setup Time ([4] Kap. 6.6.2)		

- Paketvermittelte (IP-basierte) Technologien, die speziell für Mobilfunknetze gedacht sind, wie etwa VoLTE; dazu zähle ich auch Kombinationstechniken wie „circuit switched fallback" als eine Übergangslösung, bei der das Telefonat in LTE-Netzen durch Rückgriff auf 2G- und 3G-Technologien zustande kommt;
- „Over the top" (OTT)-Varianten, die ebenfalls IP-basiert sind, für die aber das Mobilfunknetz nur als (neutrales) Trägermedium verwendet wird. Derzeit populär ist beispielsweise Skype (ob solche Funktionen in Mobilfunknetzen blockiert oder auf andere Weise eingeschränkt sind, spielt für diese Betrachtung keine Rolle).

Aus Anwendersicht sind alle diese Varianten gleich, weil die Absicht dahinter identisch ist: Herstellen einer Audio-Kommunikationsverbindung zu einer anderen Person (oder Gruppe, wenn man Konferenzvarianten einbezieht). Insofern kann man im weiteren Sinn auch Videotelefonie zu dieser Gruppe zählen; hier kommt „nur" noch ein Videokanal hinzu.

Entsprechend sind auch die Grundmodi und die „Ende zu Ende"-KPI identisch. Es gibt variantenabhängig zahlreiche zusätzliche beziehungsweise anders definierte KPI, die für diagnostische oder andere Stakeholder-gruppenspezifische Zwecke nützlich sind; auf diese werde ich im vorliegenden Kontext aber nicht eingehen. Wer hier Detailinformationen sucht, sei auf die entsprechende Standardliteratur verwiesen.

Bei Telefonie gibt es zwei Basis-Usecases:

- ein ausgehender Anruf (MOC, mobile originated call) oder
- ein ankommender Anruf (MTC, mobile terminated call)

Die Wortwahl verrät den historischen Ursprung: Der Referenzpunkt, also Tester beziehungsweise Testsystem, ist die „mobile" Seite (beziehungsweise verwendet ein Mobil-Endgerät); diese Seite wird meist „A-party" genannt. Die Gegenseite, B-party genannt, ist nicht mobil. In der Tat verwendet man meist eine leitungsgebundene Gegenstelle, für bestimmte Tests ist es aber auch notwendig, ebenfalls ein Mobilgerät zu verwenden[1].

Für einen Usecase, bei dem zwei Mobilgeräte verwendet werden, ist auch der Begriff „M2M" für „mobile to mobile" gebräuchlich; entsprechend nennt man die erste Variante „mobile to fix" (M2F).

Die Bewegungsmuster der beiden Endgeräte zueinander sind im M2M-Fall ein wichtiger Parameter der Messung, da sie wesentlichen Einfluss auf die Ergebnisse haben können. Beide Geräte können sich gemeinsam bewegen, also an Bord desselben Testsystems/ Fahrzeugs sein: Die Gegenseite kann an Bord eines zweiten Fahrzeugs sein, woraus sich die Frage nach dem relativen Bewegungsschema ergibt; schließlich kann die Gegenseite

---

[1] Heutige leitungsgebundene ISDN- oder Analog-Gegenstellen beziehungsweise deren Anbindung an die Telekommunikationsnetze unterstützen in der Regel nur „Schmalband"- Audio. Will man breitbandige Varianten verwenden („Wideband", „Superwideband" beziehungsweise auch unter Produktnamen wie „HD Audio" vermarktet), müssen Mobilgeräte auf beiden Seiten verwendet werden. Mehr zu diesem Thema beziehungsweise zum Thema Sprachqualität siehe auch Abschn. 4.1.4.

aber auch ortsfest betrieben werden. Dazu kommt noch, dass bei „mobile to fix"-Messungen in der Regel – das muss allerdings gegebenenfalls validiert werden – der für die B-Seite gewählte Provider keinen signifikanten Einfluss auf das Ergebnis hat. Bei M2M-Messungen können jedoch von vornherein die an einer Verbindung beteiligten Netzelemente unterschiedlich sein. In der Praxis wählt man, wenn diese Art des Tests verwendet wird, dann meist netzinterne Anrufe, d. h. beide Endgeräte sind im gleichen Netz.

Der grundlegende Ablauf eines MOC-Telefonietests besteht – im Erfolgsfall – darin, dass die „calling party" die Nummer der „called party", wählt, die Verbindung für eine vorgegebene Zeit hält und dann wieder beendet. Die Initiative liegt also auf Seiten der „calling party".

Bei MTC sind beide Varianten üblich. Meist ist die „called party" das mobile Messsystem und die „calling party" ein autonom laufendes automatisiertes System. Das Beenden durch die „called party" hat dann den Vorteil, dass dann das Ergebnis – Verbindungsabbruch oder erfolgreiches Ende – direkt im Messsystem verfügbar ist, während im anderen Fall die Daten erst zusammengeführt werden müssen.

Es gibt außer diesem Erfolgreichfall auch diverse Möglichkeiten, wie ein solcher Test verlaufen kann. Abbildung 13.1 zeigt das schematisch.

Kommt der Anruf nicht zustande, weil entweder das angerufene Gerät innerhalb einer Timeout-Periode nicht reagiert oder weil die Verbindung auf andere Art nicht zustande kommt, nennt man das Ergebnis „failed". Bricht die Verbindung vor Ende der geplanten Zeit ab, wird das Ergebnis „dropped" genannt.

Dazu kommen noch diverse Fallunterscheidungen, die teilweise in Standards erfasst oder auch von netzbetreiber-eigenen KPI-Systemen abgedeckt werden.

Speziell sollte der Fall erwähnt werden, dass zum Zeitpunkt des Anrufversuchs die calling party nicht im Netz eingebucht war („no network"). Im derzeit verwendeten ETSI-

Abb. 13.1 Schematischer
Ablauf eines Telefonie-Tests
mit möglichen Ergebnissen

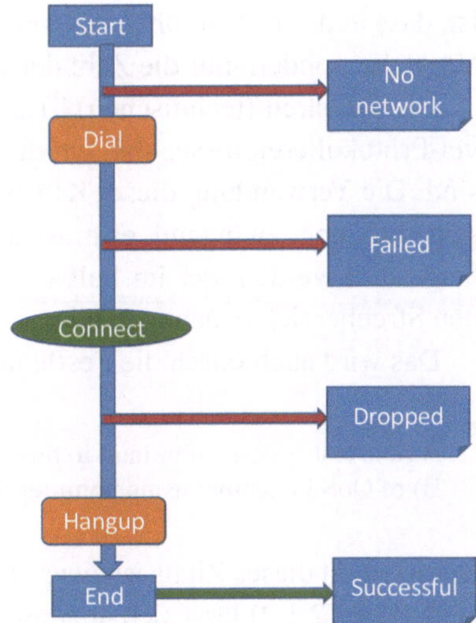

Standard wird das über den KPI „Radio Network Unavailability" ([4] 5.1) abgedeckt. Das bedeutet gemäß der Definition der Voraussetzungen eines Anrufversuchs bei der „Telephony Service Non-Accessibility" (6.6.1), dass dieser Fall nicht in die Bewertung dieses KPI eingeht [4]. Wie schon früher dargestellt, hat das einen diagnostischen, aber auch einen historischen Hintergrund. Das Modell ist hier, dass der Kunde zunächst prüft, ob er überhaupt eingebucht ist, und sein Qualitätserleben im Negativfall ein anderes ist, als wenn sein Anruf bei eingebuchtem Gerät fehlschlägt.

Je nach Zweck der QoS-Bewertung kann dieser Fall aber auch in die Kategorie „failed" eingeordnet werden. Das wäre etwa dann der Fall, wenn die Modellannahme der Benutzersicht die ist, dass der Benutzer erwartet, überall Netz zu haben – was bei hinreichender Verbreitung von Mobilfunk eine durchaus vertretbare Annahme ist. Eine andere Modell-Annahme wäre, dass der Anrufer gar keine Möglichkeit hat, den Einbuchzustand seines Geräts zu prüfen. Das wäre etwa dann der Fall, wenn er im Auto unterwegs ist und per Headset und Sprachkommando anruft.

Durch Verhältnisbildung erhält man die entsprechenden Erfolgreich- beziehungsweise Fehlerraten, also die (generischen) „Fail Rate" und „Drop Rate"-Werte. Das ETSI-Äquivalent ist die „Telephony Service Non-Accessibility", (6.6.1) beziehungsweise Die „Cut-off Call ratio" (6.6.5).

Ein weiterer ETSI-KPI ist der „Telephony Setup Time" (6.6.2), der bei erfolgreichem Verbindungsaufbau dessen Dauer angibt.

Für die Sprachqualität verweist TS 102 250-2 auf die entsprechenden ITU-T Recommendations. Mehr zu diesem Thema in Kap. 4.1.4.

Die TS 102 250-2 definiert für Telefonie derzeit keinen Ende-zu-Ende-KPI. Bei Bedarf kann ein solcher leicht aus der Gesamtzahl der Anrufversuche und der Zahl der Fälle mit Ergebnis „Successful" berechnet werden. Dabei hat man die Wahl, ob man die Kategorie „no network" einbezieht oder nicht. Wichtig: Man muss hier über die Zahl der entsprechenden Fälle gehen und kann nicht einfach die einzelnen Fehlerraten addieren. Grund ist, dass in der Definition der Nenner der jeweiligen Quotienten nicht die Gesamtzahl der Versuche, sondern nur die Zahl der Erfolgreichfälle der vorangegangenen Phase ist.

Die primären (technischen) Triggerpunkt-Definitionen der TS 102 250 sind Low-Level-Protokollereignisse, die für die einzelnen Mobilfunk-Generationen unterschiedlich sind. Die Verwendung dieser KPI ist auch dann, wenn ein Messsystem standardkonform sein soll, nicht zwingend, es muss aber ein klarer und technisch nachvollziehbarer Bezug hergestellt werden, der im Fall von Zeiten auch entsprechende Offsets beziehungsweise den Streubereich benennen sollte.

Das wird auch durch die Festlegung in der TS 102 250-2 unterstrichen, die sagt:

> A field test system compliant to the present document shall measure both sets (Method A and B) of QoS indicators using commercial UEs. ([4], Kap. 4.2)

Der Kontext dieses Zitats ist zwar eigentlich die Messung von Paketdaten-KPI (siehe dazu auch Kap. 12.1.2) lässt sich aber aus meiner Sicht sinngemäß auch auf andere Messungen übertragen. Ein heutiges „commercial UE" ist ein Smartphone. In der kommerziell verfügbaren („out of the box") Form sind diese Geräte nicht in der Lage, Low-Level-Daten wie IP Trace oder mobilfunkspezifische Signalisierung wie Layer 3-Messages zu liefern; hierzu bedarf es erst teilweise umfangreicher Modifikationen. Derart modifizierte Endgeräte haben zwar ihren Stellenwert und ihre Berechtigung; würde man sich aber nur auf diese verlassen, wäre eine QoS-Aussage aus Kundensicht, also mit den tatsächlich in Netzen populären Geräten mit aktueller Firmware, nicht möglich.

Die „Triggerpunktwelt", die sich aus RAT-abhängigen Low-Level-Events ergibt, ist recht komplex; es ist für viele Leser sicher nicht notwendig, sich mit dieser Komplexität zu befassen. Wenn man als Lösungsanbieter QoS oder QoE mit nicht modifizierten Endgeräten betreibt, ist es ohnehin nicht möglich (und auch gar nicht notwendig), auf die Suche nach Low-Level-Events zu gehen; solche aus applikationsnahen Ebenen reichen, solange man nicht Diagnostik betreiben muss, für fast alle Zweck aus. Ein gewisses Mindestverständnis des „Event-Zoos" ist aber schon deshalb nützlich, weil man damit einschätzen kann, wie „mikroskopisch" der Blick tatsächlich sein muss.

Abbildung 13.2 soll die Situation so weit vereinfachen, dass man das Wesentliche erkennt – für die Details sei dann auf die entsprechenden Abschnitte der TS 102 250-2 [4] verwiesen, in der zu den einzelnen Technologiezweigen ausführliche Beschreibungen und Protokollablaufdiagramme zu finden sind. In dieser Abbildung habe ich gleich auch einige Abkürzungen und Begriffe untergebracht, um sie an dieser Stelle für die weitere Verwendung zu erklären.

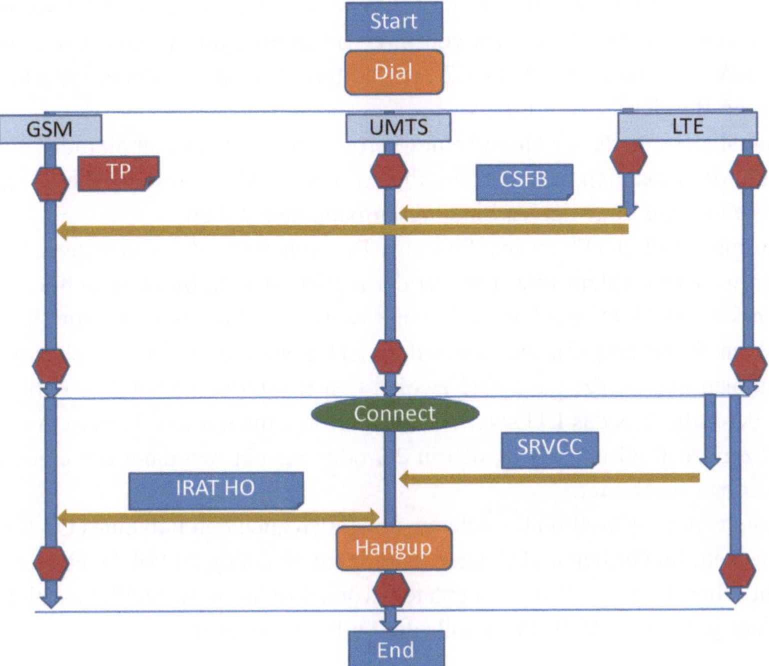

Abb. 13.2 Übersicht eines Telefonie-Testcase mit RAT-abhängigen Ablaufzweigen

Die Grafik beschreibt den Erfolgreichfall einer einzelnen Instanz eines Telefonie-Testcase (Transaktion). Die „äußeren" Boxen mit den Bezeichnungen „Start" und „End" definieren den logischen Rahmen dieser Transaktion. Die tatsächlich ausgelöste Aktion, um das Ganze zu beginnen, ist „Dial" – ob das nun über ein AT-Kommando, einen API-Funktionsaufruf oder auf andere Weise getan wird. Entsprechend wird der Test (durch eine „Hangup"-Aktion beendet.

Aus Anwendersicht gibt es nur einen einzigen weiteren Event von Bedeutung, nämlich das tatsächliche Zustandekommen der Verbindung („Connect"). Das verwendete Endgerät wird in der Regel noch akustische oder optische Zwischenstati anzeigen (etwa, dass der Verbindungsaufbau-Versuch vom Netz angenommen wurde).

Um einen solchen Testcase – etwa als Hersteller von OTT-Telefonieapplikationen oder anderer Umsetzungen von Telefoniefunktionalität- und entsprechende KPI zu realisieren, braucht man strenggenommen also nur die technische Möglichkeit, die Aktionen für Start und Ende auszulösen sowie den „Connect"-Zustand festzustellen. Allerdings ist es vor-teilhaft, auch einen Indikator dafür zu haben, dass nach dem Auslösen der Start-Aktion auch tatsächlich ein Wählvorgang stattfindet. Damit lassen sich steuerungs- oder endge-rätebedingte Fehler erkennen, die ja bei Netztests in der Auswertung nicht berücksichtigt werden sollten.

Bei derzeit drei Mobilfunkgenerationen im Einsatz gibt es diverse Möglichkeiten für die mikroskopischen Abläufe eines Telefonats. Die wird durch die drei „Zeitlinien" dar-gestellt (der Übersicht halber habe ich die möglichen RAT-Wechsel während des Verbin-dungsaufbaus schon „ausgedünnt"). Die roten „TP"-Sechsecke sollen Protokollereignisse symbolisieren. In der Grafik haben diese Events leicht unterschiedliche vertikale Posi-tionen; das soll verdeutlichen, dass von ihrer Bedeutung äquivalente Ereignisse in den einzelnen RAT zu unterschiedlichen Zeiten auftreten werden – dabei sprechen wir von Zeitskalen im Bereich 10 bis 100 ms.

Der Signalisierungsfluss während eines Verbindungsaufbaus enthält meist eine größere Anzahl von Messages. Ich habe hier nur die zwei pro RAT dargestellt, die für den Beginn und das erfolgreiche Ende der Verbindungsaufbauphase stehen.

Der Ausgangsfall „LTE" ist insofern eine Besonderheit, als es hier zwei Möglichkei-ten für den weiteren Ablauf gibt. Eine ist der Aufbau der Verbindung in 4G, die aktuelle Methode heißt VoLTE (Voice Over LTE) und ist eine Technologie, die zur „VoIP" (Voice Over IP)-Familie gehört [52], aber speziell für LTE konzipiert ist und durch entsprechende Netzfunktionen unterstützt wird. Die zweite, CSFB („Circuit Switched Fall Back") ge-nannt, ist der Fall, dass das LTE-Netz keine Telefonie unterstützt. In diesem Fall verlässt das Gerät zunächst 4G und bucht sich in 2G oder 3G ein, wo dann der eigentliche Ver-bindungsaufbau stattfindet.

Man könnte auch 4 Zeitlinien zeichnen, um gleich auch den Fall eines OTT-VoIP-Calls mit abzudecken. Im Großen und Ganzen läuft das aber analog zu VoLTE ab: zunächst wird (falls nicht schon bestehend) die Paketdaten-Konnektivität hergestellt, anschließend wird mit Hilfe des jeweiligen VoIP-Protokolls die Verbindung initiiert.

Nachdem die Verbindung hergestellt ist, sind bis zum Ende der Verbindung auch wieder RAT-Wechsel möglich. Top-Level-QoS-relevante Events gibt es (bis auf den Schluss des Telefonats) hier keine. Ich habe aber die möglichen RAT-Wechsel mit eingezeichnet, um zu verdeutlichen, dass auch in der Verbindungsphase noch „Spurwechsel" in Bezug auf die Low-Level-Events möglich sind. Im Fall von Wechseln zwischen 2G und 3G sind dies IRAT HO („Inter-RAT-Handover"). Im Fall von LTE nennt sich das ganze „SRVCC", das für „Single Radio Voice Call Continuity" steht. Das ist eine Rückkehr von LTE nach 2G oder 3G (die in diesem Kontext auch als „Legacy-Technologie" bezeichnet werden, weil in beiden Fällen quasi von VoIP wieder zurück auf eine CS-Technologie gewechselt wird, was im Netz ein recht komplexer Vorgang ist). Charakteristisch für SRVCC ist, dass es für das Telefonat keinen Wechsel zurück nach LTE gibt, also kein IRAT HO nach LTE existiert (parallele Datensessions werden dagegen gegebenenfalls nach dem Ende des Telefonats wieder nach LTE übernommen).

Vollständigkeitshalber: Es gibt diverse KPI speziell für CSFB oder SRVCC sowie auch einige Detail-KPI für VoLTE, auf die ich aber hier nicht weiter eingehen werde; es soll hier um das allen Telefonie-Varianten gemeinsame KPI-Portfolio gehen.

13.3   HTTP-basierte Services

Diese Rubrik umfasst drei Untertypen: Webbrowsing, Download und Upload. Die letzteren beiden haben in den letzten Jahren die zuvor für Durchsatzmessungen verwendeten FTP-Download- und Upload-Testcases ersetzt. Das hat zwei Gründe. Zum einen entfällt bei den HTTP-Varianten die Login-Phase, die bei FTP erforderlich ist; man spart also etwas Messzeit. Der Hauptgrund ist aber, dass die meisten realen Nutzungsfälle, in denen „reiner" Download oder Upload stattfindet, über HTTP laufen, man also ein anwendernäheres Szenario bekommt und somit auch mögliche Effekte der „content awareness" von Netzen vermieden werden. Tatsächlich zeigen praktische Tests, dass die zeitlichen Verläufe von HTTP- und FTP-Transfers deutlich unterschiedlich sein können; speziell ist es möglich, dass bei HTTP-basierten Szenarien Spitzendatenraten im Zeitverlauf schneller erreicht werden. In einem solchen Fall muss man bei FTP höhere Datenvolumina transferieren, um die Spitzendatenraten der Netze zu sehen. Möglich ist aber auch, dass diese Spitzendatenraten selbst zwischen FTP und HTTP unterschiedlich sind.

Auch wenn in der Folge von HTTP die Rede ist, sollte man immer https „mitdenken", das schon heute von vielen Live-Webseiten verwendet wird; diese Tendenz dürfte noch zunehmen. Für Download- und Upload-Szenarien ist man sicherlich gut beraten, sich ebenfalls darauf vorzubereiten. Auch reale Usecases verwenden oft verschlüsselte Transfers. Als Beispiel nenne ich hier das Hochladen eines Fotos in die Galerie, oder das Ansehen einer Fotogalerie, in Facebook®.

Zum Abschluss noch zwei Anmerkungen, die ebenfalls für die ETSI-standardisierten KPI aller HTTP-basierten Varianten gilt: In der TS 102 250-2 [4] gibt es für die Zugangsphase zwei in Frage kommende KPI-Paare, die Service Non-Accessibility/Setup Time und die IP-Service Access Failure Ratio/IP Service Setup Time. Ersteres Paar umfasst auch die Zugangsphase (PDP Context establishment), womit dieser KPI für Smartphones ungeeignet ist, da ein solcher Vorgang nicht mehr, wie zu Modemzeiten, expliziter Teil des Zugangs ist. Des Weiteren wird ebenfalls aus pragmatischen Gründen – weil in Smartphone-Kontext entsprechende Events aus mehr „points of observation" bezogen werden können – die Verwendung der „Method A"-Perspektive empfohlen.

13.3.1 Webbrowsing

Die essentiellen KPI für Webbrowsing sind die Erfolgreichrate und die Session Time, also die Zeit vom Auslösen bis zum Abschluss des Downloads.

Eine Mean Data Rate (MDR) lässt sich zwar technisch gesehen angeben, sie eignet sich jedoch nicht als Primär-KPI, weil die Struktur von Webseiten komplex und in der Regel aus vielen Objekten zusammengesetzt ist. Bei typischen Strukturen von Webseiten, also Anzahl und Größenverteilung der Objekte, wird eine solche Messung kaum etwas Signifikantes über die Spitzendatenraten aussagen, die ein Netz liefern kann (Tab. 13.3).

In Mobilfunknetzen werden – wie an anderer Stelle dieses Buches dargestellt – oft Techniken eingesetzt, um die Ladezeit von Webseiten zu optimieren. Dazu gehört auch eine Kompression von Bildobjekten. Da die gängigen Formate wie .jpg bereits hochgradig optimiert sind, geht das nur, indem die Bildqualität verringert wird („lossy compression"). Aus QoS-Sicht ist dagegen nichts einzuwenden; werden solche Techniken sinnvoll eingesetzt, entsteht für den Kunden sogar ein doppelter Nutzen: schnelleres Laden und eine geringere Belastung seines monatlichen Datenvolumens. Die Kehrseite kann, wenn diese Kompression zu starke Qualitätsverluste erzeugt, eine Beeinträchtigung der QoE sein. Es gibt keine standardisierten Methoden um einen eventuellen Qualitätsverlust durch verlustbehaftete Kompression zu quantifizieren. Ich empfehle, sich vom gesunden Menschenverstand leiten zu lassen, inklusive der eigenen Wahrnehmung, indem man sich das Downloadergebnis der Seite über verschiedene Netze einfach daraufhin anschaut, ob es visuelle Unterschiede gibt und ob Beeinträchtigungen sichtbar sind. Zur Kontrolle sollte auf jeden Fall die effektive Gesamtgröße der Webseite erfasst und – wenn qualitätsrelevante Effekte festgestellt werden – auch in QoS-Reports thematisiert werden.

Tab. 13.3 Die wichtigsten KPI für Webbrowsing

HTTP-basiertes Webbrowsing			
Ende zu Ende	Zugang	Nutzung	Qualität
Session Failure Ratio (6.8.5)	IP-Service Access Failure Ratio (6.8.3)	Data Transfer Cut-off ratio (6.8.8)	Mean Data Rate (6.8.7)
Session Time (6.8.6)			

Abgesehen von der URL der Webseite ist der verwendete Browser selbst der wichtigste „Parameter" der Messung – die Art und Weise, in der ein Browser im Zusammenspiel mit dem Betriebssystem mit Inhalten umgeht, hängt vom Browsertyp ab und kann sogar versionsabhängig sein. Die Zahl der parallelen Socketverbindungen hat mit Sicherheit Einfluss auf die Ladezeit einer Seite. Auch die Art, wie der Browser eine Seite interpretiert und die darin referenzierten Elemente lädt, geht in die gemessenen Zeiten ein – das ist auch unabhängig davon, aus welcher Ebene die Triggerpunkte bezogen werden.

Dazu kommen – das dann abhängig vom „point of observation"- noch mögliche Effekte aus der Darstellungsebene, etwa, ob das Rendering einer Website in die gemessene Session Time eingeht. Im Fall von Einzelmessungen muss das bei der Kontinuität von Messungen berücksichtigt werden; wenn der Browsertyp gewechselt wird ohnehin, aber auch wenn die Browser-Version sich ändert, ist es gute Praxis, hier eine Anschlussmessung durchzuführen. Im Benchmarkingfall entsteht in einer Erste-Ordnung-Betrachtung durch diese Einflüsse nur ein Offset, der für alle Netze gleich ist. Bei genauerer Sicht ist es aber möglich, dass Netze den Zugriff auf eine Website nicht einfach durchleiten, sondern Inhalte puffern – was bei häufig verwendeten Seiten durchaus sinnvoll sein kann – und dann mit unterschiedlichen Browsern auch unterschiedlich interagieren. Solche Effekte laufen dann allerdings unter dem Oberbegriff „Nutzersicht" – solange man keine vollkommen exotischen Browser verwendet, erleben Nutzer in entsprechenden Konstellationen das Gleiche. Entsprechend wären die gewonnenen Messdaten aus QoE-Sicht korrekt.

Beim Usecase „Webbrowsing" werden heute sowohl statische (Referenz-) Webseiten als auch Live-Seiten verwendet.

13.3.1.1   Statische Referenzseiten

ETSI bietet mit der Kepler-Referenzseite zwei Varianten, die über HTTP://portal.etsi.org/ TBSiteMap/STQ/HTLMReferenceWebPage.aspx heruntergeladen werden können; auf der angegebenen Seite befinden sich auch Verweise auf weiterführende Literatur. Zu beachten ist, dass diese Seiten dann auf geeigneten Servern – mit adäquater Bandbreite und Zugänglichkeit – gehostet werden müssen; ETSI selbst betreibt keine Referenzserver.

Die Kepler-Seiten gibt es in zwei Varianten; eine Standardausführung, deren Größe und Struktur der einer „typischen" Standard-Webseite entspricht, und einer „Smartphone"-Variante, die einer typischen „mobilen" Webseite entspricht – oder auch dem Content einer typischen App mit entsprechender Struktur. Dabei ist anzumerken, dass diese Strukturparameter – Gesamtgröße, Größenverteilung der Webobjekte und Gesamtzahl der Webobjekte – weiterhin ständigem Wandel unterliegt. Untersuchungen haben allerdings gezeigt, dass die Zeitskala dieses Wandels zumindest bisher im Bereich einiger Jahre liegt, so dass eine einmal verabschiedete Referenzseite doch eine recht gute Langzeit Relevanz hat.

Die ETSI TR 102 505, die ebenfalls über die angegebene Webseite bezogen werden kann, enthält unter anderem auch Informationen darüber, wie diese Referenzseiten zustande gekommen sind. Die Strukturparameter stammen aus mehreren Untersuchungen, die ich selbst seinerzeit auf Basis einer Rangliste populärer Webseiten durchgeführt habe. Mit Hilfe der dabei entstandenen Tools und Auswerteprozesse können mittlerweile entsprechende Strukturanalysen leicht und mit wenig Aufwand wiederholt werden. Eines dieser Analysetools erlaubt es beispielsweise, die Webseitenstruktur aus IP-Traces abzuleiten.

Bei statischen Seiten besteht theoretisch die Gefahr, dass Netze diese Seite in irgendeiner Weise bevorzugen. Das kann sowohl „absichtslos" über Optimierungsmechanismen geschehen – typisch für Benchmarks ist ja, dass die Inhalte relativ oft angesprochen werden – als auf gezielte Weise, um Vorteile in Benchmarks zu erlangen. Wie man die Wahrscheinlichkeit solcher Vorgänge bewertet, ist eine andere Sache – Durchführende solcher Benchmarks sollten sich aber zumindest mit der Möglichkeit befassen. Gegebenenfalls ist dann zu überprüfen, ob eine solche Bevorzugung stattfindet, und welche Gegenmaßnahmen erforderlich sind. Welche Maßnahmen hier notwendig sind, hängt dann wiederum von der Bewertung der Umstände und der Wahrscheinlichkeiten ab – eine solche Manipulation wäre sicherlich mit einem relativ hohen Aufwand verbunden. Geht es nur darum, einen automatischen Optimierungsmechanismus auszuhebeln, dürfte schon eine Variation der Timestamps von Elementen der Webseite ausreichen. Um gezielte Manipulationen zu unterbinden, wäre sicherlich ein höherer Aufwand notwendig. Um an dieser Stelle Missverständnissen vorzubeugen – ich schreibe das nicht, weil ich in meiner Arbeit auf diesem Gebiet solchen Manipulationen bereits begegnet bin, sondern weil ich aus Gesprächen weiß, dass es Personen gibt, die sich über solche Möglichkeiten Gedanken machen; entsprechend erscheint es mit notwendig, das Thema der Vollständigkeit halber anzusprechen.

13.3.1.2 Messungen mit Live-Webseiten

Live-Seiten bieten naturgemäß eine größere Nähe zum realen Anwendungsfall. Der Inhalt der Seite ist dabei eine Sache – eine Standard-Referenzseite, die ja auch den Entscheidungsprozessen einer Standardisierungsorganisation unterliegt, kann dem „typischen Geschehen" immer nur in gewissem Abstand folgen. Ein Unterschied besteht auch in der Art des Hostings. Seiten größerer Anbieter werden oft auf Serverfarmen gehostet, die Webelemente, die den Inhalt ausmachen, liegen meist auch auf verschiedenen Servern, so dass die Zugriffsdynamik eine andere ist.

In der messtechnischen Umsetzung bestehen allerdings auch – naturgemäß – Risiken, die im Messprozess entsprechend beherrscht werden müssen. Die Struktur selbst ist dabei noch nicht einmal das größte Problem; Langzeituntersuchungen haben gezeigt, dass die typische Seiten zwar so etwas wie Fluktuationen zeigen – klar, dass eine News-Seite mehrmals am Tag Inhalte ändert und auch Werbeeinblendungen wechseln; die Grundstruktur solcher Seiten, also das Basisdesign, das „Look and feel", bleibt jedoch durchaus längere Zeit stabil.

Da man mit Liveseiten meist in Benchmarking-Kontexten arbeitet, stellen solche Strukturänderungen zudem für sich genommen noch kein grundlegendes Hindernis für die Verwendbarkeit dar.

Eine weitere mögliche Fehlerquelle sind serverbedingte Schwankungen der Performance-Kenngrößen. Auch das ist aber im Benchmarking-Fall ohne größere Probleme beherrschbar. Ein durch hohe Serverlast verursachter Anstieg der gemessenen Session Time wäre parallel in den Messungen aller Netze sichtbar, zumindest wenn diese nicht selbst das Bottleneck sind. Zudem arbeitet man in der Regel mit einem Mix aus statischen und Live-Seiten, so dass es genügend Daten für eine Differentialbetrachtung gibt. Wenn man ganz sicher gehen will, kann man zusätzlich während einer Messung noch eine stationäre Monitoring-Messung der verwendeten Seiten durchführen, in der Leistungseinbrüche sehr gut sichtbar sind. Alles in allem ist das Messen mit Liveseiten, soweit es Performance-Aspekte angeht, gut beherrschbar.

Es bestehen allerdings weitere Risiken, die ebenfalls beherrscht werden müssen. Die Seite kann dynamisch Strukturen bekommen, mit denen das Messsystem nicht zurechtkommt, beispielsweise Zugriffsfehler auf einzelne Webelemente, die von einzelnen Browsern vielleicht toleriert oder „überspielt" werden, von dem im Messsystem verwendeten aber nicht. Ein ähnlicher Effekt wäre eine Inhaltsprüfung, die von Browsern tolerierte oder für Nutzer nicht spürbare Strukturfehler von Seiten – formal korrekt – als Seitenfehler interpretiert. Das größte Risiko dieser Kategorie ist jedoch, dass eine Seite interaktive Elemente enthält, die eine Benutzer-Interaktion erfordern, auf die ein automatisches System nicht vorbereitet ist – sagen wir, eine Dialogbox, die Nutzerfeedback abfragt, ob das nun Markforschungs-Fragen sind oder die Frage, ob der Nutzer zur mobilen Version der Seite wechseln möchte.

Auch solche Effekte lassen sich durch entsprechendes Monitoring des Messprozesses zumindest insoweit beherrschen, wie es das Risiko von Fehlmessungen betrifft. Es kann im worst case passieren, dass eine Seite strukturbedingt für die Messung unverwendbar wird. Ich habe es zwar selbst in Kampagnen selbst noch nicht erlebt, ausschließen lässt sich diese Möglichkeit aber nicht.

Unter dem Strich stellt also die Verwendung von Liveseiten ein gewisses Risiko dar und erfordert höheren Aufwand etwa durch häufigere Inspektion des Ablaufs oder der Ergebnisse auf Unregelmäßigkeiten. Beim Design einer Messung müssen all diese Aspekte bedacht und dann entschieden werden, ob der Gewinn an Nutzernähe den zusätzlichen Aufwand wert ist.

13.3.2   HTTP Download

In der ETSI-Standardisierung gibt es keine expliziten KPI für HTTP Download. Benötigt man eine Referenz auf Standard-KPI, kann man einen HTTP Download jedoch als Spezialfall von Webbrowsing mit nur einem Objekt verstehen und somit die entsprechenden KPI 1:1 anwenden. Alternativ ließe sich auch eine Analogie zu FTP (TS 102 250-2 Kap. 6.1) herstellen, wobei man lediglich die Login-Phase ausblenden würde.

Ein Rückgriff auf analoge ETSI-Standards ist jedoch aus meiner Sicht nicht zwingend notwendig. Der Ablauf des Usecase selbst könnte kaum einfacher sein, und im Sinn des über Triggerpunkte bereits Gesagten ist eine pragmatische, an „High Level"-Triggerpunkte orientierte Vorgehensweise ohnehin empfehlenswert – in Verbindung mit dem Ratschlag, diese „im Geist von ETSI" zu definieren. Abgesehen davon halte ich es für recht wahrscheinlich, dass sowohl HTTP Download als auch HTTP Upload in nicht allzu ferner Zukunft mit eigenen ETSI-KPI abgedeckt wird. Ein Wechsel von einer provisorischen

Tab. 13.4 Die wichtigsten KPI für HTTP Download

HTTP Download			
Ende zu Ende	Zugang	Nutzung	Qualität
Session Failure Ratio (6.8.5)	IP-Service Access Failure Ratio (6.8.3)	Data Transfer Cut-off ratio (6.8.8)	Mean Data Rate (6.8.7)

ETSI-Analogie zu einem echten „ETSI-KPI" ist wahrscheinlich operativ sogar etwas schwieriger, weil die Beharrungskräfte („wir haben ja schon eine Standard-Definition") größer sein könnten (Tab. 13.4).

Zurück zur Umsetzung. Downloads können – wie detailliert in Kap. 5 dargestellt – mit festen Filegrößen, mit fester Dauer der Downloadphase oder in einem Hybridmodus mit fester Zeit und Maximalgröße durchgeführt werden.

Der für den Download verwendete Inhalt sollte nicht-komprimierbar sein, wofür sich durch Zufallsgeneratoren erzeugte Inhalte, aber auch bereits komprimierte Formate wie MP3 oder JPG eignen. Sicherheitshalber sollte diese „Nicht-Komprimierbarkeit" (einige % sehe ich dabei als tolerierbar an) von Zeit zu Zeit durch entsprechende Tests validiert werden, da man nie wissen kann, ob nicht eines Tages Kompressionsverfahren entwickelt werden, die solche Inhalte eben doch komprimieren können.

Wird ein Browser oder eine vergleichbare Applikation (beziehungsweise Bibliotheksfunktion) für den Download verwendet, ist es wichtig, den Umgang dieser Applikation mit dem Typ des Inhalts (MIME-Typ, der in der Regel über die Dateinamenerweiterung) im Blick zu haben und entsprechend zu validieren. Ist für die betreffende Applikation und diesen Typ eine Standardaktion definiert, kann es dazu kommen, dass dies die eigentlich erwartete Aktion des Systems auf eine Weise beeinflusst, die zu Instabilität, Messfehlern oder sogar Blockade des Systems führt.

Im Sinn des am Ende von Abschn. 13.3.1.1 Gesagten ist es auch bei Download-Tests denkbar, dass das Netz sich bei häufig wiederholten Aktionen an den Inhalt „gewöhnt" – etwa dadurch, dass die betreffende Datei im Datentransferweg „näher" am Messsystem zwischengespeichert wird – und damit die gemessene Performance verfälscht. Die Vorgehensweise – Abschätzung der Wahrscheinlichkeit unter den jeweils gegebenen Umständen und eventuell Validierung, bei Bedarf auch Gegenmaßnahmen – wäre dann ebenfalls analog.

13.3.3 HTTP Upload

Für HTTP Upload gibt es in der ETSI-Standardisierung gar keine expliziten KPI-Definitionen, weshalb in Tab. 5.6 keine Kapitelnummern angegeben sind. Man kann aber wieder – allerdings mit der Notwendigkeit der Anpassung entsprechender Triggerpunkte – mit der Analogie zu FTP arbeiten, deren KPI in TS 102 250-2 in Kap. 6.1 definiert sind. Ansonsten gilt das eingangs von Abschn. 13.3.2 Gesagte – eine pragmatische Definition von eigenen KPI kann die sinnvollere Vorgehensweise sein.

Bei Upload gilt ein spezieller Hinweis: Wie zuvor schon ausgeführt ist es – wenn man die Wahl hat – durchaus vorteilhaft, Triggerpunkte zu vermeiden, die eine spezielle Modifikation der verwendeten Endgeräte erfordern, also etwa Events der IP-Ebene. Das sichert die Verwendbarkeit auf einem möglichst breiten Spektrum an Plattformen und lässt den Weg hin zu Crowdsourcing-Varianten offen. Die Erfahrung zeigt, dass gerade bei Upload besonders darauf geachtet werden sollte, dass die verwendeten Events tatsächlich etwas Geschehenes und nicht nur die Absicht dazu repräsentieren. Das bedeutet im Uploadfall, dass die Schnittstelle die zu transferierenden Daten nicht nur einfach (lokal) angenommen hat, sondern dass dieser Block tatsächlich auch transferiert worden ist.

Die möglichen Modi bei Upload sind die gleichen wie bei Download – es kann (siehe auch Kap. 5) mit festen Filegrößen, mit fester Dauer der Downloadphase oder in einem Hybridmodus mit fester Zeit und Maximalgröße gearbeitet werden. Auch hinsichtlich der verwendeten Files oder Inhalte gilt sinngemäß das im vorigen Abschnitt Gesagte – der Inhalt sollte „nicht-komprimierbar" sein.

13.4 Video Streaming

Hier gibt es eine Besonderheit: Aus den andernorts beschriebenen Gründen gibt es gerade für den wohl populärsten Usecase, Videostreaming über YouTube®, keine Standard-KPI.

Mit der TR 101 578 [23] (für die ich seinerzeit den Input geliefert habe, der im Verlauf der Ausarbeitung in der STQM im Wesentlichen nur von der Namensgebung her verändert wurde) hat ETSI hier eine Art Hilfsdefinition geschaffen. Weil das keine normative Spezifikation ist, werde ich aber auf Kapitelverweise in dieses Dokument verzichten und nur die KPI-Namen selbst nennen. Das Dokument definiert – wieder diagnostik-orientiert – eine Vielzahl von KPI, die für eine QoS-Bewertung aus Kundensicht zu detailliert wären; daher beschränke ich mich nur auf die „Top Level"-KPI. Ich verwende aber den Terminus „Freeze" für das Stoppen der Wiedergabe infolge des Wiederauffüllen des Wiedergabepuffers, das bei unzureichender Datenrate auftritt; das wird wie an anderer Stelle noch ausführlicher beschrieben auch „Stalling" oder einfach mit dem Namen, der den Grund des Effekts beschreibt, „Rebuffering" genannt.

Bei den Triggerpunkten gilt als Praxistipp für eigene Adaptionen wieder – noch verstärkt, weil es sich ja bei YouTube® um ein Produkt mit proprietärem Format handelt – dass diese möglichst nicht aus Low-Level-Bereichen stammen sollten (Tab. 13.6).

Die hier zugrunde gelegte Phasenmodellierung ist gegenüber der in TR 101 578 verwendeten Sicht auf die anwendernahe Perspektive beschränkt, sie verwendet nur die Ende-zu-Ende-Sicht und die darunterliegende Ebene. Diese besteht aus der Zugangsphase, in der der Videoinhalt beim Server angefordert wird (das kann in der Praxis auch ein mehrstufiges Verfahren sein) und der Phase, in der dieser Inhalt dann tatsächlich übertragen beziehungsweise angezeigt wird.

Bei dieser Art Videostreaming startet die Wiedergabe nicht mit dem Beginn der Übertragung, sondern erst, wenn sich eine gewisse Datenmenge im Wiedergabepuffer befindet, in der Praxis meist also einige Sekunden später. Bei heute gängigen Playern wird diese Anfangspuffern durch ein Symbol (etwa ein Punkt, der sich auf einer Kreisbahn dreht) dargestellt und ist somit für den Nutzer wahrnehmbar.

Je nach Download-Strategie des Players befinden sich – wenn es kein Freezing gibt – immer einige Sekunden, zuweilen auch mehr, Wiedergabezeit im Puffer. Ist erst einmal der gesamte Inhalt übertragen worden, kann die Datenübertragungsleistung des Mobilnetzes die Wiedergabe nicht mehr beeinflussen – insbesondere kann kein netzbedingtes Freezing mehr auftreten. Anders ausgedrückt: Der Test kann, soweit es die Performance des Netzes angeht, beendet werden, wenn erst einmal der gesamte Content übertragen wurde. Alle für die Berechnung der entsprechenden KPI notwendigen Informationen liegen zu diesem Zeitpunkt vor.

In Tab. 13.5 habe ich mich in der Kategorie „Qualität" auf zwei KPI beschränkt. Der erste beschreibt einfach den prozentualen Anteil der Transaktionen ohne Freeze. Der

Tab. 13.5 Die wichtigsten KPI für HTTP Upload

HTTP Upload			
Ende zu Ende	Zugang	Nutzung	Qualität
Session Failure Ratio	IP-Service Access Failure Ratio	Data Transfer Cut-off Ratio	Mean Data Rate

Tab. 13.6 Die wichtigsten KPI für HTTP-basiertes Video Streaming (Progressive Download, z. B. YouTube(r))

Video Streaming (HTTP-basierter Progressive Download, z.B. YouTube®)			
Ende zu Ende	Zugang	Nutzung	Qualität
Session Failure Ratio	Service Access Failure Ratio Service Access Time	Transfer Cut-off Ratio	Freeze-Free Playback Ratio Freezing Time Proportion
TR 101 578: "Player Session Failure Ratio"	TR 101 578: "IP Service Access Failure Ratio" TR 101 578: "IP Service Access Time"	TR 101 578: "Video Transfer Cut-off Ratio"	TR 101 578: „Video Freezing Impairment Ratio" TR 101 578: „Video Freezing Time Proportion"

zweite setzt die Gesamtdauer aller Freeze-Perioden ins Verhältnis zur Videolänge. Hierzu ist dann die Abspiellänge des Videos und nicht etwa die Downloadzeit zu verwenden.

Messtools sammeln in der Regel genügend Informationen, um auch weitere KPI zu erzeugen – einige davon sind auch in der TR 101 578 dargestellt, in Produkten meiner Firma gibt es weitere und andere Messsystemhersteller haben auch wieder ihre „Hausdefinitionen". Wie bereits an anderer Stelle erwähnt, gibt es derzeit noch kein standardisiertes Modell, das Länge und/oder Häufigkeit von Freezes zu einem MOS-Wert verbindet. Von daher ist es wieder Ermessenssache, in welcher Form solche erweiterten Informationen in Reports dargestellt werden. Ich empfehle hier, ähnlich wie in anderen Fällen, eine Beschränkung auf möglichst wenige und dafür gut gewählte KPI, um eine „Verwässerung" der Bedeutung einzelner Kenngrößen zu vermeiden. Im Zweifelsfall lassen sich ja weitere Daten in Reports auch direkt darstellen, also etwa als Verteilung der Dauer und Häufigkeit von Freezing. Der Mehraufwand für eine solche Darstellung ist gering, der Informationsgehalt dagegen wesentlich größer, als würde man alles nur auf eine „single number" reduzieren.

QoS-Ergebnisse werden in der Regel in Form von Reports präsentiert. Die Form und der Umfang solcher Reports hängen vom jeweiligen Verwendungszweck ab; das kann von einer Ein-Seiten-Übersicht (beziehungsweise einer Ein-Slide-Präsentation) bis hin zu einer detaillierten Beschreibung mit Interpretation der Ergebnisse und Handlungsempfehlungen reichen.

Es ist für die nachfolgende Darstellung hilfreich, zwischen zwei Grundtypen von Reports zu unterscheiden: Reports, die ein einzelnes Objekt zum Gegenstand haben, und solche, bei denen es um einen Vergleich mehrerer solcher Objekte geht (Benchmarking-Reports). Auch wenn mit „Objekt" meist Mobilfunknetze gemeint sind, gilt das durchaus nicht immer. Genauso gut kann man beispielsweise gleichartige KPI für verschiedene Mobilfunk-Endgeräte in einem solchen Report darstellen.

Bevor ich auf die visuellen Aspekte eingehe, kurz noch eine generelle Anmerkung zum Inhalt solcher Reports.

Auch kompakte Reports sollten – und sei es in Form von kodierten Referenzen auf interne Datenquellen, wenn das Dokument auch von Personengruppen gelesen wird, denen man nicht alle Interna offenlegen möchte – so viele Informationen enthalten, dass eine Reproduktion der Messungen möglich ist. Hier liefern beispielsweise die Teile 3, 4 und 5 der ETSI TS 102 250 [46–48] eine solide Basis für den Aufbau entsprechender hausinterner Konventionen. Unabhängig davon, wie komplex oder umfassend eine solche Konvention am Ende ausfällt, lässt sich ihre Funktion mit eben dieser einfachen Kontrollfrage überprüfen: Sind die Informationen ausreichend, um die Messung in gleichen Weise zu wiederholen? Im Sinn eines Qualitätsmanagements ist die Anforderung, dass der Prozess – also die Messung – unter Kontrolle ist. Dieser Aspekt ist besonders dann von großer Wichtigkeit, wenn entsprechende Messungen mehrfach durchgeführt werden sollen. Wenn sich zwischen diesen Messungen Parameter ändern, sollten diese Änderungen und sich daraus ergebende Auswirkungen auf Ergebnisse besonders intensiv thematisiert

© Springer-Verlag Berlin Heidelberg 2015   169
W. Balzer, *Quality of Experience und Quality of Service im Mobilkommunikationsbereich*,
Xpert.press, DOI 10.1007/978-3-642-55348-6_14

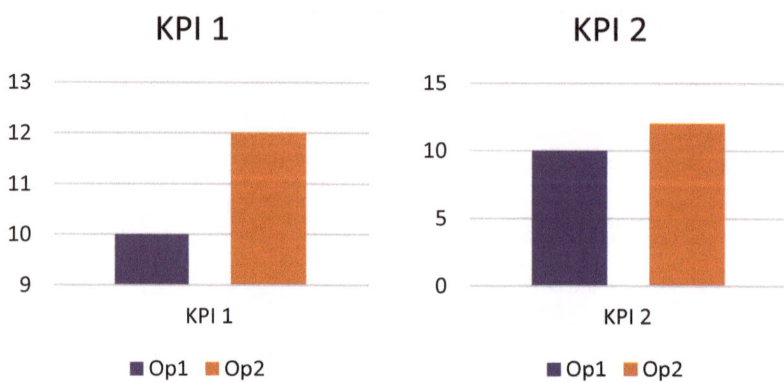

Abb. 14.1 Beispiel für KPI-Darstellung zweier Netze

werden. Das Ziel sollte sein, eine klare Abgrenzung zwischen Änderungen der Eigenschaften des gemessenen Objekts und solchen Werteänderungen zu bekommen, die durch Änderungen im Ablauf oder von Parametern der Tests bewirkt werden.

Nun zu den Visualisierungen selbst.

Getreu dem bekannten Grundsatz „ein Bild sagt mehr als 1000 Worte" lassen sich manche Sachverhalte einfacher und übersichtlicher in Bildern darstellen als mit Worten. Das gilt speziell dann, wenn Werte miteinander verglichen werden sollen. Zwei Balken – im Fall von Mobilnetzvergleichen am besten noch in der Farbe des jeweiligen Netzbetreibers[1] – liefern die Aussage „besser/schlechter" weit direkter als zwei Zahlen in einer Tabelle. Wichtig dabei ist allerdings, eine Bildsprache zu finden, die für den Transport der jeweiligen Information angemessen ist. Hier spielen auch Konventionen oder Sehgewohnheiten eine Rolle. Hat sich erst einmal eine bestimmte Darstellungsweise etabliert, sollte man es sich gut überlegen, ob man diese ändern will, auch wenn es vielleicht gute Gründe dafür gibt.

Auch muss man sich klarmachen, dass eine solche Bildsprache nicht nur Fakten transportiert, sondern auch Wertungen und damit – mindestens indirekt – Emotionen. Um das zu verdeutlichen, betrachten Sie bitte Abb. 14.1.

Offensichtlich ist Operator 2 bei beiden KPI besser als Operator 1. Bei KPI 1 ist dieser Unterschied offenbar noch deutlich größer als bei KPI 2.

Oder auch nicht – bitte betrachten Sie die Skalierung. Tatsächlich sind die Werte in beiden Fällen exakt gleich, sie erscheinen nur durch die unterschiedliche Y-Achsenskalierung unterschiedlich.

Diese Methode lässt sich in beide Richtungen einsetzen – sowohl um einen Sachverhalt dramatischer aussehen zu lassen als auch, um die Aussage „es gibt zwar Unterschiede, aber

---

[1] Um hier neutral zu bleiben, werde ich in der Folge genau die Farben nicht verwenden, die in Deutschland mit den derzeit vier Netzbetreibern assoziiert werden. Ich bitte Leser aus anderen Ländern um Nachsicht, wenn ich – es ist leider nicht so, dass die Auswahl an kräftigen Farben riesengroß wäre – ungewollt eine der Farben ihrer Provider verwendet habe.

sie sind nicht besonders groß" zu transportieren. Geht es um einen Benchmark, dürfte der Erstplazierte eher die erste, die übrigen Teilnehmer eher die zweite Variante bevorzugen.

Dieser Trick ist weder besonders originell noch allzu schwer zu durchschauen, wenn man denn weiß, wohin man zu schauen hat – vielleicht betrachten Sie Ihre nächste QoS-Grafik aber trotzdem schon mit etwas anderen Augen. In Bezug auf Tricks werde ich es auch bei diesem Beispiel belassen und Ihnen nach einigen allgemeinen Tipps ein Spektrum an Möglichkeiten vorstellen, Ihre Daten adäquat zu visualisieren.

Zur Bildsprache gehört nicht nur ein gutes Vokabular, sondern auch, dieses angemessen einzusetzen. Das Lesen und Verstehen wird unterstützt, indem Monotonie vermieden wird, indem also visuelle Elemente mit einem gewissen Maß an Abwechslung eingesetzt werden. Dabei gilt es aber auch, zu viel Abwechslung zu vermeiden, also, visuelle eine Art ruhigen Fluss herzustellen. Hilfreich ist beispielsweise, für verschiedene Kategorien von KPI – auch wenn die gleichen Basisdiagrammtypen verwendet werden – unterschiedliche Designparameter zu verwenden.

Das Attribut Farbe wird oft schon zur Kennzeichnung von Netzbetreibern verwendet. Hier wäre höchstens noch denkbar, mehrfarbige Texturen zu verwenden, auch das kann aber schnell visuell anstrengend oder verwirrend werden. Einsetzen kann man aber bei Balkendiagrammen beispielsweise die Parameter „Balkenbreite" und „Abstand zwischen den Balken". Denkbar wäre auch noch, die Hintergrundfarbe einzusetzen. Bei der Farbwahl ist auch das Medium zu berücksichtigen. Soll der Report sowohl ausgedruckt als auch auf Bildschirmen gut aussehen, dürfen Hintergrundfarben nicht zu dunkel und Vordergrundfarben nicht zu hell sein.

Auf Varianten, wie man sie in Pressegrafiken oft sieht – etwa das Verwenden von skalierten Symbolbild-Elementen oder in Grafiken – gehe ich hier nicht ein, sondern beschränke mich auf Effekte, die mittels einfacher oder zusammengesetzter Farbflächen erzielt werden können.

Innerhalb eines Reports sollte auch der visuelle Stil der Diagramme kontrolliert eingesetzt werden – soweit es nicht ohnehin Style Guides oder Corporate Design-Vorgaben gibt, die bestimmte Elemente vorschreiben oder den Raum der Möglichkeiten begrenzen. Das ist einfacher und bequemer, wenn Reports mit Hilfe entsprechender Tools aus Datenbanken heraus erzeugt werden; hier muss nur einmalig beim Erzeugen der Reportvorlage darauf geachtet werden, dass Attribute wie die verwendeten Beschriftungselemente (Diagrammtitel, Achsentitel, Legenden), die Schriftart, -größe und Farbe der entsprechenden Texte, die Art, Ausrichtung und Position der Achsenbeschriftung und dergleichen harmonisiert sind. Bei manuell oder teilautomatisch erzeugten Grafiken (etwa in Programmen wie Excel® oder den Pendants in Open Office® oder anderen Office-Paketen) sind das Punkte, auf die geachtet werden muss, wenn eine optisch ansprechende und professionell aussehende Report-Optik wichtig ist. Empfehlenswert ist hier, mit Diagrammvorlagen zu arbeiten.

Heutige Programme zur Datenvisualisierung bieten meist eine Vielzahl weiterer Gestaltungsmöglichkeiten wie etwa Schatten, Farbverläufe, Texturen, Leuchteffekte oder 3D-Effekte. Auch mit diesen Effekten sollte man sparsam umgehen. Der visuelle Eindruck eines Reports strahlt auch auf die Seriosität des Inhalts ab.

Letztendlich ist der Vorrat an Parametern für die Visualisierung von Daten begrenzt; je mehr Farben man beispielsweise, einsetzt, desto anstrengender ist es für den Betrachter, diese auseinanderzuhalten beziehungsweise desto größer ist das Risiko von „visuellen Missverständnissen". Auch beim Betrachten von Reports gibt es „QoE" – eine suboptimale visuelle Aufbereitung wird unweigerlich auch Auswirkungen auf die auf die „gefühlte" inhaltliche Qualität eines Reports haben und kann damit sozusagen auf den letzten Metern vieles von der Arbeit, die zuvor in die Datengewinnung dieses Reports geflossen ist, entwerten.

Das Ganze läuft auf das Ziel einer visuellen Ruhe und Verlässlichkeit hinaus, also auf eine Gestaltung, die dem Leser beziehungsweise Betrachter eines Reports die Aufnahme der Inhalte erleichtert.

Gibt es keinen verlässlichen Bildsprache-Rahmen, müsste bei jedem Diagramm neu überprüft werden, ob ein Wechsel der Betrachtungsperspektive stattgefunden hat (ein einfaches Beispiel ist die schon angesprochene Achsenskalierung). Vermeiden Sie beispielsweise – bei vergleichenden Darstellungen von Netzen oder Endgeräten, die Reihenfolge der Objekte zu wechseln (außer, wenn es sich um eine werteabhängige Rangfolge handelt). Gibt es im Benchmarkfall zu einem Netz oder einem Testcase keine Daten, kann es zum Erhalt dieser Anordnung auch sinnvoll sein, eine entsprechende Lücke zu lassen, anstatt die Objekte „aufzurücken".

Auch wenn das kein „Tipps und Tricks"-Ratgeber für allgemeine visuelle Gestaltung sein soll – hier noch einige grundlegende Hinweise.

Werden einzelne Datenvisualisierungen in anderen Dokumenten oder Präsentationen eingesetzt, gilt zusätzlich zu dem schon Gesagten noch, dass die visuellen Stile zueinander passen sollten. Auch sollte man darauf achten, dass beim „copy & paste" die Farben beibehalten werden, falls diese – speziell im schon erwähnten Fall, dass die Netzbetreiber-Signaturfarben verwendet werden – gezielte Bedeutungen tragen.

Bei Präsentationen sollte auch auf die Schriftgröße geachtet werden. Speziell gilt das für Elemente wie Beschriftungstext in Grafiken. Maßstab ist hier nicht der Präsentator, der meist noch näher an der Projektionsfläche steht als die erste Reihe des Publikums. Text sollte auch für die in der hintersten Reihe Sitzenden noch stressfrei lesbar sein.

Setzt man Farben nur zur visuellen Unterscheidung ein, muss trotzdem auf Konsistenz geachtet werden; zwei verschiedene Farben für denselben Elementtyp stören den visuellen Informationsfluss. Auch die Zahl der Farben ist etwas, auf das geachtet werden sollte; zwei Farben, die sich beim Erzeugen einer Grafik auf dem Bildschirm noch gut unterscheiden lassen, können im Ausdruck oder in einer Präsentation zu nahe beieinander liegen. Ähnliches gilt für den Helligkeitsbereich von Farben auch in Relation zum Hintergrund. Eine helle Farbe kann im Umfeld eines weißen Hintergrunds anstrengend zu betrachten sein, ebenso eine dunkle Farbe, die mit einem dunklen Präsentations-Folienschema verwendet wird.

Für regelmäßig erstellte Reports ist auch eine gewisse Kontinuität in Stil und Aussehen wichtig. Das ist nicht nur eine ästhetische Kategorie; es erleichtert dem Leser auch die Aufnahme und das Verständnis der Inhalte. Sicher können nicht auf Jahre hinaus alle Even-

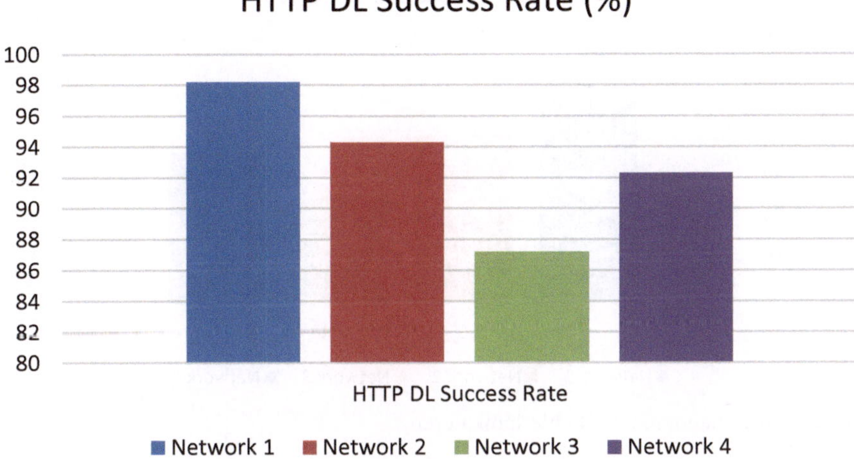

Abb. 14.2 Beispiel für ein Balkendiagramm zum Vergleich des gleichen KPI für verschiedene Netze

tualitäten berücksichtigt werden, und es wird immer einen gewissen „Tradeoff" zwischen einem langlebigen Design und guter visueller Verständlichkeit geben. Dennoch sollte dem Basisdesign ein wenig Sorgfalt gewidmet werden. Das betrifft etwa den Wertebereich für die Skalierung. Dieser sollte – eingedenk meines Eingangsbeispiels – so gewählt werden, dass er eine Weile beibehalten werden kann, auch wenn sich die Kenngrößen im Zuge technischer Evolution langsam ändern. Auch empfehle ich, es im Report explizit zu erwähnen, wenn sich Skalierungen oder andere Elemente der Bildsprache geändert haben.

Soviel zu allgemeinen Designtipps – im nächsten Abschnitt werden Diagrammtypen und ihre Verwendung in QoS-Reports vorgestellt.

14.1 Standard-Visualisierungen

Der für die Darstellung von KPI meistgebräuchliche Diagrammtyp dürfte das Balkendiagramm sein, entweder in vertikaler oder in horizontaler Form. Am besten eignet sich diese Darstellung für Werte des Typs „mehr ist besser" und im Kontext von Benchmarking – ein einzelner Balken wirkt doch eher merkwürdig.

Abbildung 14.2 zeigt ein Beispiel, wie es häufig in Benchmarking-Reports verwendet wird. Bei Bedarf lässt sich wie in Abb. 14.3 auch noch ein Fehlerindikator integrieren.

Nützlich sind Balkendiagramme aber auch, wenn man mehrere gleichartige KPI, etwa für verschiedene Testcases, im Sinn eines Profils nebeneinander stellen will, wie in Abb. 14.4 gezeigt.

Prinzipiell könnte man für ein solches Profil auch unterschiedliche KPI-Typen verwenden. Dafür müssten die Werte allerdings auf eine gemeinsame Skala gebracht werden. Rein technisch ist das möglich, indem man ein Mapping analog zu dem in Kap. 8.1 – ohne

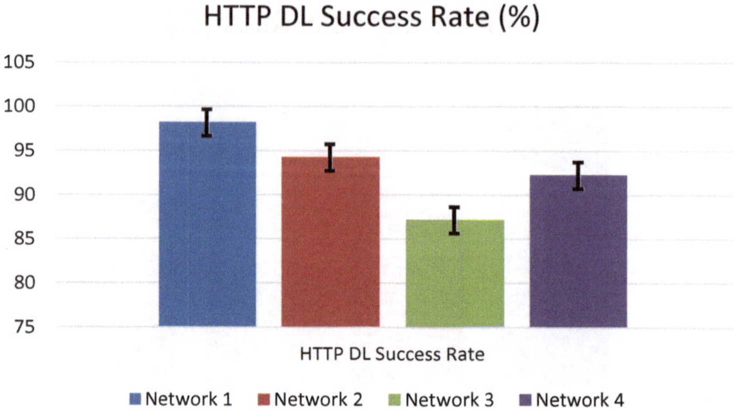

Abb. 14.3 Balkendiagramm mit Fehlerindikatoren

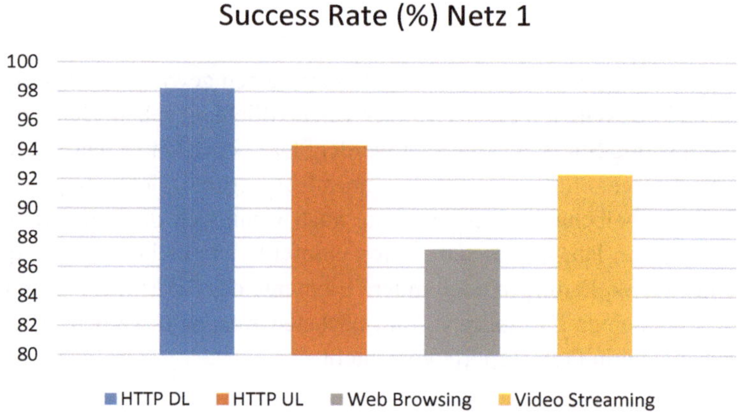

Abb. 14.4 Beispiel für ein Balkendiagramm zur Darstellung eines KPI-Profils für ein Netz

Clipping – verwendet. Für die Beschriftung kann man weiterhin die Originalwerte verwenden und die durch das Mapping erzeugten Werte nur für das Erzeugen der Balken nutzen; damit spart man sich das Einführen und Erklären des Mappings.

Allerdings sollte man sich bewusst machen, dass eine solche Abbildung auch wieder eine visuelle Botschaft transportiert: Sind zwei Balken gleich hoch, signalisiert das die Gleichwertigkeit der entsprechenden KPI-Werte. Je nach gewählter Abbildung würde man beispielsweise visuell „senden", dass eine Fehlerrate von 5 % einem Durchsatz von 10 Mbit/s äquivalent ist – oder auch einem Wert von 15 Mbit/s. Ein solches Beispiel mag man als allzu pedantisch ansehen – das Gleichsetzen eines Bildes mit 1000 Worten betrifft nicht nur die Effizienz im Sinne von Informationsdichte, sondern auch die Stärke der Wirkung.

Bei Abb. 14.4 – alle diese Beispiele wurden in Excel® aus der gleichen Basisvorlage erzeugt – habe ich – abgesehen von den Farben – bewusst die unter Reihenoptionen angebotenen Parameter „Reihenachsenüberlappung" und „Abstandbreite" (die letztendlich

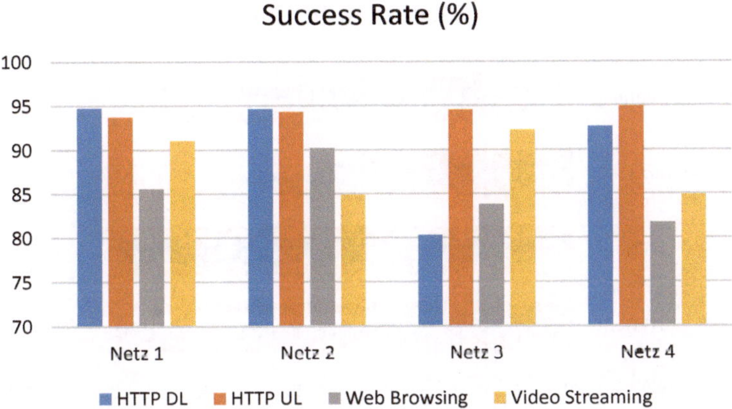

Abb. 14.5 Beispiel für ein Balkengruppendiagramm zum Vergleich mehrerer KPI in mehreren Netzen

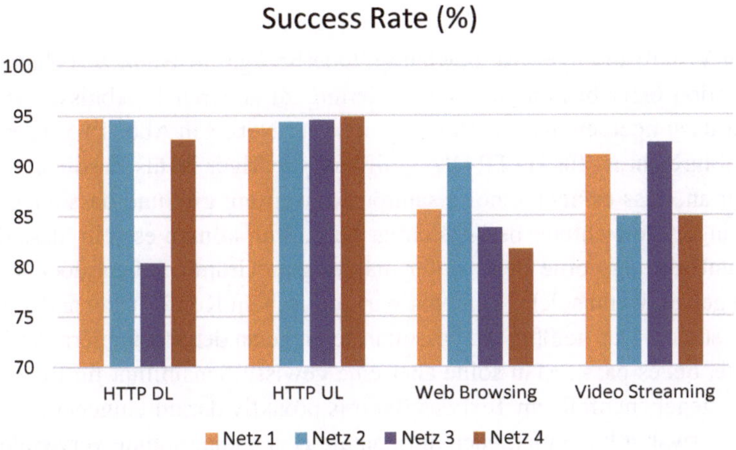

Abb. 14.6 Variante des Balkengruppendiagramms für Gruppierung nach Netzen

die Breite der einzelnen Balken kontrollieren) variiert, um einen visuellen Unterschied zur Benchmarkdarstellung in Abb. 14.2 zu erzeugen.

Will man mehrere KPI für mehrere Netze im gleichen Diagramm zeigen, eignet sich ein Balkengruppendiagramm wie das in Abb. 14.5. Von den beiden Möglichkeiten, die Werte zu gruppieren – eine Balkengruppe pro Netz oder eine Balkengruppe pro Testcase-Typ – wurde hier die erste gewählt, was eine „profilartige" Darstellung ergibt und trotzdem durch den optischen Vergleich der Gruppen auch eine Visualisierung der Performance der Netze untereinander ermöglicht. Zum Vergleich zeigt Abb. 14.6 die Gruppierung nach Netzen.

Bei Balkengruppen sollte man darauf achten, nicht zu viel Information in solche Diagramme zu packen, damit sie nicht unübersichtlich werden. Von daher würde ich die Informationsdichte in Abb. 14.5 beziehungsweise Abb. 14.6 schon als Obergrenze ansehen.

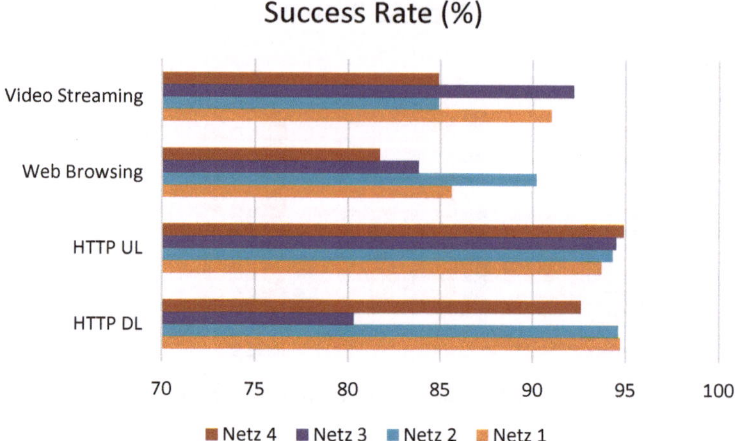

Abb. 14.7 Beispiel für ein horizontales Balkengruppendiagramm

Bei allen Visualisierungen ist es wichtig, Querbezüge im Blick zu behalten, die sich aus der Relation einer bestimmten Visualisierung zu anderen Ergebnissen ergeben. Betrachten wir dazu noch einmal die Balkengruppe für Netz 3 in Abb. 14.5. Hier sieht man, dass die Erfolgreichrate für HTTP DL signifikant niedriger ist als für die anderen Netze. Nehmen wir an, dass es noch eine Gesamtpunktewertung gibt und dass dabei HTTP DL nur mit geringer Gewichtung berücksichtigt wird. Nun könnte es sein, dass dieses Netz in der Gesamtwertung vorne liegt. Dafür mag es gute Gründe geben, doch kann es eben Irritationen geben, wenn solche Ergebnisse in „optischem Konflikt" zu anderen Aussagen des Reports stehen. Das heißt nicht, dass man so lange an den Parametern der Darstellung drehen sollte, bis es passt. Man sollte aber eine gewisse Sensibilität für diese Dinge entwickeln und gegebenenfalls im Text des Reports proaktiv darauf eingehen.

Wie oben erwähnt kann man auch horizontale Balkendiagramme verwenden. Ein entsprechendes Beispiel – mit den gleichen Daten wie in Abb. 14.6 – ist in Abb. 14.7 gezeigt. Die Wahrnehmung der Bildsprache ist stark subjektiv geprägt – ich selbst nehme diese Form als dynamischer oder „treibender" wahr, weil hier der Aspekt „100 % ist das anzustrebende Ziel" stärker zum Ausdruck kommt. Welche Form letztendlich gewählt wird, hängt aber vom eigenen, vom antizipierten Geschmack des Publikums und auch davon ab, welche visuellen Konventionen es im jeweiligen Rezipientenkreis gibt. Auch wenn dann vielleicht eine bestimmte Form als besser geeignet erscheint, würde man eine andere wählen, wenn diese gängiger ist. Umgekehrt lässt sich ein „Verstoß" gegen etablierte Sehgewohnheiten auch nutzen, um für bestimmte Aussagen noch etwas zusätzliche Aufmerksamkeit beim Publikum zu generieren.

Soviel zum Thema Balkendiagramme; betrachten wir nun andere Darstellungsformen.

Für die Darstellung von logisch zusammengehörenden KPI eignen sich Tortendiagramme. Damit sind KPI gemeint, die den gleichen Ablauf betreffen, deren Summe also 100 % aller Transaktionen betrifft.

Tab. 14.1 Telefonie-Beispiel: Samplezahlen nach Kategorie

Tries	100
Failed	7
Dropped	12
Successful	81

Abb. 14.8 Tortendiagramm für Telefonie-KPI

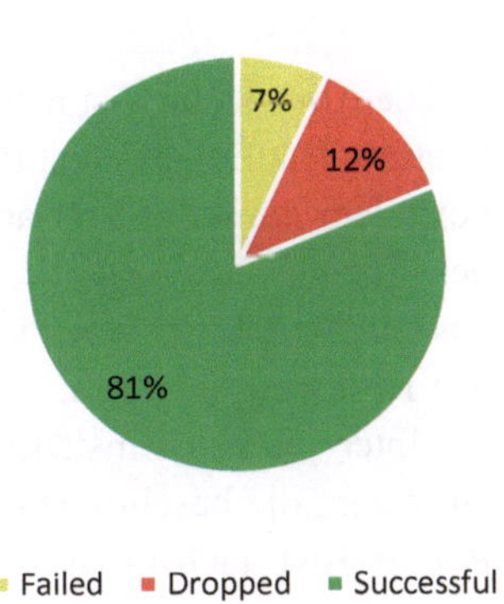

Ein Beispiel ist Telefonie, wie in Kap. 13.2 beschrieben, also mit einer Kategorisierung der Ergebnisse eines Anrufversuchs in die drei Kategorien „Failed", „Dropped" und „Successful".

Man kann hier entweder die Samplezahlen oder die Prozentwerte verwenden. Beachten muss man bei Verwendung der Prozentwerte allerdings die beiden möglichen Berechnungsweisen; das wird im folgenden Beispiel erläutert. Ausgangspunkt sind die Samplezahlen in Tab. 14.1.

Wie man sieht, endet jeder Versuch in einer der drei Kategorien, die Summe aller Kategorien ist also die Anzahl der Versuche.

Das entsprechende Tortendiagramm ist in Abb. 14.8 dargestellt. Die Farben gelb, rot und grün entsprechen der gängigen Konvention.

Die Prozentzahlen wurden in diesem Fall von Excel berechnet. Da für die Anzahl der Versuche –um das Folgende leichter verständlich zu machen – der Wert 100 gewählt wurde, entspricht der Prozentwert der Samplezahl aus der Tabelle.

Der „tricky part" ist nun folgender: Gemäß der Standard-Definition der KPI wird die Fail Rate (beziehungsweise nach ETSI TS 102 250-2 „Telephony Service Non-Accessibility" [4]) und die Drop Rate (ETSI TS 102 250-2: „Cut-off Call Ratio") jeweils mit der effektiven Samplezahl dieser Phase berechnet. Für die Fail Rate ist dieser Wert 100; für die Drop Rate ist der Wert jedoch in unserem Beispiel 93, weil ja die 7 nicht erfolgreichen Versuche zu keinem Gesprächsaufbau geführt haben. Tabelle 14.2 zeigt – mit denselben Werten wie zuvor, die entsprechenden KPI.

Tab. 14.2 Telefonie-Beispiel mit KPI-Werten

Tries	100
Failed	7
Dropped	12
Successful	81
Telephony service non-accessibility (%)	7
Cut-off call ratio (%)	12,9

Die Abweichung ist nicht groß, aber offensichtlich vorhanden. Nicht nur kann je nach relativer Häufigkeit von „failed"-Transaktionen das Ergebnis auch deutlicher abweichen; vor allem „funktioniert" aber das Tortendiagramm nicht mehr korrekt, weil die Summe der Prozentwerte nicht 100 % ergibt. Oder andersherum: wenn man das Tortendiagramm aus den Samples erzeugt, ist der angezeigte Prozentwert nicht mehr mit dem entsprechenden KPI-Wert identisch.

Unter solchen Umständen lassen sich Tortendiagramme zwar prinzipiell immer noch einsetzen, die beschriebenen Feinheiten müssen jedoch beachtet und im Zweifelsfall im Report-Text auch proaktiv angesprochen werden. Unterlässt man das, und stößt später jemand beim genaueren Hinschauen auf solche Ungenauigkeiten, können sich unnötigerweise Angriffspunkte auch auf die inhaltliche Integrität von Reports ergeben.

Tortendiagramm-artige Visualisierungen sind aus meiner Sicht nicht allzu gut für Benchmarking geeignet. Wenn KPI mehrerer Objekte (Netze, Endgeräte etc.) verglichen werden sollen, kann man zwar mehrere Tortendiagramme in der Fläche anordnen, wie es in Abb. 14.9 gezeigt ist. Die quadratische Grundform erfordert - verglichen mit anderen Diagrammtypen - jedoch eine recht große Fläche, um diese Diagrammgruppe lesbar darzustellen. Bei einreihiger Anordnung im für Print üblichen Hochformat wäre die Beschriftung oder ein kleinerer Ringabschnitt schon schwer erkennbar. Diese Darstellungsform wäre damit höchstens noch für Präsentationen - bei der die Seite ja im Querformat dargestellt wird - eine sinnvolle Wahl.

Eine Möglichkeit wäre noch, konzentrische Ringdiagramme zu verwenden. Das würde ich aber noch weniger empfehlen. Da die Farben – in Fällen wie dem obigen Beispiel – bereits für die Kategorien verwendet werden, bliebe für die Dimension „Objekt" nur noch die radiale Position übrig. Die notwendige Beschriftung macht das Diagramm schon relativ unruhig. Zudem wäre das „optische Gewicht" für jedes verglichene Objekt unterschiedlich. Ich habe mich eine Weile gefragt, ob ich die Nicht-Eignung dieses Diagrammtyps mittels eines grafischen Beispiels (Abb. 14.10) zeigen soll, und mich schließlich dafür entschieden; ich will aber noch einmal darauf hinweisen, dass man diesen Diagrammtyp *nicht* für diese Art von Daten verwenden sollte.

Von daher halte ich die Verwendung von Stapeldiagrammen für die Benchmark-oder erst recht die Zeitreihen-Darstellung einer KPI-Gruppe für eine bessere Lösung. Abbildung 14.11 zeigt ein Beispiel für ein solches Stapeldiagramm zum Vergleich mehrerer Netze, und Abb. 14.12 ist ein Beispiel, wie eine zeitliche Entwicklung eines KPI mit einem Stapeldiagramm visualisiert werden kann. Ich habe hier für die Kategorie „Fail Rate" eine

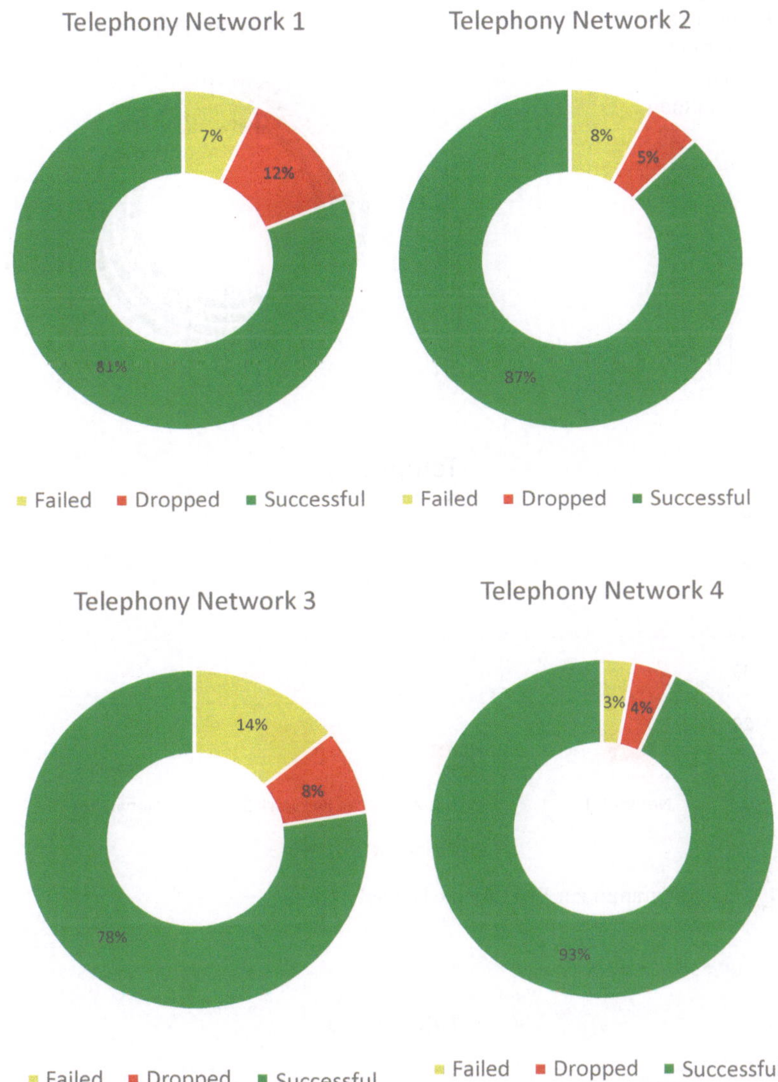

Abb. 14.9 Objektweise Ringdiagramme zur Benchmark-Darstellung

etwas dunklere Farbe gewählt, weil das Gelb, das in Torten- und Ringdiagrammen guten Kontrast bringt, hier zu grell wirkt – mischt man Diagrammarten, sollte man auf solche Farbwechsel allerdings verzichten.

Noch eine Anmerkung zur Skalierung. Der Einsatz eines Stapeldiagramms bringt – weil diese Diagrammform visuell recht stark ist – sozusagen eine gewisse Verantwortung mit sich. Die Gesamthöhe wird visuell als summierte Fehlerrate wahrgenommen; die dargestellten KPI sollten also nicht nur zum gleichen Ergebnisbaum eines Ablaufs gehören, sondern auch vollständig sein, also alle Möglichkeiten eines nicht erfolgreichen Ausgangs

Abb. 14.10 Ein „nega-
tives" Beispiel für ein
Ringdiagramm zur
Benchmark-Darstellung

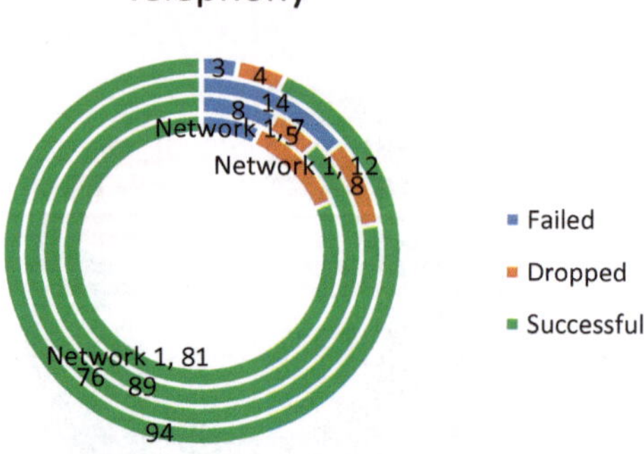

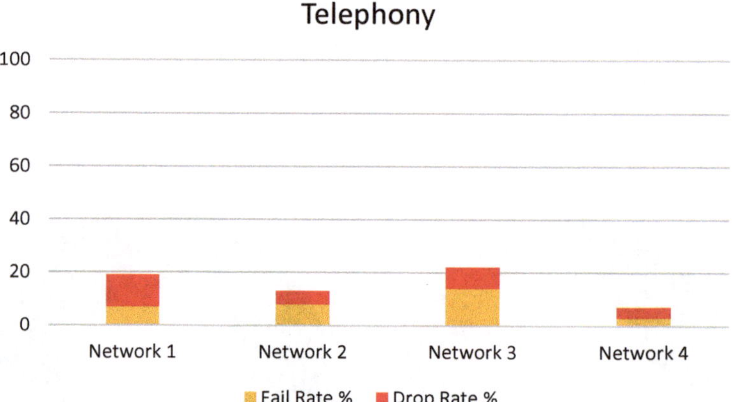

Abb. 14.11 Stapeldiagramm zur Benchmark-Darstellung

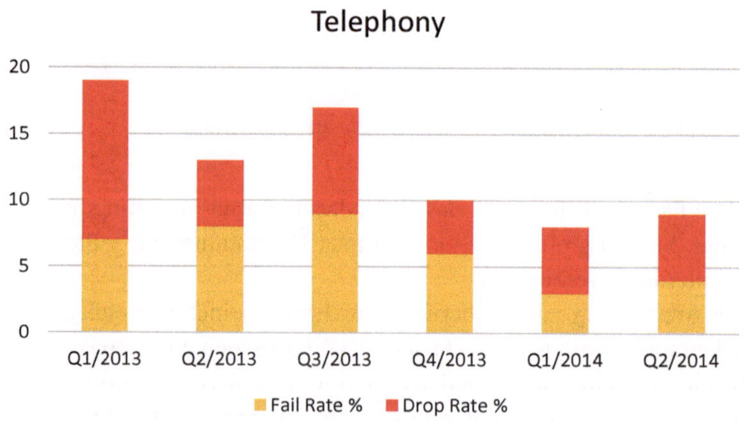

Abb. 14.12 Stapeldiagramm zur Darstellung einer zeitlichen Entwicklung

abdecken. Andernfalls – würde man Misserfolgskategorien weglassen – entstünde leicht eine missverständliche visuelle Aussage. Was das angeht, ist bei solchen „negativen" Diagrammen (weniger ist besser) ohnehin immer Vorsicht angebracht, weil diese im Vergleich zu „positiven" Darstellungen (mehr ist besser) schon eine Spur weniger intuitiv sind.

Sie als aufmerksamer Leser sind an dieser Stelle stutzig geworden. Ein Stapeldiagramm addiert visuell gleichartige KPI – aber hatte ich nicht weiter oben geschrieben, dass man bei Drop-Raten vorsichtig sein sollte, weil je nach Definition die Basismenge nicht die absolute Anzahl der Versuche ist, sondern die Anzahl der bis dahin erfolgreichen Versuche? Das ist tatsächlich so; hier ist eine – im Report angemessen dokumentierte – Abwägung erforderlich, ob die entstehenden visuellen „Fehler" in einem vertretbaren Bereich liegen. Dabei kann man sich von den numerischen Verhältnissen leiten lassen. Je geringer die Fehlerraten in den vorangegangenen Stufen sind, desto weniger weicht die Basismenge nachgeordneter Schritte von der Ausgangsmenge ab, desto unkritischer ist also ein Stapeldiagramm hier. Ich persönlich würde diese Schwelle bei einer Obergrenze entsprechender KPI-Werte im Bereich 5–10 % setzen[2].

In regelmäßig erstellten Reports – oder in solchen, die Bezug auf frühere Ergebnisse nehmen – sind Stapeldiagramme auch, für die entsprechenden KPI-Arten, neben Liniendiagrammen gut geeignet, um zeitliche Entwicklungen zu visualisieren.

14.2 Erweiterte Visualisierung

Die im vorigen Abschnitt beschriebenen Diagrammtypen werden verwendet, um KPI in Einzel- oder Benchmarkingform zu visualisieren. Diese Säulen- Torten- und Stapeldiagramme gehören auch zum visuellen Standardportfolio von Präsentationen und sind von daher optisch vertrautes Gebiet. Ich werde jetzt noch eine Reihe anderer, weniger gebräuchlicher Diagrammtypen vorstellen, die für bestimmte Zwecke besser geeignet sind als diese Standardtypen.

Zur vergleichenden Darstellung von KPI-Paaren lassen sich xy-Diagramme gut einsetzen. Einer der Vorteile dieses Diagrammtyps ist, dass hier beide Achsen unabhängig voneinander formatiert werden können. Damit lassen sich beliebige Original-KPI direkt, also ohne Umskalierung, verwenden. Ein Punkt repräsentiert hier eines der zu vergleichenden Objekte, das ein Mobilfunknetz, ein Endgerätetyp, eine Softwareversion sein kann – oder einfach das entsprechende Wertepaar zu einem bestimmten Zeitpunkt. Die Werte müssen dabei nicht zwangsläufig einen direkten Zusammenhang miteinander haben. Sie sollten nur nicht aus der gleichen Kausalkette des Ablaufs stammen, damit die Darstellung auch wirklich zweidimensional wird. Beispiel: Wenn der erste KPI die „Ende

---

[2] In dieser Sektion kommen Worte wie „üblicherweise", „typischerweise", „kann" recht oft vor; manche Leser würden vielleicht strengere Regeln vorziehen. Es ist einfach so, dass Reportgestaltung ein sehr komplexes Thema ist, genauso Kunst wie „harte" Wissenschaft, bei dem vielerlei Dinge gegeneinander abgewogen werden müssen, will man ein wirklich optimales Ergebnis erzielen.

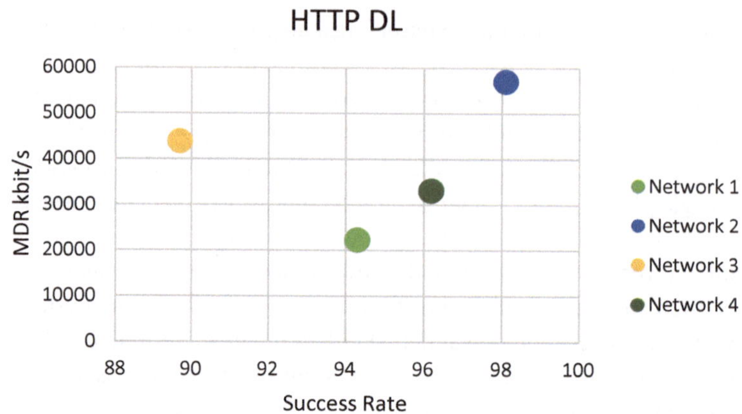

Abb. 14.13 Beispiel für ein x-y-Diagramm: Erfolgreichrate und Mean Data Rate mehrerer Netze

zu Ende"-Erfolgreichrate bei Telefonie ist, wäre ein KPI aus derselben Kausalkette etwa die Call Failure-Rate, die ja die Negativform der Erfolgreichrate des ersten Teils eines solchen Telefonie-Testcase ist.

Abbildung 14.13 zeigt ein Beispiel, bei dem die Erfolgreichrate und die MDR eines HTTP-Downloads für mehrere Netze in xy-Form visualisiert sind. Die Datenpunktfarbe kann hier noch zur Kennzeichnung des Netzbetreibers eingesetzt werden. Hier ist die visuelle Botschaft klar: Die obere rechte Ecke entspricht der denkbar besten, die untere linke Ecke der schlechtesten Performance des Netzes in Bezug auf die zwei dargestellten KPI.

Auch bei diesen Diagrammen ist eine einheitliche Formsprache hilfreich. Bei einer Kombination von zwei KPI vom positiven Typ – ein höherer Wert ist besser – funktioniert das am besten. Der Vorteil eines xy-Diagramms ist hier noch, dass man „negative" KPI bei denen ein niedrigerer Wert höhere Qualität anzeigt, in Originalform verwenden kann, indem man einfach die Achsen entsprechend skaliert.

Eine „höherdimensionale" Form des xy-Diagramms ist das Blasendiagramm. Hier wird auch die Größe des Datenpunkts variabel und kann damit eine weitere Eigenschaft der Daten abbilden. Eine Anwendung wäre beispielsweise – falls man mehrere Datensätze mit unterschiedlichen Samplezahlen hat – die Blasengröße aus der jeweiligen Samplezahl abzuleiten. Damit wäre ausgedrückt, dass ein Wert, der auf mehr Samples basiert, eine höhere Signifikanz besitzt. Verwendet man hier bei der Abbildung die Proportionalität zur Blasenfläche – womit der Blasendurchmesser proportional zur Wurzel der Samplezahl wird – hat man sogar recht zwanglos den Bezug zu einer Genauigkeitsabschätzung hergestellt. Abbildung 14.14 zeigt ein solches Blasendiagramm.

Will man im Benchmarkfall mehr als zwei KPI visualisieren, eignet sich ein Netzdiagramm. Damit bekommt man eine hochverdichtete Visualisierung in Form eines Leistungsprofils. Dazu müssen allerdings die KPI-Werte auf eine einheitliche Skala abgebildet werden. Ein solches Netzdiagramm – ein Beispiel ist in Abb. 14.15 gezeigt – kann also am Ende einer Mapping- und Scoring-Kette stehen, wie sie in Kap. 8 beschrieben ist.

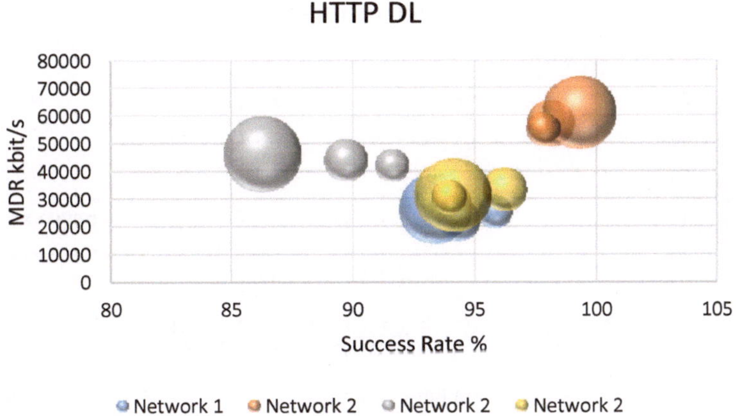

Abb. 14.14 Beispiel für ein Blasendiagramm

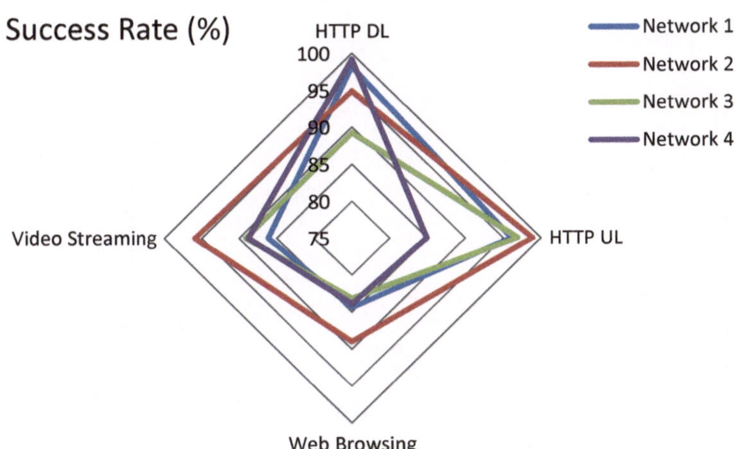

Abb. 14.15 Netzdiagramm zur Darstellung eines KPI-Profils für mehrere Netze

Ein kleiner Nachteil eines Netzdiagramms – zumindest wenn es mit einem der üblichen Tabellenkalkulationsprogramme erzeugt wird – ist ein gewisser Nachbearbeitungsbedarf, wenn es in Dokumente oder Präsentationen übernommen wird. Grund ist die quadratische Grundform des Datenbereichs. Damit die Flächen gut genutzt werden, muss man meist die Anordnung von Titel und Legende ändern. Dafür bietet dieser Diagramm typ aber wie kaum ein anderer die Möglichkeit, Daten mit hoher Informationsdichte eingängig zu visualisieren.

Die bisher gezeigten Diagrammformen arbeiten mit Daten der QoS-Ebene. Es gibt aber viele Fälle, in denen es nützlich ist, auch weiter ins Detail zu gehen – wobei „Detail" hier relativ zu verstehen ist: Jeder Datenpunkt steht immer noch für eine komplette Transaktion.

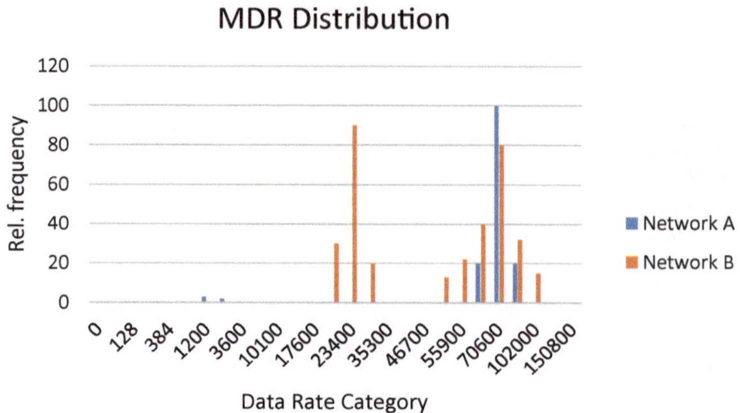

Abb. 14.16 Beispiel einer MDR-Häufigkeitsverteilung

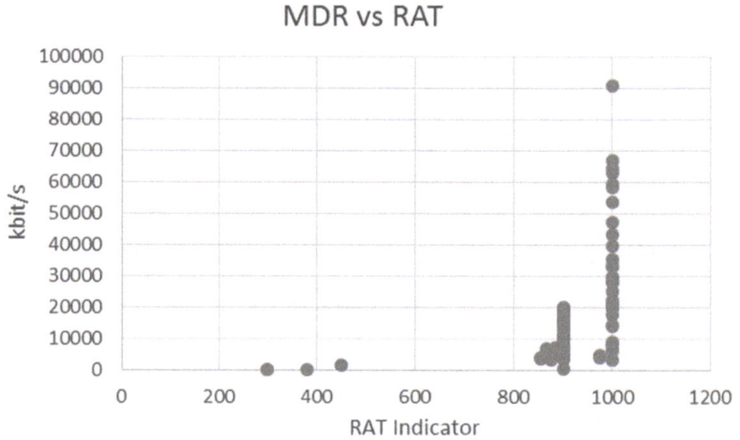

Abb. 14.17 Scatterdiagramm, MDR gegen Radio Access Technology

Abbildung 14.16 zeigt – zunächst noch mit dem schon bekannten Balkendiagramm –
beispielhaft eine Häufigkeitsverteilung für die Datenrate in zwei Netzen. Wie man sieht,
unterscheidet sich die Verteilung strukturell durchaus. Dieses Beispiel soll zeigen, dass
man aus den Daten, die ohnehin zur Verfügung stehen, mit wenig Aufwand noch wesentlich herausholen kann als nur die „single numbers" der KPI-Ebene.

Will man den Zusammenhang zwischen zwei Kenngrößen, die jeweils zur gleichen
Transaktion gehören, visualisieren beziehungsweise visuell überprüfen, eignen sich Scatterdiagramme. Das sind x-y-Diagramme, in denen für jedes Kenngrößenpaar jeweils ein
Punkt mit den entsprechenden Koordinaten eingezeichnet wird. Die Korrelation zwischen
den Werten zeigt sich in der Form der resultierenden Punktewolke.

In Abb. 14.17 ist die Mean Data Rate eines HTTP-Downloads gegen die dabei aktive
Radio Access Technology (RAT) gezeigt; die Daten stammen aus einem Drivetest. Die

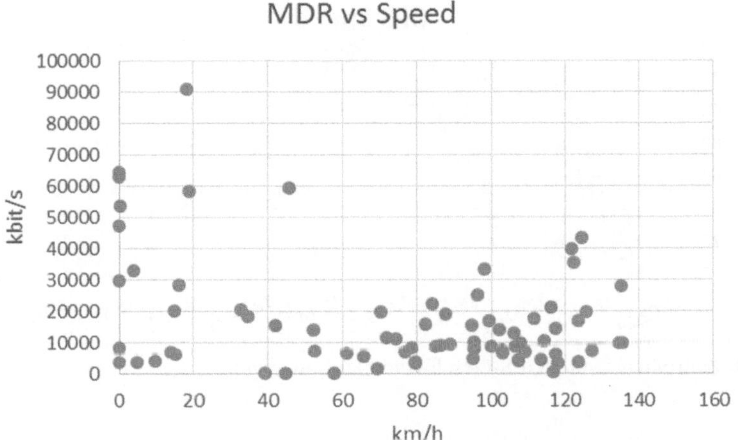

Abb. 14.18 Scatterdiagramm, MDR gegen Fahrtgeschwindigkeit

RAT wurde hier auf eine numerische Skala abgebildet; der Wert 1000 steht für LTE, 900 repräsentiert HSPA+. Zwischenwerte ergeben sich, wenn während der Transaktion die RAT gewechselt hat. Aus diesem Diagramm lassen sich bequem einige Dinge ablesen:

- Über die Punktedichte: Die allermeisten Downloads fanden in LTE statt, der Rest bis auf wenige Ausnahmen in HSPA+.
- Über die Anzahl der Datenpunkte mit Werten zwischen Vielfachen von 100: Ein Wechsel der RAT während der Transaktion fand nur selten statt.
- Über die MDR-Werte von Datenpunkten mit RAT-Indikatoren, die nicht Vielfache von 100 sind: Wechselt die RAT während der Transaktion, bricht die MDR massiv ein.

Da die RAT stark quantisiert ist, ergibt sich in dieser Kombination keine echte Punktewolke, sondern eine säulenartige Struktur. Wie gut die „Dichteinformation" visuell entsteht, hängt auch von der Art der Daten und den Darstellungsparametern, vor allem von der gewählten Datenpunktgröße, ab. Um das Diagramm hier visuell treffsicher beurteilen zu können, benötigt man ein wenig Übung, ist aber dann in der Lage, mit wenigen Blicken viel aus den Daten herauszulesen; das ist über seitenlange Zahlentabellen sicherlich schwieriger.

Abbildung 14.18 zeigt ein zweites Beispiel, bei dem die Größen „analoger" sind. Die Daten stammen aus dem gleichen Messlauf; hier wurde die MDR gegen die GPS-Fahrtgeschwindigkeit dargestellt. Aus diesem Bild ließen sich etwa folgende Informationen ablesen:

- Bei höheren Geschwindigkeiten werden keine Spitzendatenraten gemessen, aber
- Auch bei Geschwindigkeiten jenseits der 100 km/h sind noch Datenraten im Bereich von 30 Mbit/s möglich.

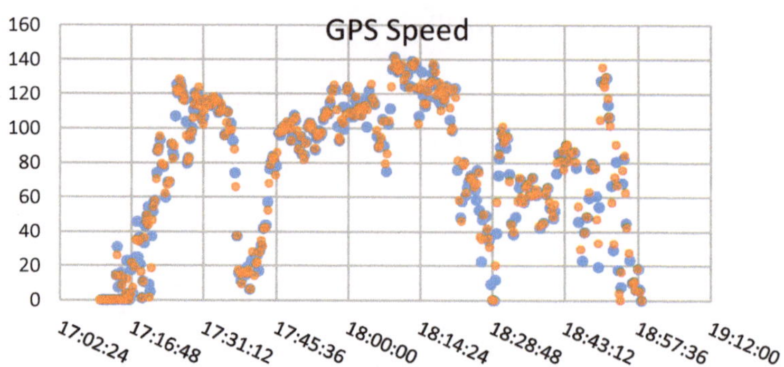

Abb. 14.19 Zeitreihen zweier GPS-Geschwindigkeitsanzeigen

Ich habe hier bewusst Beispiele mit einer nicht allzu großen Zahl von Datenpunkten gewählt, um zu zeigen, dass auch hier schon Scatterdiagramme gute Visualisierungsmittel sind. Eine „Dichtevisualisierung" funktioniert umso besser, je mehr Datenpunkte man verwendet.

Abgesehen davon, dass die gezeigten Daten ohnehin nur Beispielcharakter haben, sollte man – im QoS-Kontext – allerdings im Auge behalten, dass derartige visuelle Korrelationen nicht zwangsläufig Beweise im wissenschaftlich-technischen Sinn sind. Im Fall von Abb. 14.18 ist es denkbar, dass dort, wo es überhaupt möglich ist, hohe Geschwindigkeiten zu fahren, LTE nicht ausgebaut ist. Auch ist es möglich, dass eine für die Scatter-Darstellung ausgewählte Größe zwar Teil einer Kausalkette ist, aber die tatsächliche Korrelation mit einer anderen Größe besteht. Es könnte beispielsweise visuell erkennbar sein, dass A und B korreliert sind; es kann aber eine Größe C geben, von der B abhängig ist und deren Korrelation mit A fundamentaler oder stärker ist. Insofern ist ein Scatterdiagramm ein gutes Mittel, um Hypothesen über Zusammenhänge rasch zu überprüfen, aber nicht das Werkzeug, um die Natur solcher Zusammenhänge zu ermitteln.

Scatterdiagramme können auch mehrdimensional sein. Die gezeigten Beispiele ließen sich etwa auch für mehrere Mobilnetze oder mehrere Endgeräte darstellen. In diesem Fall sollte man beim des Diagramms nur darauf achten, dass die Datenpunkte sich nicht gegenseitig verdecken, was sich durch Teiltransparenz erreichen lässt.

Ähnlichkeiten oder Unterschiede zwischen zwei Datensätzen lassen sich auch gut über Zeitachsendarstellungen visualisieren.

Abbildung 14.19 zeigt – um einmal Daten zu verwenden, die nicht aus der QoS-Ebene stammen, diese aber diagnostisch ergänzen – die GPS-Geschwindigkeit, die von zwei Smartphones an Bord des gleichen Fahrzeugs gemeldet werden. Hier ist gut zu erkennen, dass und in welchem Maß die Werte der beiden Smartphones streuen. Anzumerken ist bei der Arbeit mit solchen Zeitachsendarstellungen allerdings, dass man unter Umständen ein wenig mit den Parametern Farbe, Datenpunktgröße und Transparenz „spielen" muss, um eine gute Darstellung zu erhalten, bei der Datenpunkte sich nicht gegenseitig verdecken.

Weiterführende Konzepte und aktuelle Trends   15

In den nachfolgenden Abschnitten wird eine Reihe von relativ neuartigen Konzepten und Entwicklungen im QoS- und QoE-Bereich beschrieben. Aus Gründen der Systematik sind diese in Kategorien eingeteilt. Tatsächliche Lösungen werden sicherlich Mischformen sein, bei denen einzelne Methoden sich gegenseitig ergänzen.

15.1   Transparenz: Neue Rolle der Regulierungsbehörden

Im Rahmen einer EU-weiten Initiative trat vor etwa zwei Jahren eine Neufassung des Telekommunikationsgesetzes (TKG) in Kraft, die die Verbesserung der Transparenz im Telekommunikationsmarkt zum Ziel hat [53].

Dabei geht es nicht darum, den Telekommunikationsanbietern konkrete Handlungsweisen vorzuschreiben oder technische Vorgaben zu machen. Vielmehr sollen die Endkunden in die Lage versetzt werden, sich vor Vertragsabschluss über die tatsächliche Leistung eines Anbieters beziehungsweise seines Netzes zu informieren. Ein Beispiel sind die Datenraten. In der Werbung werden ja meist die durch die jeweilige Technologie gegebenen theoretisch möglichen Maximalwerte herausgestellt – auf die der Endkunde jedoch in der Regel vertraglich keinen Anspruch hat.

Wie diese Ziele erreicht werden sollen, ist noch Gegenstand der Diskussion. Zur Debatte stehen sowohl aktive regulatorische Vorgaben wie auch ein Rahmen aus Vorschriften, die über Marktmechanismen eine wirksame Selbstregulierung bewirken.

Auf jeden Fall ist QoS ein zentrales Thema. Eine für Endkunden wirklich transparente Beschreibung der tatsächlichen Leistung eines Netzes braucht notwendigerweise den Bezug auf reale Anwendungsfälle und entsprechende KPI aus Endkundensicht. Damit geht es zum einen darum, wie diese KPI definiert sind – insbesondere das Thema der Reduk-

© Springer-Verlag Berlin Heidelberg 2015
W. Balzer, *Quality of Experience und Quality of Service im Mobilkommunikationsbereich*,
Xpert.press, DOI 10.1007/978-3-642-55348-6_15

tion der KPI auf die wirklich relevanten Indikatoren. Zum anderen stellt sich die Frage, wie diese KPI gemessen werden sollen.

Hier öffnet sich ein ganzes Bündel von Fragestellungen. Abgesehen von der Frage, was gemessen werden soll, geht es darum, wer diese Messungen durchführen beziehungsweise noch wichtiger, wer für deren Kosten aufkommen soll.

Die Thematik ist nicht nur in Deutschland aktiv; schon vor der EU-Transparenzinitiative haben nationale Regulierer unterschiedliche Ansätze verfolgt (deren genaue Auflistung hier den thematischen Rahmen sprengen würde). Zusammenfassend lässt sich aber sagen, dass bis vor einiger Zeit diese historischen Ansätze alle auf konventionellen Messungen, also dem Einsatz entsprechender Messsysteme, meist im Rahmen von Drivetests, basieren[1]. Erst in jüngerer Zeit sind Ansätze hinzugekommen, bei denen Daten von Endkunden selbst erhoben wurden. In den Qualitätsstudien, die die BNetzA selbst 2012 und nochmals 2013[2]. durchgeführt hat, waren das – abgesehen von einer Handvoll Messungen über Mobilnetz – noch browserbasierte Messungen im Festnetz. Im Sommer 2014 hat die BNetzA nun eine Ausschreibung für die Durchführung entsprechender Erhebungen dann für Mobil- und Stationärbereich gestartet; Ziel ist ein Beginn des regulären Messbetriebs in der zweiten Hälfte des Jahres 2015.

Die österreichische Regulierungsbehörde RTR beziehungsweise ein Tochterunternehmen hat Mitte 2013 eine entsprechende App für Android-Endgeräte und im Dezember 2013 eine gleichartige App für iOS veröffentlicht, die aus professioneller Sicht eine handwerklich sehr gut gemachte Lösung darstellt. Sie ist aber vor allem durch ein Merkmal bemerkenswert – und dadurch wahrscheinlich der Vorreiter für entsprechende Aktivitäten anderer Regulierer: Die mit dieser App gemessenen Daten sind, als Download von Files mit Tabellenstruktur, für alle Nutzer zugänglich („open data"), auch der Quelltext der App ist offen („open source"). Letzteres ist nicht nur im Hinblick auf die Transparenz der Messmethodik – die in proprietären, kommerziellen Produkten fehlt – ein wichtiges Element, sondern auch in puncto Vertrauensbildung beim Endnutzer.

15.2   Crowdsourcing

QoS-Messungen in Mobilfunknetzen sind aufwendig. Von daher suchen Netzbetreiber seit jeher alternative Wege, solche Informationen zu gewinnen. Solange es nur um Informationen der QoS-Ebene geht, sind Smartphones prinzipiell eine nahezu perfekte Plattform, um solche Daten zu erheben: Die Betriebssysteme beziehungsweise deren Appstores erlauben

---

[1] In Italien führt beispielsweise der dortige Regulierer AGCOM solche Messungen durch.

[2] Download der Studie II unter http://www.bundesnetzagentur.de/SharedDocs/Downloads/DE/ Sachgebiete/Telekommunikation/Unternehmen_Institutionen/Breitband/Dienstequalitaet/Qualitaetsstudie/AbschlussberichtQualitaetsstudie2013.pdf?__blob=publicationFile&v=3; siehe auch darin enthaltene Referenzen.

die „narrensichere" Installation entsprechender Software. GPS ist ebenso an Bord wie die Voraussetzungen für den Messdaten-Transfer zu zentralen Auswerteplattformen.

Seit geraumer Zeit, sogar schon vor der Smartphone-Ära, gibt es Anwendungen für Standard-Endgeräte, die GPS-Daten und Netz-Informationen an zentrale Server entsprechender Anbieter senden. Ein recht elementarer Messwert ist hier der Empfangspegel (RSSI=received signal strength), der zwar nicht zwingend etwas über die Qualität der Versorgung, aber zumindest etwas über die grundlegende Netzabdeckung aussagt. Entsprechend werden daraus mit Hilfe der Geoinformationen dann Netzabdeckungskarten („Heatmaps") erzeugt, die auf den Webseiten dieser Anbieter eingesehen werden können. Über die Signalstärke lässt sich zumindest für Telefonie grob einschätzen, wie gut die Qualität von Telefonaten sein könnte. Zumindest dann, wenn die verwendeten Informationen auch die angebotene Netztechnologie (Radio Access Technology, RAT) beinhalten, kann man auch Vermutungen über die zu erwartenden Datenraten anstellen. Allerdings werden die tatsächlich bereitgestellten Ressourcen dynamisch zugeteilt. Es lässt sich also aus Pegelmessungen alleine noch keine zuverlässige Information über die Netzperformance ableiten.

Solche Passivmessungen liefern noch keine „echten" QoS-Messdaten, sondern zunächst nur elementare Indikatoren wie die Netzverfügbarkeit oder die angebotene RAT. Will man mehr Informationen, ist es nötig, aktiv zu messen. Dafür gibt es mittlerweile eine Reihe von Apps für verschiedene Betriebssystem-Plattformen, hinter denen meist kommerzielle Anbieter in Zusammenarbeit mit Pressemedien stehen.

Mit der österreichischen RTR hat aber auch bereits eine Regulierungsbehörde die Arena betreten, und es ist zu erwarten, dass weitere nationale Regulierer des EU-Raums mit ähnlichen Konzepten auftreten werden. Eventuell wird diese Anwendergruppe auch ein Treiber für die Behandlung von Crowdsourcing im Standardisierungskontext sein. An der RTR-App lässt sich im Übrigen bereits ablesen, dass Regulierer hier eine eigene Kategorie von „Playern" sein werden. Das gilt sowohl hinsichtlich der Reputation des Anbieters, aber speziell auch wegen der schon erwähnten Eigenschaften „open source" für den Quellcode der App und „open data" für die Messergebnisse. Allein dadurch – wenn nicht durch die schiere Zahl der derzeit um die Aufmerksamkeit der Nutzer konkurrierenden Apps – ist in absehbarer Zeit mit einer Marktbereinigung zu rechnen.

Es ist gut möglich, dass bei weiterer Verbreitung der „open data"-Variante ein Ökosystem entsteht, in dem andere Unternehmen dann auf Basis dieser öffentlich und kostenlos zugänglichen Daten weiterführende Leistungen anbieten, etwa Regionen- oder branchenspezifische Auswertungen – durch Kombination mit „Big Data"-Konzepten sind hier Entwicklungen möglich, die sich heute noch gar nicht seriös abschätzen lassen.

Technisch sind diese Mess-Apps recht einfach aufgebaut. Gemessen wird in der Regel der Durchsatz für ein Upload- und ein Download-Szenario, dazu eine Roundtrip-Zeit, die über Ping oder analoge Verfahren auf anderen Protokollebenen gemessen wird, und eventuell noch ein Webseitendownload. Diese Messfunktionalität wird entweder als primäre Funktion der App angeboten, oder sie ist Teil einer umfassenderen App-Funktionalität.

Bei den heute kostenlos angebotenen Apps werden Einzelmessungen durchgeführt, das heißt, es werden zunächst einige Fragen zum Umfeld der Messung gestellt, etwa, ob man sich gerade per Fahrzeug oder zu Fuß bewegt oder ortsfest ist. Dann beginnt der eigentliche Messablauf, dessen Ergebnisse anschließend angezeigt werden.

Je nach App gibt es noch weitere Informationsangebote. Das geht von einer einfachen Historie der eigenen Messdaten bis hin zu Kartenansichten, in denen auch Pegel- oder Messdaten anderer Nutzer sichtbar sind und die darauf ausgelegt sind, einen regionalen Vergleich von Netzbetreibern zu ermöglichen.

Die Frage, welche Bedeutung derartiges Crowdsourcing im Gesamtportfolio von QoS-Messungen hat, lässt sich derzeit noch nicht beantworten. Ob und wie sich diese Messmethode etablieren wird, hängt letztlich vom Kosten-Nutzen-Verhältnis sowohl auf der Ebene der Betreiber solcher Mess-Apps als auch auf der Ebene der Anwender ab.

Für die Nutzer ist zwar der Download kostenlos; das eigentliche Messen ist es streng genommen nicht, denn bei einer solchen Messung wird eine erhebliche Menge an Daten transferiert. Das können ohne weiteres einige zehn Mbyte sein. Viele Smartphone-Verträge haben heute noch ein monatliches „Inklusivvolumen" von 300 oder 500 Mbyte, nach dessen Transfer die Datenrate auf ein für die praktische Nutzung unakzeptables Niveau gesenkt wird. Bei angenommenen 20 Mbyte an Datentransfer pro Messpunkt – bei schnellen Netzen und je nach App kann dieser Wert sogar noch deutlich höher liegen – wäre also das komplette Monatsvolumen bereits nach 15 bis 25 Messungen verbraucht. Es stellt sich also die Frage, woraus der Nutzen besteht, den der Endkunde als Gegenleistung bekommt.

Ein solcher Nutzen kann auf verschiedene Art entstehen. Da wäre zum einen direkte Information – wenn beispielsweise eine „reguläre" Internetnutzung nicht wie erwartet funktioniert, kann der Anwender die Speedtest-Funktion starten, um herauszufinden, ob das Netz als solches funktioniert. Dann wäre da die Ebene der Information über die generelle Leistung des eigenen Netzes – und die der Alternativen – am aktuellen Ort oder in der entsprechenden Region.

Eine andere Ebene des Nutzens besteht darin, dass der Anwender etwas zu einem Gesamtprojekt beiträgt, dessen Ziel die Verbesserung der Netzqualität oder des Preis-Leistungs-Verhältnisses von Mobilfunkangeboten ist. Das wäre auch die Zielsetzung, die hinter der EU-Transparenzrichtlinie steckt – wenn Kunden eine „informierte Entscheidung" treffen, deren Basis die Leistungsfähigkeit eines Mobilfunknetzes ist, entsteht Marktdruck auf die Netzanbieter, diese Leistung sicherzustellen oder sogar entsprechend zu verbessern.

Dass Crowdsourcing aus Sicht der Betreiber nicht kostenlos ist, versteht sich von selbst. Wie nun die Funktion genau realisiert ist – eine solche Technik lässt sich auch über einen Browser darstellen- die entsprechende Software muss entwickelt und gewartet werden. Dazu kommt, dass das „Messpersonal", also die Nutzer, motiviert werden müssen, die Funktion zu nutzen. Ob das nun über zusätzliche Funktionalität, materielle Anreize wie Gewinnspiele oder über eine Community realisiert wird – es verursacht weitere Kosten, die letztendlich im Preis pro Messdatenpunkt abgebildet werden.

Zur Refinanzierung der Aufwände gibt es derzeit mehrere Basis-Geschäftsmodelle, die auch kombiniert werden können. Medien können die Messdaten in Content verwandeln, kommerzielle Plattformbetreiber die Daten direkt oder in mit weiteren Komponenten angereichert an Netzbetreiber oder andere Interessenten verkaufen. Für den Datenverkauf kommen sicher auch weitere Kundengruppen in Frage, etwa Unternehmen, die Interesse an der Leistungsfähigkeit von Mobilfunknetzen im Kontext von Produkt- oder Dienstleistungsangeboten haben.

Die Aktivitäten von Regulierern in diesem Gebiet würde ich in diesem Kontext auch als Geschäftsmodell betrachten. Letztendlich wird hier Steuergeld eingesetzt, um damit Nutzen für die Öffentlichkeit zu schaffen. Gegenüber Unternehmen der Privatwirtschaft hat dieser Sektor – bei entsprechendem politischem Willen – sicher den strukturellen Vorteil, dass mit größeren Zeithorizonten und wahrscheinlich auch mit größeren Budgets gearbeitet werden kann. Dennoch unterliegt die Verwendung dieser Gelder auch wieder politischem Wettbewerb und öffentlicher Kontrolle. Somit wird sich längerfristig auch hier die Frage der Kosteneffizienz stellen.

So oder so ist Kosteneffizienz also das zentrale Thema. Dieses hat zwei Aspekte: Datenqualität und Nachhaltigkeit.

Bei der Datenqualität gibt es wiederum zwei Dimensionen. Die eine ist der Umfang der Daten, also das, was aus handelsüblichen Endgeräten überhaupt bezogen werden kann. Die zweite ist die Zuverlässigkeit der Daten.

Ich gehe – ab hier „stillschweigend" – vom heute marktanteilsmäßig bei weitem dominierenden Android-Betriebssystem aus. Das nach Marktanteilen zweitplatzierte iOS® liefert erheblich weniger Netz-bezogene Information. Die übrigen Plattformen, etwa Windows Mobile® oder Blackberry OS und werden aus heutiger Sicht auch in den nächsten Jahren im QoS-Crowdsourcing-Kontext keine größere Bedeutung haben.

Um die Messdaten korrekt einsetzen zu können, müssen in der Regel weitere Informationen verwendet werden, die entweder aus den zur Verfügung stehenden Daten hergeleitet oder vom Anwender erfragt werden können. Hierbei muss die Möglichkeit in Betracht gezogen werden, dass Anwender – gleich, ob absichtlich oder aus Unwissenheit – falsche Informationen liefern.

Ein einfaches Beispiel: Ob ein bestimmter Durchsatzwert als negativ im Sinn wirklich schlechter Servicequalität einzuordnen ist, hängt ganz stark davon ab, unter welchen Umständen dieser Wert entstanden ist. Bei professionellen Messungen sind diese Umstände genau bekannt, weil sie entweder von vorne herein Teil des Szenarios sind oder aus den mitgemessenen Low-Level-Daten mit hoher Sicherheit bestimmt werden können. Niemand kann jedoch einen Endanwender daran hindern, in den Keller seines Hauses zu gehen und dort eine Messung laufen zu lassen – falls, wie bei den meisten Apps, noch abgefragt wird, wo er sicher gerade aufhält, kann er ja zudem ohne Probleme noch „draußen" angeben.

Im Beispielfall gäbe es noch die Möglichkeit – falls GPS-Daten zur Verfügung stehen – auf der Basis von Positionsdaten oder zumindest der Verfügbarkeit von GPS-Informationen einen Plausibilitätstest durchzuführen. Generell kann man andere auf dem Gerät verfügbare Sensordaten oder andere Informationen abfragen, um damit Primärdaten zu verfeinern oder zumindest die Chancen zu verbessern, unplausible Daten ausschließen zu können.

Das Erfassen weiterer Daten hat aber auch wieder Nachteile, etwa ein höherer Stromverbrauch, also eine Reduktion der Akkulaufzeit. Des Weiteren müssen dann auch mehr Daten gespeichert und übertragen werden – das übersetzt sich in mehr Programmier- und Testaufwand für den Hersteller, um das Risiko zu begrenzen, dass dieser Speicherverbrauch andere Funktionen beeinträchtigt. Mir bekannte unveröffentlichte Studien zeigen – in Übereinstimmung mit dem, was der gesunde Menschenverstand in der derzeitigen von Sorgen vor „Schnüffelei" geprägten Atmosphäre sagt – dass die Bereitschaft, Crowdsourcing-Apps auf dem eigenen Smartphone zu installieren, drastisch sinkt, wenn dabei auch GPS-Daten erfasst werden sollen.

Informationen, die nicht automatisch aus dem Gerät abgerufen werden können, lassen sich natürlich auch vom Benutzer erfragen. Allerdings wird das mit zunehmendem Umfang der Fragenliste auch zunehmend als Belästigung empfunden. Dabei ist die Reaktion, die App dann eben nicht zu benutzen, gewissermaßen noch die für den Betreiber einer Crowdsourcing-Anwendung günstigere. Beschließt ein genervter Nutzer, einfach unkorrekte oder gar gezielt irreführende Informationen zu geben, kann das die Messdaten auf eine Weise verfälschen, die ihre Verwendbarkeit gefährdet.

Das ist das grundlegende Problem bei Crowdsourcing-Messungen: Je mehr Informationen man abfragt, desto größer ist die Gefahr von Akzeptanzverlust, weil das dem Anwender zusätzliche Nachteile bringen kann, sich also die Kosten-Nutzen-Bilanz verändert.

Dazu kommt, dass Crowdsourcing-Messungen in aller Regel nicht die Bevölkerung oder die Mobilfunkkundschaft als Ganzes abbilden. Etwas überspitzt ausgedrückt, stammen die Messdaten vor allem aus einem Segment der Bevölkerung, das eine gewisse Technikaffinität und einen Hang sowie ausreichend Zeit zum Kontrollieren und Kritisieren hat.

Es ist möglich, die Daten beziehungsweise deren Quelle stärker zu personalisieren. Anstatt bestimmte Informationen – etwa zum Mobilfunktarif, dessen Maximaldatenrate ja ein wichtiger Informationsbestandteil ist, um die Leistung des Netzes einschätzen zu können – jedes Mal abzufragen, können diese auf dem Gerät gespeichert oder mit einem Serverkonto verknüpft werden. Auch könnten im Lauf der Zeit Informationen gesammelt werden, die helfen, die Zuverlässigkeit der Daten besser einzuschätzen. Hier ist allerdings schnell eine wichtige Grenze überschritten, die anonym gesammelte Daten von personenbezogenen Informationen trennt. Genaugenommen beginnt das schon, wenn die IMEI eines Endgeräts übertragen wird – ein Bezug auf Personen wird mit jedem zusätzlichen Datenelement, das gesammelt wird, einfacher. Damit wird auch die Präsenz des Themas Datenschutz stärker, was aus wirtschaftlicher Sicht einen weiteren Kostentreiber darstellt.

Auch wenn Betreiber solche Systeme derartige Informationen im Gesamtunternehmen bereits hätten – das trifft ganz sicher auf Netzbetreiber zu – setzt die Gesetzeslage Grenzen für die Verwendung.

Abgesehen von dedizierten „Mess-Apps" kann eine App Performancedaten sammeln, die ihre eigene Funktionalität betreffen. Beispielsweise könnte ein Streaming-Client entsprechende Daten zusammen mit Netz-Kenngrößen sammeln und „zum Zweck der Qualitätsverbesserung" an den Betreiber senden. Die Anführungszeichen im vorigen Satz habe ich verwendet, um in Erinnerung zu rufen, dass jeder von uns diese Worte bei der Installation oder bei einem Software-Update eines Browsers oder anderer Apps schon mehr als einmal gelesen hat. In Verbindung mit GPS-Daten, netzbezogenen Daten wie Pegel, Mobilfunkzelle etc. und Informationen zur Konnektivität sind solche Daten durchaus als Basis für Service Level Agreements mit Netzbetreibern geeignet.

Als Nebenerwerbsquelle für den App-Hersteller – etwa um solche Daten an Mobilnetzbetreiber zu verkaufen – sind sie allerdings eine zweischneidige Sache. Zum einen benötigen sie dann meist mehr Systemprivilegien als die eigentliche App-Funktionalität es erfordern würde – wehe dem Anbieter, der, wenn aufmerksame Menschen das einmal festgestellt haben, einen „Shitstorm" auszuhalten hat. Wer mit Apps ein profitables Geschäftsmodell aufbauen will, wird es sich aber auch genau überlegen, bevor Software-Entwicklungskapazität in solche Aktivitäten fließt oder Prozesse für den Datenverkauf aufgebaut werden. Das derzeit vorherrschende Paradigma für Startups ist es jedenfalls, sich voll auf möglichst schnelles Wachstum der eigenen Nutzerschaft zu konzentrieren – Ressourcen für Nebenthemen zu allokieren dürfe dem kaum förderlich sein.

Insofern sind auch „Huckepack"-Modelle, bei denen an die eigentliche App noch ein Messmodul (das auch von Dritten betreut werden kann) angedockt wird, ebenfalls mit Vorsicht zu genießen – wer eine erfolgreiche App betreibt, dürfte kaum ein Interesse daran haben, das zu gefährden, indem fremde Funktionalität ins eigene System gelassen und dabei womöglich die QoE des eigenen Produkts gefährdet wird.

Ein solches Modell hat zudem auch Kosten, denn der Betreiber, der sein Messmodul in Apps „unterbringt", muss diese Software und seine Beziehungen zum Träger dieses Moduls pflegen, dessen Software sich ja auch weiterentwickelt. Zudem entsteht für diesen Betreiber damit eine massive Abhängigkeit seines eigenen Geschäftsmodells vom Erfolg eines Dritten. Er ist daher gut beraten, immer ein paar Eisen im Feuer zu haben, denn in dem Moment, wo die Träger-App an Attraktivität verliert, versiegt auch die Datenquelle – das notwendige multiple „Beziehungsmanagement" ist ebenfalls ein Kostenfaktor.

Crowdsourcing-Apps können allerdings etwas leisten, das mit professionellen Messsystemen alleine nicht möglich ist: über die App ist es auch möglich, „anwendungsnahen" subjektiven Feedback von Nutzern zu bekommen. Beispielsweise kann man direkt nach einem Telefonat oder einer Datenaktivität nach der subjektiven Bewertung fragen. Vorausgesetzt, das geschieht mit etwas Fingerspitzengefühl, sind nicht nur die Bewertungen an sich abfragbar; es können auch Beziehungen zu Messdaten hergestellt werden.

Mit „Fingerspitzengefühl" meine ich beispielsweise folgendes: Erkennt man, etwa aus GPS-Daten, dass der Nutzer sich gerade in einem fahrenden Fahrzeug befindet, könnte es – es wäre ja möglich, dass er der Fahrer ist – ratsam sein, nicht per Bildschirmdialog und womöglich noch mit „Aufmerksamkeitston" nach der subjektiven Bewertung des gerade geführten Telefonats zu fragen.

Man hat also – entsprechende Auswerte-Intelligenz vorausgesetzt, was wieder in den „Big Data"-Bereich hineinspielt – eine wichtige Erkenntnisquelle für das Mapping von QoS zu QoE.

Das große Fragezeichen bei Crowdsourcing steht bei der Nachhaltigkeit. Die Aktivität der Anwender wird davon abhängen, ob der von ihnen erlebte Nutzen den Aufwand wert ist, den sie dafür treiben müssen. Den Nutzen aus dem kollektiven Handeln aller Anwender – etwa in Form von „Performance-Karten" oder Netzvergleichen in der eigenen Region, erhält man – es sei denn, der Zugang zu diesen Informationen wird in irgendeiner Weise mit eigenen Aktivitäten verknüpft – auch ohne eigene Messaktionen. Der längerfristige Erfolg solcher Crowdsourcing-Messungen wird also davon abhängen, ob es gelingt, eine ausreichend starke „Antriebsquelle" zu etablieren. Hierzu wurden schon einige Beispiele genannt – direkte materielle Anreize wie etwa Gewinnspiele, „soziale Währungen" wie Anerkennung in Communities oder einfach das Wissen, etwas Gutes für die Gemeinschaft der Netzkunden getan zu haben.

An dieser Stelle wäre eine naheliegende Frage, ob nicht Freiminuten oder Frei-SMS eine gute Belohnung für das Liefern von Netzinformation wären. Ich habe diese Frage vor einiger einer Marktforschungs-Expertin gestellt. Die Antwort war, dass durch diese Art der Incentivierung ein „Bias", also eine Wertverschiebung, eintreten kann, da sich der Proband dann unterbewusst zu einer Gegenleistung verpflichtet fühlt. Das ist weniger erstrebenswert, als es vielleicht auf den ersten Blick erscheinen mag. Ein Netzbetreiber, der auf diese Art eine zu positive Bewertung seines Netzes bekommen würde, riskiert, sich damit auch den Blick auf Probleme seines Netzes zu versperren.

Gamification wäre eine andere mögliche Antwort, also das Verpacken von Aktivitäten, von denen der Betreiber einer Mess-App möchte, dass die Endkunden sie ausführen, in einen spielerischen Kontext, bei der die Belohnung in Unterhaltung des Nutzers besteht. Es wäre naheliegend, hier Spielkontexte zu wählen, in denen GPS verwendet wird, weil einerseits für den Mess-App-Betreiber die Position und auch der Bewegungszustand (Geschwindigkeit und der zeitliche Verlauf dieser Größen) einen bedeutenden Wertfaktor der Daten insgesamt darstellt, und andererseits das Zulassen von Positionsinformation genau die „rote Linie" ist, bei der die Akzeptanz vieler Nutzer für derartige Mess-Apps endet.

Es gibt noch einen weiteren Faktor, der sich allerdings positiv wie negativ äußern kann. In dem Moment, indem einem Mobilfunkkunden die Möglichkeit zum Feedback gegeben wird – erst recht, wenn zu einer technischen Messung noch Elemente wie Fragebögen oder die Möglichkeit kommt, Netzprobleme zu melden – entsteht auch eine Erwartungshaltung, dass nämlich Probleme, die auf diese Art identifiziert werden, auch gelöst werden. Dass eine Qualitätsverbesserung im Netz ihre Zeit braucht, ist dabei eine Sache und lässt sich durch entsprechende Kommunikation vermitteln. Was geschieht aber, wenn der Kunde nach einiger Zeit das Gefühl hat, dass das mit dem Rückmeldeangebot gegebene implizite Versprechen nicht eingelöst wird? Vorstellbar sind verschiedene Reaktionen – ein „Einschlafen" der Messaktivitäten ist eine davon. Eine andere wäre, dass ein enttäuschter Anwender die App nutzt, um es dem Netzbetreiber „heimzuzahlen", indem er etwa gezielt negative Daten produziert. Das ließe sich zwar wieder durch entsprechende Gewichtung oder Kalibrierung der Daten (etwa durch unterstützende Drivetests) kompensieren oder zumindest in einem beherrschbaren Rahmen halten. Technisch erzeugt das zusätzliche Datenunsicherheit, deren Beherrschung kaufmännisch betrachtet wieder ein zusätzlicher Kostenfaktor ist.

Summa summarum: Das Crowdsourcing von QoE-Daten für den Mobilfunk ist aus meiner Sicht derzeit noch in einer Lern- und Entwicklungsphase. Die genannten Nachteile gehören zu einem kompletten Bild, sind also kein Statement, das diese Technologie pauschal abwerten soll. Ich bin davon überzeugt, dass – nach Durchlaufen einer gewissen Hype-Dynamik – das Crowdsourcing einen dauerhaften Platz im Gesamtportfolio entsprechender Messmethoden haben wird. Und sicher ist es, will man in diesem Bereich unterwegs sein, nicht ratsam, bis zum Schluss zu warten. Man könnte dann zwar hoffen, aus den Fehlern aller anderen lernen, um dann mit der perfekten eigenen Lösung den Markt aufzurollen. Ohne eigene „Hands on"-Erfahrung dürfte es aber nicht möglich sein, gegen die dann praxiserprobten Überlebenden des marktwirtschaftlichen Auswahlprozesses zu bestehen. Es geht also um eine realistische Einschätzung der Vor- und Nachteile, ohne in technische Euphorie zu verfallen.

15.3 Panels

Eine mögliche Alternative zum Crowdsourcing ist der Einsatz von Panels. Ein Panel ist eine nach bestimmten Kriterien zusammengestellte Gruppe, die als repräsentative Stichprobe für die entsprechende Gruppe in der Gesamtbevölkerung dient. Diese Panels arbeiten auf die eine oder andere Art auf Bezahlbasis. Die Panelisten bekommen Geld oder eine adäquate Vergütung, etwa in Form von Meilen oder Gutschriften in anderen Punktesystemen.

Es gibt zwei wichtige qualitative Unterschiede zwischen „normalen" Crowdsourcing-Nutzern und Panelisten. Erste sind aus Sicht der Datenerhebung anonym, während bei Panels die soziodemografischen Daten der Teilnehmer bekannt sind, was auch die Voraussetzung ist, um bestimmte Zielgruppen repräsentativ abzubilden. Der zweite Unterschied ist die Existenz eines klaren wirtschaftlichen Verhältnisses zwischen den Panelteilnehmern und dem Panelbetreiber; die Panelisten werden für ihre Tätigkeit belohnt und der Panelbetreiber kann ihnen im Gegenzug Aufträge erteilen.

Panels sind seit Jahrzehnten ein etablierter Bestandteil der Markt- und Meinungsforschung. Das bedeutet auch, dass es bewährte Prozesse und umfangreiches Know-how in Bezug auf essentielle handwerkliche Dinge wie Datenerhebung, Fragetechniken und Auswertung gibt. Vor allem existiert bei den Betreibern bereits die Infrastruktur zum Management solcher Panels, wozu vor allem auch das Thema Datenschutz gehört.

Der Betrieb eines solchen Panels ist sicher auf den ersten Blick aufwendiger als der einer „Kostenlos"-Plattform, allein schon wegen der Erfassung der soziodemografischen Informationen und für die Panelrekrutierung.

Gelingt es jedoch, mobilfunkspezifische Funktionen – wie eben etwa das Messen von QoS-relevanten Parametern – in dieses System zu integrieren, ergeben sich umfangreiche Synergie- und damit Kostenvorteile im operativen Bereich. Auch das Thema „Nachhaltigkeit", ein Haupt-Risikofaktor bei Crowdsourcing-Methoden, verliert durch die klare Beziehung der Akteure zueinander seine Brisanz.

Auf der Habenseite steht aber auch ein wesentlich höherer möglicher Wert der Daten. Zu den Grundelementen solcher Panels gehört, dass man ihnen Aufgaben stellt – statt „nimm einen bestimmten Service in Anspruch" könnte die Aufgabe eben auch lauten „installiere/ nutze eine bestimmte Speedtest-App". Panelisten kann man wesentlich umfangreichere Fragen stellen, ohne befürchten müssen, dass sie dadurch „abspringen". Das ermöglicht auch, das entsprechende Know-how der Marktforschung dahingehend einzusetzen, dass Validierungs- und Kontrollfragen in die Erhebungsdesigns eingebaut und die Ergebnisse mit entsprechenden Methoden bewertet werden. Durch die bekannten Basisdaten können zudem die Panels aufgabengerecht rekrutiert werden. Damit relativieren sich auch die Zahlenverhältnisse wieder – bei entsprechender Zusammenstellung kann ein Panel von 1000 oder 3000 Teilnehmern durchaus den gleichen Erkenntniswert generieren wie eine vielfach größere Gruppe von „Freiwilligen" mit unklarem soziodemografischen Profil.

Da das Community-Management solcher Panels – also das Rekrutieren für bestimmte Aufgaben oder die Verwaltung der mit Panel-Aktivitäten erworbenen Incentives – zunehmend selbst über Apps läuft, ergibt sich sogar noch ein weitergehender Synergienutzen. Messfunktionalität kann direkt in die App integriert werden. Zudem kann außer dem aktiven Messen auch passives Monitoring (in diesem Kontext „Tracking" genannt) stattfinden, etwa von ortsabhängigen Pegeln oder von „normalen" Nutzungsaktivitäten des Gerätebesitzers. Die Dateninfrastruktur, die technischen Mechanismen und die Prozesse für den Transfer und die Verarbeitung solcher Daten sind bei Panelbetreibern weitgehend bereits vorhanden. Gegenüber „dedizierten" Mobilfunkpanels ergeben sich damit deutliche Kostenvorteile.

Ein interessanter Ansatz wurde übrigens kürzlich von den LM Ericsson Labs vorgestellt [54]. Dabei wird vorgeschlagen, dass Netzbetreiber die bei ihnen vorhandenen Aktivitäts- und Bewegungsinformationen ihrer Kunden nutzen, um idealtypische „Sensorträger" zu identifizieren, also Nutzer, deren Charakteristiken besonders geeignet sind, um eine vorgegebene Messaufgabe optimal zu erfüllen. Diese Kunden sollen dann gezielt angesprochen und zur Teilnahme an entsprechenden Panels motiviert werden.

Das von den Ericsson Labs vorgestellte Konzept kann unter Datenschutzaspekten problematisch beziehungsweise ungeeignet sein, wenn Netzbetreiber nicht als Initiatoren entsprechender Messungen auftreten möchten. Im Panel-Kontext wäre jedoch folgende Weiterentwicklung des Konzepts denkbar: Zunächst wird ein Panel zusammengestellt, dessen Bewegungs- und Aktivitätsprofil über Tracking erfasst wird. Aus dieser Gruppe werden dann Teilnehmer für das eigentliche „Messpanel" geworben, deren Profil für den jeweiligen Messzweck geeignet ist. Dieses Panel kann dann entweder über Tracking oder mit Aktiv-Aufgaben Messdaten liefern.

15.4 Big Data

„Big Data" ist derzeit eines der „Buzzwords" in der IT-Industrie. Im Mobilfunksektor findet man diesen Begriff momentan noch eher selten, möglicherweise deshalb, weil das Wort unangenehm nah an „Big Brother" ist.

In gewisser Weise ist es sowohl eine logische Weiterentwicklung des Crowdsourcing als auch der passiven QoS-Messung. Die heute mit dem Stichwort „Big Data" assoziierten erwarteten Potentiale gehen aber weit über das Generieren von QoS-Kenngrößen hinaus.

Ich habe das Thema „netzbasiertes Messen" bereits in seiner generischen Form – passive Messungen – und einem Fokus auf die technischen Aspekte in Kap. 10 behandelt. Nachfolgend gehe ich daher nur auf weiterführende und nicht-technische Eigenschaften ein.

Netzbasierte QoS hat eine grundlegende Eigenschaft: Ihre Ergebnisse stehen zunächst einmal nur den Netzbetreibern zur Verfügung. Denkbar wäre ein Datenaustausch zwischen Netzbetreibern zu Benchmarkingzwecken. Ebenso ließe sich durch entsprechende gesetzliche Vorgaben bewirken, dass Ergebnisse an Regulierer und von dort gegebenenfalls auch in die Öffentlichkeit gehen. Trotzdem wäre das Hauptanwendungsgebiet sicher die Überwachung und Optimierung des eigenen Netzes.

Bei netzbasierter QoS sind zwei Varianten zu unterscheiden. Die erste, ältere, basiert darauf, den Datenverkehr in der Netzinfrastruktur selbst auszuwerten. Der neuere, der sich mittlerweile auch in Mobilfunkstandards findet, nutzt Informationen, die in den Endgeräten entstehen und gesondert in die Infrastruktur übertragen wird.

Aus einer rein technischen Sicht gäbe es enormes Potential. Fast alles, was für eine wirklich flächendeckende QoS-Bewertung von Telefonaten und mobiler Datennutzung notwendig wäre, lässt sich mit wenig zusätzlichem Aufwand im Endgerät erfassen und wäre mit ein wenig technischer Sorgfalt auch mit akzeptabler Zusatzbelastung des Nutzers – etwa durch verkürzte Akkulaufzeit – zu entsprechenden Auswerteplattformen zu übertragen. Mit den Informationen, die Netzbetreiber über ihre Kunden besitzen, ließen sich diese Daten dann nochmals verfeinern. In Summe steht hier potentiell eine gewaltige Menge an Daten zur Messung und Verbesserung der Dienstqualität in Mobilfunknetzen zu Verfügung.

Die technische Umsetzung findet in einem äußerst sensiblen Umfeld statt. Viele der Informationen, die zu QoS-Zwecken genutzt werden müssten, sind hochgradig privater Natur. Entsprechend hat der Gesetzgeber in vielen Ländern entsprechende Barrieren geschaffen. Vor allem sind aber alle technischen Lösungen in unangenehmer Nachbarschaft zu sensiblen Themen. Auch vor Edward Snowden braucht es dann nur noch wenig Phantasie beziehungsweise kritische Medienaufmerksamkeit, um aus dem latent unguten Gefühl eines Durchschnitts-Mobilfunknutzers offene Empörung werden zu lassen[3].

---

[3] Entsprechende Beispiele lassen sich etwa mit dem Suchbegriff „Carrier IQ Tracking Scandal" oder „Apple GPS Scandal" leicht finden.

Es ist nicht schwer zu verstehen, warum das ein heikles Thema ist. Die Erfassung der Position des Nutzers über GPS – eventuell noch verfeinert über den Abgleich mit weiteren Daten wie Funkzelleninformationen oder WLAN-Standorten – bedeutet, dass die Aufenthaltsorte und Wege des Nutzers komplett überwacht werden können. Mit Deep Packet Inspection oder vergleichbaren Techniken, die für Datennutzungs-QoS-Messungen genutzt werden könnten, ließe sich die komplette Internetnutzung und je nach verwendeten Produkten auch die Kommunikation des Nutzers im Detail verfolgen. Eine umfassende Sprachqualitätsbewertung mit Hilfe von nicht-intrusiven Algorithmen würde erfordern, die Audiosignale im wortwörtlichen Sinn von „Klartext" von Maschinen mithören zu lassen – man braucht nur wenig Phantasie, was die Entwicklung maschinellen Sprachverstehens angeht, um das Missbrauchspotential zu ahnen.

Die volle Nutzung dieser Potentiale hat also aus Sicht des Datenschutzes und des Schutzes der Privatsphäre auch massive Missbrauchspotentiale. Es darf davon ausgegangen werden, dass die Fortschrittsgeschwindigkeit oder der Enthusiasmus, derartige Lösungen zu verfolgen, seitens der Netzbetreiber auch vom Bewusstsein des Risikos nachhaltiger Imageschäden beeinflusst wird.

In Summe hat netzbasiertes Messen beziehungsweise Big Data eine starke politische Dimension. Höchstwahrscheinlich wird diese, und nicht das Technische, die Wege und Grenzen der Umsetzung bestimmen.

15.5   Einige Prognosen

Aktuelle Themen in ein Buch zu integrieren, das als Fachbuch für eine längere Zeit nutzbar bleiben sollte, ist eine Herausforderung. Diese Themen zu ignorieren wäre aber genauso falsch wie der Versuch, die Zukunft allzu genau vorhersagen zu wollen.

Als gelernter Physiker denke ich in Kräften und in Dynamiken, die sich aus dem Zusammenwirken dieser Kräfte ergeben. Entsprechend ergeben sich zukünftige Zustände aus solchen Kräftesystemen. Entsteht an einer Stelle eine neue Kraft, oder ändert sich eine der vorhandenen Kräfte signifikant, hat das Auswirkungen auf das gesamte System; es entstehen neue Strukturen. Je mehr man die Wechselwirkungen versteht, desto eher ist es möglich, diese Strukturen vorherzusagen.

Wie schnell sich solche neuen Technologie oder Geschäftsmodelle durchsetzen, konnte man am rasanten Aufstieg der Smartphones sehen, nachdem Apple die zuvor geltenden Paradigmen quasi spielerisch beseitigt hatte. Das hat dann wieder neuen Nutzungsformen den Boden bereitet, etwa im Bereich von Social Media, für den Facebook symbolisch steht, oder neuer Formen der Kommunikation wie WhatsApp.

Das hat Auswirkungen auf den QoS-Bereich. In der „klassischen" QoS hat man es mit einer Handvoll international standardisierter Protokolle zu tun, auf denen alle Services basierten. Es war damit möglich, nahezu das gesamte Spektrum der tatsächlichen Nutzung mobiler Netze im Standardisierungskontext abzubilden.

Heute stellt sich die Situation so dar, dass der Anteil, der von standardisierten QoS-Metriken und den tradierten Paradigmen dieser Standardisierung abgedeckt werden kann, kontinuierlich schrumpft. Dafür gibt es zwei Ursachen.

Zum einen findet der Datenverkehr zunehmend über Tunnel oder andere verschlüsselte Wege statt. Dadurch sind vielfach die bisher verwendeten Low-Level-Events der IP-Ebene, die als primäre Triggerpunkte in Standard-KPI verwendet werden, nicht mehr zugänglich. Die Standardisierung wird Wege finden müssen, ihre bisherigen Paradigmen an die neuen Bedingungen anzupassen, also den Fokus stärker auf Triggerpunkt-Definitionen näher an der Applikationsebene beziehungsweise dem User Interface der Services zu setzen.

Zum anderen ist in den letzten Jahren die Nutzung des mobilen Internets nicht nur um ein Vielfaches intensiver geworden; es werden auch vielfach Apps anstelle von Browsern genutzt, um auf Inhalte oder Services zuzugreifen. Wo also früher beispielsweise über einen Browser auf die Website mit der URL „HTTP://www.spiegel.de"zugegriffen wurde – der Service-Testcase also „Web Browsing" mit der entsprechenden URL als Parameter dieses Tests war, wird heute die „Spiegel"-App genutzt. Das erzeugt zwar derzeit ein Traffic-Pattern, das dem Zugriff auf eine Website ähnlich ist – also prinzipiell noch immer den Testcase „Web Browsing" darstellt; das ist jedoch in keiner Weise garantiert. Die Hersteller solcher Apps haben jede Freiheit, die Art des Zugriffs zu verändern – etwa, indem ein monolithischer Datenblock heruntergeladen wird, also das Traffic Pattern sich ändert – oder, womit man wieder beim zuvor genannten Themenkomplex wäre, https oder eine andere Technologie zu verwenden.

Und das – immerhin stellvertretend für die wichtige Kategorie von „News"-Apps – ist noch ein „harmloser" Fall. Viele Apps nutzen proprietäre Protokolle, so etwa WhatsApp oder YouTube, um nur zwei äußerst populäre Beispiele zu nennen, womit selbst bei absolut sichtbarer IP-Ebene keine paradigmatisch „standardkonformen" Triggerpunktdefinitionen mehr möglich sind.

Das wäre noch nicht so tragisch, wenn nicht gleichzeitig die „content awareness" der Netze dazu führen würde, dass die Prädiktionsreichweite von QoS-Messungen dramatisch reduziert wird. Bei einer „dumb pipe", die einfach nur eine „mobile TCP-Leitung" darstellt, reicht es im Prinzip aus, eine gut parametrierte Durchsatz- und eine Roundtrip-Time-Messung durchzuführen. Damit ließe sich dann eine brauchbare Vorhersage aller über dieses Netz laufenden Services auf dieser Basis erzeugen.

Diese Zeiten sind vorbei, selbst dann, wenn die Netze weiterhin „neutral" hinsichtlich der Inhalte bleiben. Wenn noch käufliche Prioritätsklassen dazukommen, wofür im Moment einiges spricht, wird die Situation noch weitaus komplexer.

Technisch gesehen ist es zwar denkbar, dass App-oder Endgeräte-Hersteller Schnittstellen oder Informationen speziell für die QoS bereitstellen. Offen gesagt kann ich mir aber nicht vorstellen, wie das in der Praxis funktionieren sollte. Das beginnt damit, dass solche Schnittstellen ein perfektes Ziel für Malware und Datenspionage aller Art wären. Auch ist die Frage, wie eine Organisation aussehen müsste, die planetenweit Hunderte oder Tausende von Herstellern aller Größenklassen in dieser Hinsicht unter einen Hut bringen kann.

Die Messung von QoS und QoE wird tendenziell – wenn die Präzision der Ergebnisse beibehalten werden soll – komplexer. Das bedeutet im technischen wie im kommerziellen Sinn aufwendiger. Bisher war einer der Effekte von Standardisierung auch, de facto Produkteigenschaften zu egalisieren, dadurch Produkte vergleichbarer zu machen und letztendlich, über Skaleneffekte ebenso wie über entsprechenden Marktdruck Preise zu dämpfen.

In Zukunft ist eine Art „Schere" vorstellbar: Auf der einen Seite ein Massensegment von hinsichtlich ihrer Testszenarien einfach aufgebauten Systemen, und ein Premiumsegment, bei dem aufwendigere Mess-Engines bis hin zu direkt gesteuerte Original-Apps verwendet werden, um eine präzisere QoS- und QoE-Aussage zu generieren. Auf den klassischen Kundenkreis solcher Systeme bezogen würden dann entsprechend Netzbetreiber mit Premiumanspruch eher solche Systeme nutzen. Bereits heute ist eine wachsende Bedeutung des Aspekts „Netzqualität" – und eben nicht mehr rein technisch, sondern QoE-orientiert – im Markenauftritt von Netzbetreibern erkennbar.

Die technische Evolution von QoS-Messverfahren findet dabei in einem Umfeld statt, das von starkem Wettbewerb und entsprechendem Kostendruck geprägt ist. Von daher ist klar, dass der Wunsch besteht, Ausgaben für Messtechnik zu senken, auch wenn diese verglichen mit anderen Posten wie Netzinfrastruktur oder auch Werbung eher gering sein dürften. Die Messtools selbst sind ja dabei nur die Spitze des Kosten-Eisbergs. Das Bestreben geht vor allem dahin, die mit Messungen verbundenen Personal- und Organisationskosten zu senken. Unterschiedliche Wirkungswege – von mengenmäßiger Reduktion der Test- und Messaktivitäten auch die Auslagerung von Aktivitäten an spezialisierte Dienstleister oder schlicht die Konsolidierung in der Mobilfunkbranche durch Fusion von Netzbetreibern – führen letztlich dazu, dass die Budgets in diesem Sektor bei steigender Komplexität der Anforderungen nicht mithalten oder sogar schrumpfen.

Auch wenn Aktivitäten von Dienstleistern übernommen werden, hat das Konsequenzen: Die Gesamtnachfrage nach Systemen wird dabei durch die in aller Regel höhere Auslastung ebenfalls sinken.

Nach marktwirtschaftlicher Logik führt das dazu, dass entweder neue, effizientere Produktionsverfahren entwickelt werden oder – wenn die erzielbaren Renditen nicht mit denen in vergleichbaren Segmenten mithalten können – die Investitionen zurückgehen, was unter anderem in einer geringeren Innovationsrate resultieren dürfte.

Die gängigen Methoden der Kostenreduktion – Verlagern von Entwicklung und Produktion von Systemen an Standorte mit niedrigerem Lohnniveau – stoßen da an Grenzen, wo Nähe zum Kunden und auch technische Flexibilität gefragt sind. Sie werden also, wenn überhaupt, eher im Massen- oder „Billigsegment" greifen. Wenn sich diese Segmente nach Anbietern diversifizieren, sind sogar „Nebeneffekte" möglich – wenn ein Hersteller, der Systeme aller Typen im Angebot hat, im Niedrigpreissegment weniger verkauft, gefährdet das auch die Kostenbasis für Premiumsysteme.

Ein weiterer marktwirtschaftlicher Ausgleichsprozess ist die Konsolidierung bei den Herstellern von Testsystemen; in der Tat ist diese bereits seit einigen Jahren im Gange. Das „natürliche" Ziel eines solchen Prozesses ist auch wieder ein Return on Investment, der mit anderen Nutzungsformen der gleichen Ressource mithalten kann – maßgeblich dürfte hier die Ressource „Softwareentwicklung" sein. Gerade Konzerne – die meisten Hersteller von Mess- und Testsysteme gehören ja größeren Einheiten an – werden das Ziel haben, diese weltweit knappe Ressource so einzusetzen, dass der größtmögliche ROI entsteht. Dieser ROI kann auch wieder über effizientere Produktionsverfahren, Skaleneffekte bei größeren Produktionsvolumina oder dadurch entstehen, dass bei geringerer Wettbewerbsintensität höhere Preise durchgesetzt werden können.

Crowdsourcing von Messdaten wird momentan in Teilen der professionellen Mobilfunkwelt als ein solches möglicherweise kosteneffizienteres „Produktionsverfahren" gehandelt. Aus meiner Sicht sind die Potentiale vorhanden, allerdings ist noch lange nicht klar, ob und wie das nachhaltig realisiert werden kann. Die Hersteller und Betreiber solcher Systeme arbeiten ebenfalls gewinnorientiert und haben diesen Markt vielleicht gerade deshalb gewählt, weil dort höhere Renditen als anderswo in Aussicht stehen.

Eine wichtige Frage ist, ob die Kosten pro Information überhaupt niedriger sind. Die nächsten Jahre werden in dieser Hinsicht spannend sein. Meine Prognose lautet, dass Crowdsourcing-Systeme ihren Platz im Gesamtangebot von Lösungen finden werden, wobei zwei Lernprozesse stattfinden: wie man solche Systeme sinnvoll und nachhaltig betreibt – wobei ein Großteil der jetzigen Betreiber wieder vom Markt verschwinden wird – und wie man diese Systeme effizient mit anderen Arten von Werkzeugen verknüpfen kann. Ein Beispiel wäre, dass Probleme und Optimierungspotential in Netzen über solche Systeme – sehr wahrscheinlich im Zusammenspiel mit netzinternen Informationsquellen – effizienter als bisher lokalisiert werden; zur Diagnose wird man dann aller Voraussicht nach wieder auf konventionelle Systeme zurückgreifen, die damit allerdings zielgerichteter eingesetzt werden können. Ebenfalls denke ich, dass panel-basierte Systeme eine wichtige Brückenfunktion haben werden, indem sie Informationen zur Kalibrieren von Crowdsourcing-Daten liefern, die hinsichtlich ihrer Repräsentativität massiv verzerrt sein können.

Das ist also das Umfeld, in dem neue Stakeholder, vor allem Anbieter von Produkten, die auf mobilem Internet basieren, agieren müssen. Ihre Herausforderung besteht darin, dass der Erfolg ihres Geschäftsmodells oder Produkts von Faktoren abhängt, die sie selbst kaum kontrollieren können.

Handelt es sich um einen Anbieter, der Netzbetreibern etwas ausreichend Wertvolles zu bieten hat – beispielsweise ein hohes Datenvolumen, gesteigerte Präsenz bei für den Netzbetreiber interessanten Nutzergruppen oder einfach ein gewisses Geschäftsvolumen – kann er sicherlich aktiv handeln. Das könnte etwa dadurch geschehen, dass dieser Anbieter bei einem Netzbetreiber Datenvolumen „en gros" einkauft, und zwar gekoppelt mit einem Service Level Agreement, das gute Funktion des Produkts sicherstellt. In diesem Fall bräuchte der Produktanbieter genügend Know-how und/oder Kapazität in seiner Organisation, um für seine Zwecke geeignete KPI zu definieren. Diese könnten dann beispielsweise im Produkt selbst gemessen werden, vielleicht bei einem repräsentativen Anteil aller Nutzer. Hier wären also letztlich wieder Crowdsourcing-Technologien in Einsatz.

Produktanbieter, die nicht das für solche aktiven Ansätze notwendige Marktgewicht auf die Waage bringen, haben weniger Optionen. Sie können darauf hoffen, dass die allgemeine Evolution bei mobilen Datennetzen in die richtige Richtung geht, dass also die Netzbetreiber, ob nun aus eigenem Antrieb oder indem sie auf QoE-Signale ihrer Kunden reagieren, die Netze in einem Zustand halten, die das jeweilige Anwender-Geschäftsmodell benötigt. Das allein wird sicher zu wenig sein; solche Anbieter sind gut beraten, wenn sie genügend Know-how und entsprechende eigene Tools zu haben, um aus dem bestehenden Angebot das Beste zu machen und auch genügend Robustheit einzubauen, damit ihr Produkt auch dann noch gut funktioniert, wenn die Netze selber nicht optimale Leistung bringen.

In Summe – Mobilfunknetze werden immer leistungsfähiger und bieten die Grundlage für weiteres Wachstum sowohl für die Netzbetreiber selbst als auch für Anbieter vielfältiger Geschäftsmodelle, die diese Leistung als Basis nutzen. Gleichzeitig werden die Netze aber technisch immer komplexer. Um solche Netze wirtschaftlich erfolgreich zu betreiben, ist es wichtig, Ressourcen gezielt dort einzusetzen, wo sie den optimalen Kundennutzen erzeugen, also die bestmögliche QoE. Wer die QoE eigener Produkte – und damit den Erfolg seines Geschäftsmodells – sicherstellen will, muss die nicht nur die Grundlagen, also die Eigenschaften und Grenzen mobiler Datennetze und die Dynamik des Zusammenspiels mit dem eigenen Produkt, verstehen. Er sollte auch, um den größtmöglichen Vorteil zu erzielen, dieses Know-how proaktiv einsetzen.

Usecase	Der einem QoS-Servicetest zugrundeliegende Anwendungsfall (Kundensicht)
Testcase	Die aus einem Usecase abgeleitete technische Umsetzung eines QoS-Tests
Transaktion	Ein vollständiger einzelner Anwendungsfall (Instanz) eines Testcase
KPI	Key Performance Indicator, der historische Begriff für eine Messgröße; in der Standardliteratur heute oft als „QoS Parameter" bezeichnet, manchmal auch (englisch) als „QoS variable"
RAT	Radio Access Technology: Netzzugangs-Technologie, also beispielsweise GSM/GPRS (2G), UMTS/HSDPA/HSUPA/HSPA (3G), LTE (4G). Man findet oft überlappende oder gemischte Formen der Form „xG". Manchmal werden auch Nachkommastellen verwendet, z. B. 2.5G für EDGE oder 3.5G für HSPA
Core-Netz	Aus Core-Netzwork; zentraler Teil eines Mobilfunknetzes. Siehe auch http://en.wikipedia.org/wiki/Core_network

© Springer-Verlag Berlin Heidelberg 2015
W. Balzer, *Quality of Experience und Quality of Service im Mobilkommunikationsbereich*,
Xpert.press, DOI 10.1007/978-3-642-55348-6_16

In den nachfolgenden Tabellen sind alle in der derzeit letzten veröffentlichten Version der TS 102 250 (Part 2) [4] definierten KPI mit den jeweiligen Kapitelnummern aufgeführt.

Bei Veröffentlichung neuerer Versionen des Standards werden in aller Regel die bestehenden Abschnittsnummern beibehalten (d. h. neue KPI werden jeweils angefügt), so dass die Kapitelverweise ihre Gültigkeit behalten; eine Garantie hierfür besteht jedoch nicht (Tab. 17.1, 17.2, 17.3).

© Springer-Verlag Berlin Heidelberg 2015   205
W. Balzer, *Quality of Experience und Quality of Service im Mobilkommunikationsbereich*,
Xpert.press, DOI 10.1007/978-3-642-55348-6_17

Tab. 17.1 Die in ETSI TS 102 250-2 definierten service-unabhängigen KPI mit Kapitelnummern im Standard

Service independent QoS Parameters	Kapitel	Bemerkung
Radio Network Unavailability [%]	5.1	
Network Non-Accessibility [%]	5.2	
{Manual | Automatic} Network Selection and Registration Failure Ratio [%]	5.2.1	
{Manual | Automatic} Network Selection and Registration Time [s]	5.2.2	
Attach Failure Ratio [%]	5.3	
Attach Setup Time [s]	5.4	
PDP Context Activation Failure Ratio [%]	5.5	
PDP Context Activation Time [s]	5.6	
PDP Context Cut-off Ratio [%]	5.7	
Data Call Access Failure Ratio [%]	5.8	
Data Call Access Time [s]	5.9	
DNS Host Name Resolution Failure Ratio [%]	5.10	
DNS Host Name Resolution Time [s]	5.11	

Tab. 17.2 Die in ETSI TS 102 250-2 definierten KPI für „direkte Services" mit Kapitelnummern im Standard

Direct Services QoS Parameters	Kapitel	Bemerkung
File Transfer (FTP)	6.1	
FTP {Download|Upload} Service Non-Accessibility [%]	6.1.1	
FTP {Download|Upload} Setup Time [s]	6.1.2	
FTP {Download|Upload} IP-Service Access Failure Ratio [%]	6.1.3	
FTP {Download|Upload} IP-Service Setup Time [s]	6.1.4	
FTP {Download|Upload} Session Failure Ratio [%]	6.1.5	
FTP {Download|Upload} Session Time [s]	6.1.6	
FTP {Download|Upload} Mean Data Rate [kbit/s]	6.1.7	
FTP {Download|Upload} Data Transfer Cut-off Ratio [%]	6.1.8	
Mobile Broadcast	6.2	
Mobile Broadcast Network Non-Availability {Broadcast Bearer}	6.2.1	
Mobile Broadcast Program Menu Non-Accessibility {Bootstrapping Bearer, ESG Retrieval Bearer}	6.2.2	
Mobile Broadcast Program Menu Access Time {Bootstrapping Bearer, ESG Retrieval Bearer}	6.2.3	
Mobile Broadcast Channel Non-Accessibility {Broadcast Bearer}	6.2.4	
Mobile Broadcast Channel Access Time {Broadcast Bearer}	6.2.5	
Mobile Broadcast Interactivity Response Failure Ratio {Mobile Network Bearer} {Broadcast Bearer}	6.2.6	
Mobile Broadcast Interactivity Response Time {Mobile Network Bearer} {Broadcast Bearer}	6.2.7	
Mobile Broadcast Session Cut-off Ratio {Broadcast Bearer}	6.2.8	
Mobile Broadcast Service Integrity {Broadcast Bearer}	6.2.9	

Tab. 17.2 (Fortsetzung)

Direct Services QoS Parameters	Kapitel	Bemerkung
Mobile Broadcast Reproduction Soft Cut-off Ratio {Broadcast Bearer}	6.2.10	
Mobile Broadcast Reproduction Hard Cut-off Ratio {Broadcast Bearer}	6.2.11	
Mobile Broadcast Audio Quality {Broadcast Bearer}	6.2.12	
Mobile Broadcast Video Quality {Broadcast Bearer}	6.2.13	
Ping	6.3	
Ping Round Trip Time [ms]	6.3.1	
Push to Talk over Cellular (PoC)	6.4	
PoC Registration Failure Ratio [%]	6.4.3	
PoC Registration Time [s]	6.4.4	
PoC Publish Failure Ratio [%]	6.4.5	
PoC Publish Time [s]	6.4.6	
PoC Registration Failure Ratio (long) [%]	6.4.7	
PoC Registration Time (long) [s]	6.4.8	
PoC Session Initiation Failure Ratio (ondemand) [%]	6.4.9	
PoC Session Initiation Time (ondemand) [s]	6.4.10	
PoC Session Media Parameters Negotiation Failure Ratio (pre-established) [%]	6.4.11	
PoC Session Media Parameters Negotiation Time (preestablished) [s]	6.4.12	
PoC Session Initiation Failure Ratio (preestablished) [%]	6.4.13	
PoC Session Initiation Time (preestablished) [s]	6.4.14	
PoC Session Setup Failure Ratio (ondemand) [%]	6.4.15	
PoC Session Setup Failure Ratio (preestablished) [%]	6.4.16	
PoC Session Setup Time [s]	6.4.17	
PoC Push to Speak Failure Ratio [%]	6.4.18	
PoC Push to Speak Time [s]	6.4.19	
PoC Session Leaving Failure Ratio (ondemand) [%]	6.4.20	
PoC Session Leaving Time (ondemand) [s]	6.4.21	
PoC Session Leaving Failure Ratio (preestablished) [%]	6.4.22	
PoC Session Leaving Time (preestablished) [s]	6.4.23	
PoC Deregistration Failure Ratio [%]	6.4.24	
PoC Deregistration Time [s]	6.4.25	
PoC Busy Floor Response Failure Ratio [%]	6.4.26	
PoC Busy Floor Response Time [s]	6.4.27	
PoC Talk Burst Request Failure Ratio [%]	6.4.28	
PoC Talk Burst Request Time [s]	6.4.29	
PoC Talk Burst Cutoff Ratio [%]	6.4.30	
PoC Talk Burst Packet Drop Ratio [%]	6.4.31	
PoC Voice Transmission Delay (first) [s]	6.4.32	
PoC Speech Transmission Delay (others) [s]	6.4.33	
PoC Speech Quality	6.4.34	

Tab. 17.2 (Fortsetzung)

Direct Services QoS Parameters	Kapitel	Bemerkung
Group Management QoS Parameter	6.4.35	
Group Document related QoS Parameter	6.4.36	
Instant Message QoS Parameter	6.4.37	
Streaming Video	6.5	
Streaming Service NonAccessibility [%]	6.5.4	
Streaming Service Access Time [s]	6.5.5	
Streaming Reproduction Cutoff Ratio [%]	6.5.6	
Streaming Audio Quality	6.5.7	
Streaming Video Quality	6.5.8	
Streaming Audio/Video DeSynchronization	6.5.9	
Streaming Reproduction Start Failure Ratio [%]	6.5.10	
Streaming Reproduction Start Delay [s]	6.5.11	
Streaming Teardown Failure Ratio [%]	6.5.12	
Streaming Teardown Time [s]	6.5.13	
Streaming Rebuffering Failure Ratio [%]	6.5.14	
Streaming Rebuffering Time [s]	6.5.15	
Telephony	6.6	
Telephony Service NonAccessibility [%]	6.6.1	
Telephony Setup Time [s]	6.6.2	
Telephony Speech Quality on Call Basis	6.6.3	
Telephony Speech Quality on Sample Basis	6.6.4	
Telephony Cutoff Call Ratio [%]	6.6.5	
Telephony CLIP Failure Ratio [%]	6.6.6	
Video Telephony	6.7	
Network Accessibility/Availability	6.7.1	
Parameter Overview Chart	6.7.2	
VT Service NonAccessibility [%]	6.7.3	
VT Service Access Time [s]	6.7.4	
VT Audio/Video Setup Failure Ratio [%]	6.7.5	
VT Audio/Video Setup Time [s]	6.7.6	
VT Cutoff Call Ratio [%]	6.7.7	
VT Speech Quality on Call Basis	6.7.8	
VT Speech Quality on Sample Basis	6.7.9	
VT Video Quality	6.7.10	
VT EndToEnd Mean OneWay Transmission Time [s]	6.7.11	
VT Audio/Video Synchronization [%]	6.7.12	
Web Browsing (HTTP)	6.8	
HTTP Service NonAccessibility [%]	6.8.1	
HTTP Setup Time [s]	6.8.2	
HTTP IPService Access Failure Ratio [%]	6.8.3	

Tab. 17.2 (Fortsetzung)

Direct Services QoS Parameters	Kapitel	Bemerkung
HTTP IPService Setup Time [s]	6.8.4	
HTTP Session Failure Ratio [%]	6.8.5	
HTTP Session Time [s]	6.8.6	
HTTP Mean Data Rate [kbit/s]	6.8.7	
HTTP Data Transfer Cutoff Ratio [%]	6.8.8	
HTTP Content Compression Ratio [%]	6.8.9	V 2.3.1
Web Radio	6.9	
Web Radio EPG Retrieval Failure Ratio [%]	6.9.7	
Web Radio EPG Retrieval Time [s]	6.9.8	
Web Radio Tune-in Failure Ratio [%]	6.9.9	
Web Radio Tune-in Time [s]	6.9.10	
Web Radio Reproduction Set-up Failure Ratio [%]	6.9.11	
Web Radio Reproduction Set-Up Time [s]	6.9.12	
Web Radio Reproduction Cut-off Ratio [%]	6.9.13	
Web Radio Audio Quality	6.9.14	
WLAN service provisioning with HTTP based authentication	6.10	
WLAN Scan Failure Ratio [%]	6.10.2	
WLAN Time to Scan [s]	6.10.3	
WLAN PS Data Service Provisioning Failure Ratio [%]	6.10.4	
WLAN PS Data Service Provisioning Time [s]	6.10.5	
WLAN Association Failure Ratio [%]	6.10.6	
WLAN Association Time [s]	6.10.7	
WLAN IP Address Allocation Failure Ratio [%]	6.10.8	
WLAN IP Address Allocation Time [s]	6.10.9	
WLAN Landing Page Download Failure Ratio [%]	6.10.10	
WLAN Landing Page Download Time [s]	6.10.11	
WLAN Landing Page Password Retrieval Failure Ratio [%]	6.10.12	
WLAN Landing Page Password Retrieval Time [s]	6.10.13	
WLAN Landing Page Authorization Failure Ratio [%]	6.10.14	
WLAN Landing Page Authorization Time [s]	6.10.15	
WLAN Re-accessibility Failure Ratio [%]	6.10.16	
WLAN Re-accessibility Time [s]	6.10.17	
WLAN Logout Page Download Failure Ratio [%]	6.10.18	
WLAN Logout Page Download Time [s]	6.10.19	
Wireless Application Protocol (WAP)	6.11	
WAP Activation Failure Ratio [%] (WAP 1.x only)	6.11.1	
WAP Activation Time [s] (WAP 1.x only)	6.11.2	
WAP {Page} IP Access Failure Ratio [%] (WAP 2.x only)	6.11.3	
WAP {Page} IP Access Setup Time [s] (WAP 2.x only)	6.11.4	
WAP {Page} Session Failure Ratio [%]	6.11.5	

Tab. 17.2 (Fortsetzung)

Direct Services QoS Parameters	Kapitel	Bemerkung
WAP {Page} Session Time [s]	6.11.6	
WAP {Page} Request Failure Ratio [%]	6.11.7	
WAP {Page} Request Time [s]	6.11.8	
WAP {Page} Mean Data Rate [kbit/s]	6.11.9	
WAP {Page} Data Transfer Cutoff Ratio [%]	6.11.10	
WAP {Page} Data Transfer Time [s]	6.11.11	
IMS Multimedia Telephony	6.12	
MTSI Registration Failure Ratio [%]	6.12.1	
MTSI Registration Time [s]	6.12.2	
MTSI Session Set-up Failure Ratio [%]	6.12.3	
MTSI Session Set-up Time [s]	6.12.4	
MTSI Session Add Failure Ratio [%]	6.12.5	
MTSI Session Add Time [s]	6.12.6	
MTSI Session Remove Failure Ratio [%]	6.12.7	
MTSI Session Remove Time [s]	6.12.8	
MTSI Session Completion Failure Ratio [%]	6.12.9	
MTSI Speech Quality	6.12.10	
MTSI Speech Transmission Delay [s]	6.12.11	
MTSI Speech Path Delay [s]	6.12.12	
MTSI Video Quality	6.12.13	
MTSI Video Transmission Delay [s]	6.12.14	
MTSI Video Path Delay [s]	6.12.15	
MTSI Audio/Video De-Synchronization [%]	6.12.16	
MTSI Real-Time Text Failure Ratio [%]	6.12.17	
MTSI Real-Time Text Delivery Time [s]	6.12.18	
MTSI Messaging Failure Ratio [%]	6.12.19	
MTSI Messaging Delivery Time [s]	6.12.20	
MTSI File/Media Sharing Failure Ratio [%]	6.12.21	
MTSI File/Media Sharing Mean Data Rate [kbit/s]	6.12.22	
MTSI Media Setup Time [s]	6.12.23	V 2.3.1
MTSI Media Add Time [s]	6.12.24	V 2.3.1
E-Mail (direct service when notification on server disabled, points to S&F definitions)	6.13	
Group Call	6.14	V 2.3.1
Group Call Service NonAccessibility [%]	6.14.1	V 2.3.1
Group Call Setup Time [s]	6.14.2	V 2.3.1
Group Call Speech Quality on Call Basis	6.14.3	V 2.3.1
Group Call Speech Quality on Sample Basis	6.14.4	V 2.3.1
Group Call Cutoff Call Ratio [%]	6.14.5	V 2.3.1
Group Call Speech Transmission Delay [s]	6.14.6	V 2.3.1

Tab. 17.3 Die in ETSI TS 102 250-2 definierten KPI für „Store-and-forward"-Services mit Kapitelnummern im Standard

Storeandforward (S&F) Services QoS Parameters	Kapitel	Bemerkung
Generic Storeandforward Parameters	7.1	
{Service} Message Upload Session Failure Ratio [%]	7.1.2	
{Service} Message Upload Session Time [s]	7.1.3	
{Service} Message Upload Access Failure Ratio [%]	7.1.4	
{Service} Message Upload Access Time [s]	7.1.5	
{Service} Message Upload Data Transfer Cut-off Ratio [%]	7.1.6	
{Service} Message Upload Data Transfer Time [s]	7.1.7	
{Service} Notification Start Failure Ratio [%]	7.1.8	
{Service} Notification Start Time [s]	7.1.9	
{Service} Notification Download Session Failure Ratio [%]	7.1.10	
{Service} Notification Download Session Time [s]	7.1.11	
{Service} Notification Download Access Failure Ratio [%]	7.1.12	
{Service} Notification Download Access Time [s]	7.1.13	
{Service} Notification Download Data Transfer Cut-off Ratio [%]	7.1.14	
{Service} Notification Download Data Transfer Time [s]	7.1.15	
{Service} Message Download Session Failure Ratio [%]	7.1.16	
{Service} Message Download Session Time [s]	7.1.17	
{Service} Message Download Access Failure Ratio [%]	7.1.18	
{Service} Message Download Access Time [s]	7.1.19	
{Service} Message Download Data Transfer Cut-off Ratio [%]	7.1.20	
{Service} Message Download Data Transfer Time [s]	7.1.21	
{Service} Notification and Message Download Failure Ratio [%]	7.1.22	
{Service} Notification and Message Download Time [s]	7.1.23	
{Service} End-to-End Failure Ratio [%]	7.1.24	
{Service} End-to-End Time [s]	7.1.25	
{Service} Login Non-Accessibility [%]	7.1.26	
{Service} Login Access Time [s]	7.1.27	
Email	7.2	
EMail {Download|Upload} Service NonAccessibility [%]	7.2.2	
EMail {Download|Upload} Setup Time [s]	7.2.3	
EMail {Download|Upload} IPService Access Failure Ratio [%]	7.2.4	
EMail {Download|Upload} IPService Setup Time [s]	7.2.5	
E-mail {Upload|Download} Session Failure Ratio [%]	7.2.6	
E-mail {Upload|Header Download|Download} Session Time [s]	7.2.7	
E-mail {Upload|Header Download|Download} Mean Data Rate [kbit/s]	7.2.8	
E-mail {Upload|Header Download|Download} Data Transfer Cutoff Ratio [%]	7.2.9	
E-mail {Upload|Header Download|Download} Data Transfer Time [s]	7.2.10	

Tab. 17.3 (Fortsetzung)

Storeandforward (S&F) Services QoS Parameters	Kapitel	Bemerkung
E-mail Login Non-Accessibility [%]	7.2.11	
E-mail Login Access Time [s]	7.2.12	
E-mail Notification Push Failure Ratio [%]	7.2.13	
E-mail Notification Push Transfer Time [s]	7.2.14	
E-mail End-to-End Failure Ratio [%]	7.2.15	
Multimedia Messaging Service (MMS)	7.3	
MMS Send Failure Ratio [%]	7.3.2	
MMS Retrieval Failure Ratio [%]	7.3.3	
MMS Send Time [s]	7.3.4	
MMS Retrieval Time [s]	7.3.5	
MMS Notification Failure Ratio [%]	7.3.6	
MMS Notification Time [s]	7.3.7	
MMS EndtoEnd Failure Ratio [%]	7.3.8	
MMS EndtoEnd Delivery Time [s]	7.3.9	
Short Message Service (SMS), Short Data Service (SDS)	7.4	SDS added in V 2.2.1
{SMS | SDS} Service NonAccessibility [%]	7.4.2	
{SMS SDS} Access Delay [s]	7.4.3	
{SMS | SDS} Completion Failure Ratio [%]	7.4.4	
{SMS | SDS} EndtoEnd Delivery Time [s]	7.4.5	
{SMS | SDS} Receive Confirmation Failure Ratio [%]	7.4.6	V 2.2.1
{SMS | SDS} Receive Confirmation Time [s]	7.4.7	V 2.2.1
{SMS | SDS} Consumed Confirmation Failure Ratio [%]	7.4.8	V 2.2.1
{SMS | SDS} Consumed Confirmation Time [s]	7.4.9	V 2.2.1

18.1 Die wichtigsten QoS-Dokumente

Siehe hierzu auch das Literaturverzeichnis.

TS 102 250	ETSI	Siebenteilige Dokumentserie; insbesondere Part 2 [4], definiert QoS KPI für die gängigsten Services
P862	ITU-T	(PESQ)
P863	ITU-T	(POLQA)
E.800-Serie	ITU-T	QoE-Gesamtkonzept. Die E.804 entspricht inhaltlich weitgehend der ETSI TS 102 250 (Parts 1–7)

Ergänzend zeigt Tab. 18.1 die im Kontext dieses Buches relevanten Dokumente der E.800-Serie im Überblick. Unter Hauptseite ist jeweils die URL der Website angegeben, über die die PDF-Version bezogen werden kann und die auch weitere Informationen zu diesem Dokument enthält.

© Springer-Verlag Berlin Heidelberg 2015
W. Balzer, *Quality of Experience und Quality of Service im Mobilkommunikationsbereich,*
Xpert.press, DOI 10.1007/978-3-642-55348-6_18

Tab. 18.1 Die Dokumente der ITU-T E.800-Serie im Überblick

Organisation	Name	Hauptseite	Approved
ITU-T	E.800	http://www.itu.int/rec/T-REC-E.800-200809-I	2008/09
ITU-T	E.801	https://www.itu.int/rec/T-REC-E.801-199610-I/en	1996/10
ITU-T	E.802	http://www.itu.int/rec/T-REC-E.802-200702-I/en	2007/02
ITU-T	E.803	http://www.itu.int/rec/T-REC-E.803-201112-I/en	2011/12
ITU-T	E.804	http://www.itu.int/rec/T-REC-E.804-201402-I/en	2014/02
ITU-T	E.807	http://www.itu.int/rec/T-REC-E.807-201402-I	2014/02

18.2 Kurzanleitung – Download von Standards

Die folgenden Anleitungen sollen zur Unterstützung des Lesers beim Herunterladen von Original-Standardliteratur dienen. Stand Juli 2014. Durch Strukturänderungen der Webseiten sind allerdings Abweichungen möglich. Verwendet wurde Firefox Version 30.0.

18.2.1 ETSI

Webseite: www.etsi.org

Menüpunkt: Standards, führt zu HTTP://www.etsi.org/standards

Bullet point „Search for a standard", führt zu HTTP://www.etsi.org/standards-search

Je nach gesuchtem Dokument ist es sinnvoll, unter „Search options" die Suchparameter noch zu verändern. Es sollten immer die „schärfstmöglichen" Sucheinstellungen verwendet werden, weil die Zahl der Treffer leicht sehr groß werden kann und dann nicht nur das Durchsehen der Liste anstrengend wird, sondern auch die Gefahr besteht, versehentlich eine ältere Dokumentversion zu „erwischen". Falls man nicht gezielt eine ältere Version sucht, sollte daher die Checkbox „All versions" auch nicht angekreuzt sein (was auch standardmäßig der Fall ist)

Die Vorgabewerte sind (match all, match exact, search in title, keywords, standard number) und können beibehalten werden, solange man die genaue Bezeichnung des Dokuments kennt.

Nach der Eingabe der Dokumentnummer bekommt man die Ergebnisliste angezeigt. Für den Download des Dokuments ist dann das PDF-Symbol im rechten Bereich des jeweiligen Eintrags anzuklicken. Das im Browser angezeigte Dokument kann dann über die „Speichern unter"-Funktion als lokales Dokument abgelegt werden.

Ein Klick auf den Dokumentnamen führt zur „Work Item"-Seite mit Meta-Informationen zum Dokument. Hier findet man neben Inhaltsübersicht, Schlagworten, Typ- und Versionsinformationen auch Informationen zu der Gruppe und den Personen, die für das Dokument verantwortlich sind. Der Rapporteur ist die Person, die für das Dokument inhaltlich zuständig ist, in der Regel ein Mitglied der Gruppe, die das Dokument betreut

(„Technical Body in Charge"). Der „Technical Officer" ist dagegen die für das Dokument in der ETSI-Basisorganisation zuständige Person.

Über HTTP://webapp.etsi.org/key/queryform.asp bietet ETSI übrigens auch die Möglichkeit, korrespondierende Dokumente anderer Bezeichnungssysteme oder Standardisierungsgruppen zu suchen. Das ist speziell für historische Dokumente wie der GSM-Dokumentreihe sowie derjenigen ETSI-Dokumente nützlich, die auch eine 3GPP-Dokumentreferenz haben.

18.2.2   3GPP

Webseite: www.3gpp.org

Klick auf den Menüeintrag „Specifications" und nachfolgend auf „Specifications Home" führt zu HTTP://www.3gpp.org/specifications/specifications.

Hier gibt es jetzt zwei Möglichkeiten: man kann über den Hyperlink unter „Quick link to the specifications file server area" direkt auf den Fileserver gehen, oder man verwendet im Bereich „Search" eine Text- und Titelsuche.

Die Fileserver-Variante ist eine effiziente Methode, wenn man schon ein wenig mit der Struktur der 3GPP-Dokumentablage vertraut ist. Das Verzeichnis ist nach Jahres- und Monatszahlen geordnet, wob ei es noch thematische Zweige geben kann. Es ist aber anzunehmen, dass die textbasierte Suche für die Leserschaft dieses Buches sinnvoller ist.

Bei der einfachen Suche kann im Prinzip jeder Text eingegeben werden, was unter Umständen zu einer großen Menge an Treffereinträgen führt, die dann durchgesehen werden muss. Alternativ kann auch über den Button „Advanced FTP Search" ein strukturiertes Suchformular verwendet werden.

18.2.3   ITU-T

Für die im Literaturverzeichnis angegebenen Dokumente der E.800-Serie: Eingeben der dort genannten URL. Damit gelangt man auf die entsprechende Dokumentseite, auf der unter „Access: Freely available items" die verfügbaren Dokumente mit Download-Link angegeben sind.

Für andere Dokumente:

Webseite: HTTP://www.itu.int/en/ITU-T/Pages/default.aspx.

Über den Menüpunkt Standardization – Standards gelangt man zu HTTP:// www.itu. int/en/ITU-T/publications/Pages/default.aspx und kommt dort über den Hyperlink im Block „ITU-T Recommendations" nach HTTP:// www.itu.int/en/ITU-T/publications/Pages/recs.aspx. Von dort gelangt man über die Auswahl der Serie zur nächsten Seite, die die jeweiligen Dokumente als Listen- beziehungsweise Baumstruktur (für einen Ziffernbereich) zeigt.

Beispielhaft für die P.863 wäre das dann HTTP://www.itu.int/ITU-T/recommendations/index.aspx?ser=P, auf der man dann über die Baumstruktur auf eine Seite mit Informationen zum jeweiligen Dokument gelangt. Auf dieser Seite befindet sich auch der Link für den Download des Dokuments, der zunächst wieder auf eine Übersichtsseite führt; dort werden verschiedene Downloadoptionen angeboten, deren Zugänglichkeit davon abhängt, ob man Mitglied einer speziellen Gruppe ist. Die PDF-Version ist frei herunterladbar.

Alternativ ist es auch möglich, die textbasierte Suchfunktion zu verwenden, die direkt auf der ITU-Hauptseite angeboten wird. Auch hier bekommt man in der Regel eine umfangreiche Liste von Treffern, die dann durchmustert werden muss.

Die Verwendung des Präfix „k" in „kByte" für 1024 Byte – und entsprechend dann auch „M" für Mega, was dann für 1024 * 1024 Byte steht, und auch der übrigen einschlägigen Präfixbuchstaben – ist in der IT-Welt – und in der Folge auch in der Mobilfunkwelt – weit verbreitet.

Theoretisch sollte der SI-Standard, in dem die Mengenpräfixe k, M, G etc. auf Basis von Potenzen der Zahl 10 definiert sind, die höchste Ebene der internationalen Standardisierung darstellen. Praktisch hat sich bisher die IT-Definition nicht nur hartnäckig gehalten, sondern scheint nach meinem subjektiven Empfinden sogar an Boden zu gewinnen, was sicher ein Ergebnis der immer größeren Bedeutung der IT für alle Lebensbereiche ist. Auch in einschlägigen ITU- und ETSI-Standards finden sich oft „lokale" Definitionen, die zum Fortbestand dieses Präfix-Problems beitragen.

Die diversen Versuche, das Präfix-Dilemma durch speziell für die Datenvolumina „erfundenen" Präfixe zu beseitigen, darf man getrost als gescheitert bezeichnen; siehe hierzu auch die Diskussion in Wikipedia zu diesem Thema [55].

Dass ich die Existenz dieses „Präfix-Problems" als störend empfinde, liegt sicher zum Teil an meiner Ausbildung als Physiker, in der ich gelernt habe, die „SI"-Einheiten als wichtiges Element eines weltweiten Konsenses von Begriffen zu verstehen, oder besser gesagt, die Existenz verschiedener Maßeinheits-Systeme nicht als Ausdruck liebenswerter Vielfalt, sondern als Quelle potentieller Missverständnisse und damit technischer Ineffizienz zu betrachten. Zumindest haben Zoll, Meilen, Fahrenheit und so weiter noch den Vorteil, dass man sie gleich als „Aliens" erkennt. Dass ein und derselbe Präfixbuchstabe je nach Kontext einen anderen numerischen Faktor bedeutet, ist in dieser Hinsicht aber noch eine Stufe schlimmer.

Ich kenne die genauen Entstehungshintergründe nicht, vermute aber, dass sie trivial sind – 2^{10} liegt zahlenmäßig einfach ziemlich nahe an 1000. Ich fände es jedenfalls interessant, was geschehen würde, wenn sich eines Tages durch irgendeinen technischen

© Springer-Verlag Berlin Heidelberg 2015
W. Balzer, *Quality of Experience und Quality of Service im Mobilkommunikationsbereich*,
Xpert.press, DOI 10.1007/978-3-642-55348-6_19

Evolutionsschritt eine trinäre Logik etablieren würde – würde dann das k für den Faktor 729 (3^6) als „nächstgelegene" Potenz von 3 verwendet, oder doch eher für 2187 (3^7)?

Letztendlich spielt es keine Rolle, welche Konvention nun verwendet wird, solange das überall konsistent geschieht. Andernfalls drohen Wertefehler. Der Unterschied in einem Datendurchsatz, der einerseits mit dem SI-Präfix k (10^3) und andererseits mit dem hier und anderswo in der QoS-Standardliteratur verwendeten Faktor 1024 berechnet wird, beträgt ja offensichtlich bereits 2,4 %; beim mehrfachen Hin- und Her-Rechnen können sich ohne weiteres auch größere Fehler ergeben.

Es ist daher am sichersten, das Ganze als eine Art „Icon" zu betrachten. Tatsächlich tritt das Problem ja nur auf, wenn das Wort „Byte" im Spiel ist. Statt also „kByte", „MByte" usw. als Zusammensetzung eines Mengenpräfix und einer Einheitenbezeichnung zu lesen, kann man diese Strings auch nicht mehr weiter trennbare „Worte" betrachten, bei dem aus dem Begriff „kByte" in der Textebene eben „1024 Byte" in der Technikebene wird.

Da sich glücklicherweise dieses Thema hauptsächlich in der Berechnungsebene abspielt und dort die Eingangsgrößen in der Regel aus Bytezählern stammen, ist es auf jeden Fall am sichersten, dort präfix-behaftete Größen ganz zu meiden und direkt mit entsprechenden Ganzzahlwerten zu arbeiten.

Durchsätze selbst werden meist als kbit/s angegeben, wobei der Präfix k dann wieder für 10^3 steht. Dort, wo tatsächlich Informationen zum Datenvolumen für menschliche Leser aufbereitet werden müssen – was in der QoS-Welt nicht allzu oft der Fall ist – muss dann allerdings aus Gründen der Lesbarkeit doch wieder auf die Präfix-Schreibweise zurückgegriffen werden.

Literatur

1. ITU-T. (September 2008). E.800: Definitions of terms related to quality of service. http://www.itu.int/rec/T-REC-E.800-200809-I. Zugegriffen: 8. Dez. 2014.
2. Ofcom. (April 2013). Measuring mobile voice and data quality of experience (Call for Input).
3. ITU-T. (Februar 2007). E.802: Framework and methodologies for the determination and application of QoS parameters. http://www.itu.int/rec/T-REC-E.802-200702-I/en. Zugegriffen: 8. Dez. 2014.
4. ETSI. (2011). TS 102 250-2 Speech and multimedia Transmission Quality (STQ); Part 2: Definition of quality of service parameters and their computation. V 2.2.1 (2011-04).
5. Wikipedia. System architecture evolution. http://en.wikipedia.org/wiki/System_Architecture_Evolution. Zugegriffen: 30. Okt. 2014.
6. Wikipedia. Unixzeit. http://de.wikipedia.org/wiki/Unixzeit. Zugegriffen: 30. Nov. 2014.
7. Wikipedia. Average. http://en.wikipedia.org/wiki/Average. Zugegriffen: 13. Nov. 2014.
8. Wikipedia. Mittelwert. http://de.wikipedia.org/wiki/Mittelwert. Zugegriffen: 30. Nov. 2014.
9. ETSI. (2012). EG 203 165 V 1.1.1 Speech and multimedia Transmission Quality (STQ); Throughput measurement guidelines.
10. Schmidmer, D. C. (2014). Persönliche Kommunikation. http://www.opticom.de/company/company.php. Zugegriffen: Juni 2012.
11. Wikipedia. POLQA. http://en.wikipedia.org/wiki/POLQA. Zugegriffen: Juni 2012.
12. Wikipedia. PESQ. http://en.wikipedia.org/wiki/PESQ. Zugegriffen: Juni 2012.
13. Wikipedia. Mean opinion score. http://de.wikipedia.org/wiki/Mean_Opinion_Score. Zugegriffen: 8. Dez. 2014.
14. Wikipedia. Sidetone. http://en.wikipedia.org/wiki/Sidetone. Zugegriffen: 8. Dez. 2014.

Im Fall von Wikipedia-Verweisen habe ich vorwiegend die englischen Versionen der entsprechenden Wikipedia-Einträge verwendet, da diese meist „gehaltvoller" sind. Annahme ist auch, dass diese Einträge wegen der größeren Leserbasis aktueller als die entsprechenden deutschsprachigen Einträge sind.

Wikipedia habe ich auch dort verwendet, wo es um spezielle technologische Themen geht. Der Vorteil eines Wikipedia-Artikels – gegenüber einer Sammlung von Zitaten in Originaldokumente – für den Leser ist, dass ein solcher Artikel lesefreundlich aufbereitetes Wissen mit umfassenden Verweise auf Basisdokumente kombiniert. Mir ist bewusst, dass Wikipedia-Einträge in Einzelfällen unvollständig oder sogar fehlerhaft sein können. Überall dort, wo ich es auf Basis meines eigenen Wissens überprüfen kann, kann ich jedoch sagen, dass dies zum Zeitpunkt des Schreibens nicht der Fall war.

© Springer-Verlag Berlin Heidelberg 2015

W. Balzer, *Quality of Experience und Quality of Service im Mobilkommunikationsbereich*, Xpert.press, DOI 10.1007/978-3-642-55348-6

15. ETSI. (2007). TR 102 506: Speech processing, Transmission and Quality Aspects (STQ): Estimating Speech Quality per Call (V 1.2.1).
16. Wkipedia. Serial position effect. http://en.wikipedia.org/wiki/Recency_effect. Zugegriffen: 8. Dez. 2014.
17. Wikipedia (englisch), Internet protocol suite. http://en.wikipedia.org/wiki/Internet_protocol_suite. Zugegriffen: Juni 2012.
18. Wikipedia. Compression artifact. http://en.wikipedia.org/wiki/Compression_artifact. Zugegriffen: Juni 2012.
19. ITU-T. (2008). Subjective video quality assessment methods for multimedia applications. 04/2008.
20. Wikipedia. PEVQ. http://en.wikipedia.org/wiki/PEVQ. Zugegriffen: 26. Okt. 2014.
21. ETSI. (2009). TR 102 493 guidelines for the use of video quality algorithms for mobile applications (V 1.2.1).
22. Wu, D. H. Perceptual video distortion metric and coding. http://scien.stanford.edu/pages/SCIEN_Colloquia_Presentation_Material/Stanford2K1F_CD.ppt. Zugegriffen: 8. Dez. 2014.
23. ETSI. (2013). TR 101 578: QoS aspects of TCP-based video services like YouTube™ V 1.1.1. (2013-12).
24. Wikipedia. Dynamic adaptive streaming over HTTP. http://en.wikipedia.org/wiki/Dynamic_Adaptive_Streaming_over_HTTP. Zugegriffen: 26. Okt. 2014.
25. Opticom. (2014). PEVQ/PEVQ-S. http://www.pevq.com/. Zugegriffen: 26. Okt. 2014.
26. Wikipedia. Slow-start. http://en.wikipedia.org/wiki/Slow-start. Zugegriffen: Juni 2012.
27. Wikipedia. Paketumlaufzeit. http://de.wikipedia.org/wiki/Paketumlaufzeit. Zugegriffen: Juni 2012.
28. Wikipedia. General packet radio service. http://en.wikipedia.org/wiki/General_Packet_Radio_Service. Zugegriffen: Juni 2012.
29. Wikipedia. LTE (telecommunication). Wikipedia. http://en.wikipedia.org/wiki/LTE_%28telecommunication%29. Zugegriffen: 30. Okt. 2014.
30. Wikipedia. Comparison of wireless data standards. http://en.wikipedia.org/wiki/Comparison_of_wireless_data_standards. Zugegriffen: Juni 2012.
31. Wikipedia. Scrum (software development). http://en.wikipedia.org/wiki/Scrum_%28software_development%29. Zugegriffen: 16. Okt. 2014.
32. ITU-T. (2014). G.107: The E-model: A computational model for use in transmission planning. http://www.itu.int/rec/T-REC-G.107. Zugegriffen: 14. Nov. 2014.
33. ETSI. (2009). TS 102 250-7 V 1.1.1 Speech and multimedia Transmission Quality (STQ); QoS aspects for popular services in GSM and 3G networks; Part 7: Network based Quality of Service measurements.
34. Wikipedia. ITU-T. http://en.wikipedia.org/wiki/ITU-T. Zugegriffen: 21. Dez. 2014.
35. ITU-T. (2014). ITU Telecommunication Standardization Sector. http://www.itu.int/en/ITU-T/Pages/default.aspx. Zugegriffen: 21. Dez. 2014.
36. Pomy, J. (2014). Persönliche Kommunikation. http://www.itu.int/en/ITU-T/Workshops-and-Seminars/qos/112014/Pages/POMY-Joachim-.aspx. Zugegriffen: Juni 2012.
37. Wikipedia. 3GPP. http://en.wikipedia.org/wiki/3GPP. Zugegriffen: 14. Nov. 2014.
38. Wikipedia. ETSI. http://en.wikipedia.org/wiki/ETSI. Zugegriffen: 14. Nov. 2014.
39. ETSI. (2014). Industry specification groups. http://www.etsi.org/about/how-we-work/industry-specification-groups. Zugegriffen: 14. Nov. 2014.
40. ETSI. (2008). EG 202 057-1 (V1.3.1): User related QoS parameter definitions and measurements, part 1: General. http://www.etsi.org/deliver/etsi_eg/202000_202099/20205701/01.03.01_60/eg_20205701v010301p.pdf. Zugegriffen: 30. Okt. 2014.
41. ETSI. (2014). Quality of service. http://www.etsi.org/technologies-clusters/technologies/quality-of-service. Zugegriffen: 21. Dez. 2014.

42. ETSI. (2014). STQ testing. http://www.etsi.org/technologies-clusters/technologies/testing/stq-testing. Zugegriffen: 5. Juli 2014.
43. (2014). About NTIA. http://www.ntia.doc.gov/about. Zugegriffen: 21. Dez. 2014.
44. NTIA. (2014). Institute for Telecommunication Sciences (ITS). http://www.ntia.doc.gov/office/ITS. Zugegriffen: 21. Dez. 2014.
45. ETSI. (2011). TS 102 250-1 V 2.2.1: Speech and multimedia Transmission Quality (STQ); QoS aspects for popular services in mobile networks; Part 1: Assessment of Quality of Service.
46. ETSI. (2013). TS 102 250-3 V 2.3.1 Speech and multimedia Transmission Quality (STQ); QoS aspects for popular services in mobile networks; Part 3: Typical procedures for quality of service measurement equipment.
47. ETSI. (2011). TS 102 250-4 V 2.2.1 Speech and multimedia Transmission Quality (STQ); QoS aspects for popular services in mobile networks; Part 4: Requirements for quality of service measurement equipment.
48. ETSI. (2013). TS 102 250-5 V 2.4.1 Speech and multimedia Transmission Quality (STQ); QoS aspects for popular services in mobile networks; Part 5; Definition of typical measurement profiles.
49. ETSI. (2004). TS 102 250-6 V 1.2.1 Speech and multimedia Transmission Quality (STQ); QoS aspects for popular services in mobile networks; Part 6: Post processing and statistical methods.
50. ITU-T. (Februar 2014). E.804: Quality of service aspects for popular services in mobile networks. http://www.itu.int/rec/T-REC-E.804-201402-I/en. Zugegriffen: 5. Dez. 2014.
51. ITU-T. (Februar 2014). E.807: Definitions, associated measurement methods and guidance targets of user-centric parameters for call handling in cellular mobile voice service. http://www.itu.int/rec/T-REC-E.807-201402-I. Zugegriffen: 8. Dez. 2014.
52. Wikipedia. LTE (telecommunication). http://en.wikipedia.org/wiki/LTE_%28telecommunication%29. Zugegriffen: 30. Okt. 2014.
53. BNetzA. (2014). Transparenzpflichten. HTTP://www.bundesnetzagentur.de/DE/Sachgebiete/Telekommunikation/Unternehmen_Institutionen/Anbieterpflichten/Kundenschutz/TransparenzPflichten/TransparenzPflichten-node.html. Zugegriffen: 5. Juli 2014.
54. Groenendijk, J., & Huang, Y. (2013). Optimizing crowd based monitoring in large scale mobile networks. http://www.cnsm-conf.org/2013/documents/papers/CNSM/p114-groenendijk.pdf. Zugegriffen: 30. Sept. 2014.
55. Wikipedia. Byte. http://en.wikipedia.org/wiki/Byte. Zugegriffen: 26. Okt. 2014.
56. ETSI. (2014). TS 103 189 V 1.2.1 Core Network and Interoperability Testing (INT); Assessment of end-to-end Quality for VoLTE and RCS.
57. Der größte Mobilfunk-Test Deutschlands. (20. September 2014). Computer bild (pp. 68–77).
58. Gschweitl, S. (RTR). (2014). The Austrian mobile market post consolidation.
59. Zafaco GmbH. (5 Juni 2014). Bundesnetzagentur. http://www.bundesnetzagentur.de/SharedDocs/Downloads/DE/Sachgebiete/Telekommunikation/Unternehmen_Institutionen/Breitband/Dienstequalitaet/Qualitaetsstudie/AbschlussberichtQualitaetsstudie2013.pdf?__blob=publicationFile&v=3. Zugegriffen: 26. Okt. 2014.
60. Wikipedia. IP multimedia subsystem. http://en.wikipedia.org/wiki/IP_Multimedia_Subsystem. Zugegriffen: 30. Okt. 2014.
61. Wikipedia. Next-generation network. http://en.wikipedia.org/wiki/Next-generation_network. Zugegriffen: 30. Okt. 2014.